本书受到基金项目资助：
国家十三五重点研发计划项目，赣豫鄂湘田园综合体
宜居村镇综合示范，2019YFD1101300，徐峰主持。

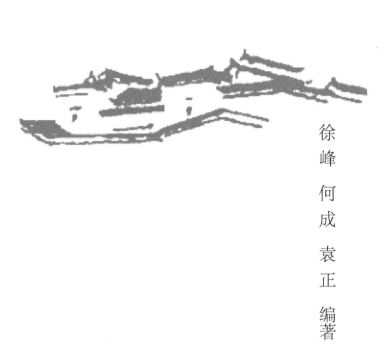

『宜居乡村』村镇建设管理与技术培训教材

村镇 住宅适应性设计

Adaptive Design of Rural Residential Buildings

徐峰 何成 袁正 编著

中国建筑工业出版社

丛书总序

.

我国村镇建设量大、分布面广,受资源环境、经济发展和国家政策等因素影响,长期以来,村镇建设往往落后于城市,且不同地区存在较大的差异。深刻认识村镇规划与建设的问题所在,是全面推进乡村振兴战略和乡村人居环境建设的前提。从当前我国村镇建设的情况来看,主要存在以下几个问题:一是村镇规划不科学,很多地方的村镇规划脱离实际,照搬城镇规划的模式与方法,导致建设用地越来越大,却没有带动村镇的全面发展与品质提升,反而造成大量资源浪费;二是部分村镇的无序建设和资源的低效利用,导致出现资源供给紧张、人居环境恶化与生态环境污染等问题;三是村镇历史文化和地方特色衰败严重,受现代功能主义规划思想和现代工程技术的冲击,我国村镇历史文化空间受到了严重破坏,加剧了文脉断裂、遗产碎片化等问题;四是村镇居民住宅设计和建造质量普遍水平不高,绝大多数住宅模仿城市住宅套型设计,既没有考虑村镇的民风、民俗等特征,也没有与居民生产生活的需求相适应,造成大量住房空间的浪费和闲置。

面对村镇如此严峻和复杂的规划与建设问题,迫切需要一套适宜的理论、方法和技术来指导村镇的规划与建设。湖南大学未来乡村研究院的乡村建设研究团队编写的这一套《"宜居乡村"村镇建设管理与技术培训教材》,基于可持续规划、村镇空间格局、风貌保护、传统建筑更新、住宅设计与建造等方面的现实问题,较为系统地探索了新时期村镇生态建设与绿色转型的理论和方法,对实现村镇可持续发展和美丽宜居村镇建设目标具有十分重要的现实意义。

湖南大学未来乡村研究院的乡村建设研究团队一直致力于村镇人居环境的研究与设计实践工作,承担了一系列重要的国家级科研课题,在村镇规划建设与文化传承方面取得了丰硕的研究成果。本套丛书是团队近年来理论研究和在地实践的成果展示,研究内容涵盖了以下几个方面:

首先，在村镇空间格局与规划方面，该系列丛书系统分析了村镇空间格局的内涵和演变规律；探索了村镇空间格局的现代转译特征与机制；明晰了村镇生产、生活和生态空间发展规律；提出了村镇生态规划三生耦合理论和绿色可持续规划方法，为村镇振兴和发展提供了较为完善的理论基础。

其次，在村镇风貌与建筑的保护与更新方面，该系列丛书不仅从整体上探究了村镇聚落肌理、自然风光、人文景观、人工形态和地方产业等风貌的保护与更新；也从微观上明确了村镇传统建筑保护策略、传统建筑文化传承与传统技艺营造方法；并深入挖掘了特色建筑结构、材料和装饰的建构原理与文化表达，对揭示传统村镇空间的营造智慧具有很好的借鉴作用和参考价值。

第三，在村镇住宅设计与建造方面，该系列丛书从适应性的视角，系统探索了与村民生产生活相适应的村镇住宅场地、空间、生态建造以及改造的适应性设计；也从自建的角度，全面阐述了村镇自建住宅的空间组成与演化，并提出了自建住宅的建造策略和方法，为村镇住宅的设计及建造提供了理法的基础和技术的支持。

鉴于以上特点，期待这套丛书能在乡村振兴与建设中发挥重要的作用，也期待湖南大学村镇乡村建设研究团队能取得更多的学术成果。

浙江大学建筑工程学院

2022 年 12 月

前　言

随着"乡村振兴"战略的实施，城乡协调发展效果明显，村镇住宅的建设水平显著提高，但离村镇居民生活质量和居住空间品质的要求还有一定的差距，全国各地亟待开展村镇住宅的适应性建设与改造工作。针对这一问题，有必要拓展设计人员对于村镇住宅的理论认知，继而为农村人居环境建设提供指导。

本书则期望从适应性设计的角度出发，研究村镇住宅的设计策略。自适应性理论诞生以来，该理论蕴含了多种且复杂的内容，已经有诸多学者展开了广泛的研究。编写组从场地适应性设计、空间适应性设计、生态适应性设计、适应性改造和适应性建造五个方面出发，详细论述了村镇住宅的适应性设计原则和方法，以期促进乡村人居环境高质量发展。

本书各部分主要撰写人员如下：

第 1 章：徐峰、夏胜、袁正、周忠华、苏亦薇；第 2 章：徐峰、袁正、周忠华、宋伟熙、易子涵、苏亦薇；第 3 章：何成、邓源、袁正、孙佩茹、肖松、周忠华、杨清欣、李裕萱；第 4 章：周晋、何成、肖启涛、肖松、孟昂、刘博源、吴俊沛、李琦；第 5 章：徐峰、孟昂、何成；第 6 章：邓广、陈玉昆、晏益力、吴俊沛。除编写组成员外，课程组同学也参与图片绘制。全书由徐峰、何成、袁正统稿。

适应性的原则和方法为村镇人居环境改善的有序性、空间的可持续性，以及风貌的协调性提供了设计路径。虽然村镇住宅设计距离"私人定制"的普及还有较长的距离，但由于村镇建设的复杂性与多元性，在设计策划的前期阶段充分了解未来生产、生活主体的切身需求是有必要的。

我国地域广阔，不同省份、地区的自然、经济与文化情况各异，尽管编写组历时 4 年，但受疫情、资金与人力的限制，调研无法覆盖与研究涉及的方方面面。其次，本书受编者既有知识结构和专业背景的影响，继而导致内容存在一定的局限性。综上不妥之处，在此致以歉意，同时希望得到专家、同行的批评指正，以期在今后的再版中一一修正。

在本书的编写过程中，得到了多位专家的指导和帮助，尤其得到王竹教授的多次指导，在此谨致以诚挚的谢意！同时，中国建筑工业出版社的领导和编辑亦提供了莫大的帮助，在此表达由衷的感谢！

作者

2022 年 6 月于湖南大学

目 录

第 1 章

——

绪论

1.1 村镇住宅概述

1.1.1 基本概念

村镇是村民的主要居住地，其包含了广大的农村地区和部分城乡之间的过渡地带，囊括自然村、行政村和建制镇等。[①]村镇地区具有显著的地域差异性、人口流动性、产业复合性等特征，相较于城镇而言，村镇具有更加丰富多样的社会文化环境。[②]

村镇住宅是位于乡镇、集镇、农村等地区，以满足村镇居民居住和生产需求的建筑。村镇住宅是村镇中最为常见的建筑，多为村镇居民的自建房，大多保留当地建筑特色，建筑结构和空间形态比较简单（图1-1）。村镇住宅与生产空间、生态空间共同组成村镇最基本的居民点空间单元，集中分布的居民点形成村庄、集镇，分散分布的居民点形成散村，部分则进一步发展成为建制镇的镇区。[③]

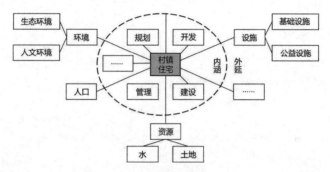

图 1-1　村镇住宅的内涵与外延

1.1.2 村镇住宅的"三生"系统

"生产、生活、生态"的三生概念最早是指土地利用的生产、生活、生态空间格局。[④]"三生"是对人居环境与农业生产之间内在关系的描述，是村镇地区实现

---

① 王磊，刘圆圆，任宗悦，等.村镇建设与资源环境协调的国外经验及其对中国村镇发展的启示[J].资源科学，2020，42（7）：1223-1235.

② 黄亚平，郑有旭，谭江迪，等.空间生产语境下的村镇聚落体系认知与规划路径[J].城市规划学刊，2022（3）：29-36.

③ 李旭，崔皓，李和平，等.近40年我国村镇聚落发展规律研究综述与展望——基于城乡规划学与地理学比较的视角[J].城市规划学刊，2020（6）：79-86.

④ 李进涛，刘琳，王乙杰，等.县域乡村"三生"系统发展时空分异与优化决策[J].农业资源与环境学报，2021，38（3）：523-536.

乡村可持续发展目标的基本依循。①党的十八大报告在关于优化国土空间开发格局的阐述中，将"三生空间"作为基本要义，提出"促进生产空间集约高效、生活空间宜居适度、生态空间山清水秀"的发展目标。②"三生"是村镇发展过程中的三要素，即生产对应经济、生活对应社会、生态对应自然环境。

1. 生产

我国是农业大国，农业是支撑国家经济建设和发展的基础。我国农村从古到今都以农业生产为主，并担负着为城市输送农产品的重任。生产空间是根本动力，为生活空间和生态空间提供经济驱动，良好的生产空间有助于优化产业结构、推动经济发展，也决定了生活、生态空间的品质。③

学界一般采用产业兴旺度来衡量生产水平的高低。产业兴旺度是人类扩大产业规模和融合相关产业的能力，生产水平是指人类创造财富的能力。居民的生产水平由产业定位、产业结构和产业兴旺度所决定，并影响着居民的经济收入。

2. 生活

生活是指居民日常起居与交流活动的统称。生活功能是村镇住宅的首要功能，包括村镇居民日常起居、休息、饮食、会客等功能。

学界一般采用生活富裕的程度来衡量生活水平的高低。在生活富裕方面，既要在物质层面确保村民的稳步增收和生活宜居，又要在精神层面提高村民精神满足度和幸福指数，具体要从农民收入、收入差距、生活品质、精神状态等多维度衡量乡村生活富裕度。④

3. 生态

生态是指一切生物的生存状态，以及它们之间和它们与环境之间环环相扣的关系。生态是生产和生活的基础，乡村生态空间为村民提供所需生态服务及产品，维系生态系统持续稳定，是村镇生产、生活的外部环境条件保障，影响生产功能

---

① 赵继龙，周忠凯. 生产·生活·生态——美丽乡村绿色人居单元设计营造 [M]. 南京：江苏凤凰科学技术出版社，2021：17-19.
② 尚玉涛. 长株潭城市群城郊融合类乡村民居改造策略研究 [D]. 长沙：湖南大学，2021.
③ 李进涛，刘琳，王乙杰，等. 县域乡村"三生"系统发展时空分异与优化决策 [J]. 农业资源与环境学报，2021，38（3）：523-536.
④ 卢泓钢，郑家喜，陈池波. 中国乡村生活富裕程度的时空演变及其影响因素 [J]. 统计与决策，2021，37（12）：62-65.

和生活功能的发展方向，必须对其严格管控和维护。[①]

一般采用环境宜居度来衡量生态水平的高低。环境宜居度是人处在环境中的舒适程度，由山、水、湿地等自然生态环境和古建筑、历史文化遗迹和红色文化遗迹等人文生态环境的质量决定。

4. 三生融合理念

生产、生活、生态三者相辅相成、密不可分。生产是动力源泉，促进高质量生活；生态是基础媒介，促进可持续性生产与高质量生活；高质量的生活是生产动力和生态媒介相互作用的结果。"三生融合"是指将经济生产、居住生活、自然生态三大系统视为一个紧密联系的有机整体，三者达到协调有序，持续健康发展的良性状态，生态为生产提供物质基础，生产影响生活，生活适应生态，三者互为依托，共同发展。[②]

"三生"空间的核心是生活空间，生活空间是为村民提供居住、休闲、康健、娱乐等活动的空间。生活空间所需的物质与精神内容由生产空间支撑，[③] 生产空间主要包括村民进行第一、第二和第三产业生产的空间。生态空间为生产空间与生活空间自身功能的实现提供支撑，[④] 生态空间起到保障、调节、保持生态系统或生态过程的作用，包括村镇里的山林、河流、湿地等空间。[⑤] 生产空间与生活空间融合满足了村镇居民生存和对美好生活的基本需求；生产空间与生态空间融合能同时满足居民物质上和精神上的要求；生活空间与生态空间的融合能同时满足居民美好生活与可持续发展的要求（图 1-2）。

在"三生融合"理念下，乡村的规划建设要充分考虑乡村"三生空间"，既要保护自然生态，保持乡村原有的风貌肌理，尊重村民的生活方式，同时在建设过程中充分挖掘当地资源优势，关注乡村产业与民俗活动，塑造乡村特色。[⑥]

① 安文雨，涂婧林，侯东瑞，等. 国土空间生态修复与乡村振兴：共现与融合 [J]. 华中农业大学学报（自然科学版），2022，41（3）：1-10.

②⑥ 尚玉涛. 长株潭城市群城郊融合类乡村民居改造策略研究 [D]. 长沙：湖南大学，2021.

③ 黄安，许月卿，卢龙辉，等."生产—生活—生态"空间识别与优化研究进展 [J]. 地理科学进展，2020，39（3）：503-518.

④ 方方，何仁伟. 农户行为视角下乡村三生空间演化特征与机理研究 [J]. 学习与实践，2018（1）：101-110.

⑤ 伍伟伟."三生融合"理念下的成都高新技术产业开发区空间布局研究 [D]. 绵阳：西南科技大学，2020.

1.2 村镇住宅发展历程

由于各个时期社会、经济和文化的差异，我国村镇住宅建设具有明显的阶段性特征，[①] 可大致分为基本需求期、快速发展期、质量上升期、资源平衡期四个阶段。

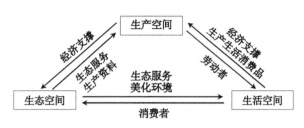

图 1-2 "三生空间"关联图

1.2.1 基本需求期（1949—1978 年）

中华人民共和国成立以前，我国农村住房主要形式为土坯房、砖瓦房或简易木构房，这些房屋大多低矮潮湿、拥挤破旧，居住条件较差，仅能遮蔽风雨，有的还人畜混居。[②] 房屋结构多为传统木结构、夯土或土砖砌筑，屋顶以茅草和小青瓦为主，农民家庭一般饲养鸡、鸭、猪，农民住宅中既生活又生产，人畜混杂，环境卫生较差。[③] 面积大且用料讲究的砖木结构院落式住宅仅在少数富裕人家出现，住宅分厅堂和厢房，有三至五进不等。

中华人民共和国成立初期，广大农村地区居民收入低，住宅建设增长也缓慢。1952 年后，开始有少数农户扩建及新建住房。1958 年起，受暂时的经济困难和"先治坡、后致富"思想影响，农村建房几乎停顿，仅极少数人因水库移民而建房。到 20 世纪 70 年代，少数大寨先进村庄及水库移民村庄建有大寨式住宅，但多为 2 层的砖木结构楼房。1957 年到 1978 年末，农村人均住房使用面积从 11.3m^2 降至 8.1m^2，农村住房尚不能满足新增人口的居住需求，改善生活条件更是遥不可及。[④]

1. 结构特点

基本需求期村镇住宅的结构大多为夯土结构，常见形式有夯土房和土墙茅草屋。

---

①②④ 林永锦. 村镇住宅体系化设计与建造技术初探 [D]. 上海：同济大学，2008.
③ 汤迪莎. 乡村复兴背景下湘中城郊农村住宅设计研究 [D]. 长沙：湖南大学，2015.

夯土即通过外力的作用，将松散的原状土或其他生土材料压缩密实，以达到使用强度及要求的加工方法，可以分为直接夯筑和版筑夯筑两种方式。[①] 夯土房屋是以生土为主要建筑材料，以层层夯实的夯土墙体为主要受力构件的建筑，是生土建筑的一种重要类型。土墙茅草屋常见做法是，用本地黏土制成砖，晾干后砌墙，再用当地丰富的稻草搭建屋顶。[②] 草筋作为土坯、夯土和抹面泥的辅料广泛用于民间，取材就地而为，类型繁多。[③]

2. 套型特点

这一时期农村住宅套型较为简单，仅满足村民基本居住要求，房间较小且数量少，多户共住一屋的现象普遍。住宅内部流线简单，因条件限制对于社交等要求考虑较少，住户的隐私需求也难以满足。

1.2.2 快速发展期（1979—1989 年）

自 1978 年党的十一届三中全会召开后，农村经济迅速恢复和发展，居民收入逐年提高，就建房资金而言，1978 年还只有 30.8 亿元，1985 年则高达 313.2 亿元。[④]

1979 年 12 月，第一次全国农村房屋建设工作会议，强调农房属生活资料，提出了"全面规划、正确引导、依靠群众、自力更生、因地制宜、逐步建设"的建设方针。[⑤] 1981 年 12 月，第二次全国农村房屋建设工作会议经国务院批准后在北京召开，《国务院批转第二次全国农村房屋建设工作会议纪要的通知》（国发〔1982〕4 号）发布，提出①抓紧制订村镇建设法规，做到有章可循、有法可依；②大力抓好村镇规划，合理安排各项建设；③注意节约用地，坚决刹住乱占滥用耕地之风；④搞好建筑设计、施工，为广大农民服务；⑤各地建筑设计单位，要积极承担农村住宅建筑、公共建筑和生产性建筑的设计任务……农房设计不仅要做到适用、经济、美观，而且要体现地方色彩、民族特点、乡村风貌，注意抗震、防洪、防风、防火，逐步形成我国社会主义新农村的建筑风格；⑥积极培养专业人才，壮大村镇建设技术力量；⑦发挥各方面的积极性，努力搞好农村建筑材料的生产和供应。[⑥]

---

① 李广林. 中国传统生土营建工艺演变与发展研究 [D]. 北京：北京建筑大学，2020.

② 王秀珍. 湖南常德、益阳两地村镇住宅生态设计研究 [J]. 建筑技术开发，2007（11）：59-62.

③ 杨俊. 中国古代建筑植物材料应用研究——草、竹、木 [D]. 南京：东南大学，2016.

④ 曾向阳. 农村住房边际消费倾向与建设模式研究——以湖北省为例 [D]. 武汉：华中农业大学，2003.

⑤⑥ 国务院. 国务院批转第二次全国农村房屋建设工作会议纪要的通知：国发〔1982〕4 号 [EB/OL]. 中国政府网，1982-01-07[2016-10-18].

　　　　　　　　　　　　　　　　　　　　　　　　　　　村镇住宅适应性设计

在此期间，家庭积累大量投向住房建设，于是"建房热"应运而起，许多地方几乎是"家家备料，村村动土"，形成了一个高速建设期，逐步增大的农房面积和日益上升的装修标准即是一个体现。[①] 这一时期，2 层砖混结构住宅开始大量出现，但其布局较简单，二层多简单重复首层的空间布局。部分住宅将附属用房设置在院内或楼房内，厨房、厕所等房间也开始进入楼房。住宅立面多为水泥抹面、砖墙面、马赛克墙面或者不同颜色的水刷石墙面。到 20 世纪 80 年代后期，通用设计图或专门设计开始被发达地区农村试用，以几户联建或独门独院为主，设有专用卫生间、厨房，铝合金门窗、马赛克墙面随处可见，并开始出现现浇框架结构住宅。[②]

大规模的农房建设使村住宅住条件迅速改善，[③] 从 20 世纪 70 年代末到 1985 年，楼房比例由不足 3% 提高到 13%，农村住房使用面积也上升到 15m²/人。[④] 在 1979 年至 1988 年的 10 年间，我国农村每年平均新建住宅 6 亿～7 亿 m²，农民人均住宅面积已增加到 19.4m²，住宅的质量不断提高。[⑤]

1. 结构特点

这一时期，村镇住宅以砖木结构和砖混结构为主要结构形式。砖木住宅指以木材作为柱、梁、椽等承重结构，以砖砌墙作为围护结构的住宅。砖木结构自重轻，并且施工工艺简单，材料也比较单一，但耐用年限短，且占地多，建筑面积小。砖混住宅以小部分钢筋混凝土及大部分砖墙承重，其特点是便于施工，造价低廉，具有良好的耐火和耐久性。

2. 套型特点

由于村镇居民人均住宅面积增多，村镇住宅功能空间划分逐渐明确，套型上更加注重动静分区、洁污分区。除供休息使用的卧室外，对于餐饮、起居的空间也有了新的发展，布局越来越丰富，多层空间也陆续出现。

1.2.3 质量上升期（1990—2010 年）

进入 20 世纪 90 年代，大部分农民的住房问题已基本得到解决，村镇住宅主要进行的是改善和改造工程，建设速度有所下降。至 1999 年，农村居民人均居住

---

①②④　林永锦. 村镇住宅体系化设计与建造技术初探 [D]. 上海：同济大学，2008.

③　曾向阳. 农村住房边际消费倾向与建设模式研究——以湖北省为例 [D]. 武汉：华中农业大学，2003.

⑤　陈佳骆. 中国村镇住宅现状之调查 [J]. 中外房地产导报，2001（4）：14-18.

支出 233 元，比 1978 年高出 18.5 倍。平均每户年末使用住房面积由 1978 年的 8.1m² 增加到 1999 年的 24.4m²。1999 年人均住房面积中砖木结构和钢筋混凝土结构住房面积达到 18.63m²，占比为 76.5%，比 1981 年的 48.6% 提高了 27.9 个百分点。至 2000 年，农村居民人均用于居住类的消费支出 258 元，人均年末居住面积为 24.82m²，其中，钢筋混凝土结构和砖木结构住房面积为 19.76m²。[①] 人均居住面积的增加使得居住质量得到明显提升，有空调或供暖设施、有卫生设施的户数增多，对于室内装饰装修的关注度也越来越高。[②]

进入 21 世纪，统一规划的农村新社区在各地大量出现，农村住宅建设类型趋向多样化。2000—2010 年，随着改革开放的深入，国家进入全面发展阶段，尤其是实行西部大开发战略，使农村建设在更大范围内展开。[③] 这一时期，居民生活与生产方式开始转变，家庭人口结构的变化及与外界交流的增多，[④] 使得村镇出现多样化的住宅需求，从而催生出丰富的住宅类型。与此同时，城镇化的快速发展，极大促进了村镇的规划建设，成熟的城市住宅建设模式进入乡村。[⑤] 在建设社会主义新农村、继续发展小城镇和加强村镇基础设施建设等政策的影响下，村镇逐渐开始了第三次建房热潮。这一时期，家庭人口结构的变化、居住观念的转变及住户成员了解外界信息的增多等，使得村民对仅满足基本生活需求的住宅不再满意，舒适化与多样化成为他们新的追求目标，这些需求对建筑选址、平面布局、剖面形式等方面都产生影响。[⑥]

1. 结构特点

质量上升期的村镇住宅以砖木结构和砖混结构为主，以框架结构为辅。框架结构是指由梁和柱组成的框架来承受房屋全部荷载的结构。

2. 套型特点

这一时期，村镇住宅以 2 层为主，少量为 3 层及以上楼房。住宅的平面形式较之前灵活，以社交功能为主的客厅愈加重要，一般以客厅为核心来组织平面空间。[⑦]

---

①②⑤　林永锦 . 村镇住宅体系化设计与建造技术初探 [D]. 上海：同济大学，2008.
③　　王荣 . 欠发达地区的新型城镇化研究 [D]. 南京：南京大学，2021.
④⑥⑦　陈涛 .1978 年后江汉平原地区村镇自建住宅研究 [D]. 长沙：湖南大学，2018.

1.2.4　资源平衡期（2011 年至今）

此阶段是生态文明建设背景下的美丽乡村全面提升阶段。面对资源约束趋紧、环境污染严重、生态系统退化的严峻形势，[①]党的十八大明确提出了包括生态文明建设在内的"五位一体"社会主义建设总布局，生态文明建设上升为国家发展战略和国家发展总体布局重要组成部分，并提出要建设"美丽中国"。以生态文明为核心的美丽乡村建设，无论从实践推进层面，还是理论研究层面都得到了广泛重视。

2013—2017 年连续 5 年的中央一号文件都强调了美丽乡村建设的目标及任务，如 2013 年的中央一号文件提出，"加强农村生态建设、环境保护和综合整治，努力建设美丽乡村"；2017 年中央一号文件又进一步强调，"深入开展农村人居环境治理和美丽宜居乡村建设"。[②]2017 年 10 月召开的党的十九大，会上提出要以"产业兴旺、生态宜居、乡风文明、治理有效、生活富裕的总要求"来"实施乡村振兴战略"；同时要"加快生态文明体制改革，建设美丽中国"。[③]美丽乡村建设是美丽中国建设的重要组成部分，也是实施乡村振兴战略的主要手段和重点任务。[④]

根据国家统计局的数据，2012 年全国农村居民人均居住消费支出 1381元。[⑤]2012 年农村人均住房面积达到 37.1m²，是 1978 年的 4.6 倍，且该年农村居民家庭住房中混凝土结构人均使用面积为 17.1m²，砖木结构人均使用面积为16.3m²。至 2020 年，全国农村居民人均居住消费支出 2962 元，是 2012 年的 2.14倍，因而此时村民对于住宅的需求从"有其屋"变成了"优其屋"。[⑥]

越来越多的建筑师参与到村镇建设中来，"建造共同体"机制被应用在当前的村落建造中。[⑦⑧]村镇住宅在设计和建造方面有了新的探索和突破，如生产生活方式变化造就的适应性住宅，绿色节能理念兴起造就的气候适应性住宅，百年住宅理念所造就的耐久性住宅（主要体现在抗洪、抗震方面），住宅工业化兴起所造就

---

① 涂全. 湘北小城镇大进深联排住宅被动式节能设计研究 [D]. 长沙：湖南大学，2019.

② 新华社. 中共中央　国务院关于深入推进农业供给侧结构性改革　加快培育农业农村发展新动能的若干意见 [OL]. 中国政府网，2016-12-31[2017-02-05].

③ 谭乐乐，周娜. 生态文明时代资源型城市转型发展的规划应对 [C]// 中国城市规划学会. 活力城乡 美好人居——2019 中国城市规划年会论文集. 北京：中国建筑工业出版社，2019：1157-1165.

④ "中国村镇建设 70 年成就收集"课题组. 新中国成立 70 周年村镇建设发展历程回顾 [J]. 小城镇建设，2019，37（9）：5-12.

⑤ 林永锦. 村镇住宅体系化设计与建造技术初探 [D]. 上海：同济大学，2008.

⑥ 佚名. 建国 70 周年对我国住宅建设发展的感悟——访全国工程勘察设计大师赵冠谦 [J]. 城市住宅，2019，26（8）：5-11.

⑦ 刘伟. 湖南中北部村镇住宅低技术生态设计研究 [D]. 长沙：湖南大学，2009.

⑧ 张维芳. 乡村建筑自主建造体系之浅识 [D]. 南京：南京大学，2008.

的 SI 体系住宅等。

1. 结构特点

现浇混凝土框架结构为住宅主要结构类型，但由于砖混结构住宅具有较低建设成本的优点，[①] 仍被广泛运用。同时，钢结构和装配式住宅在村镇建设中开始兴起。

2. 套型特点

在传统农村住宅向集约化新农村住宅发展的过程中，农民生活方式及观念也发生了较大变化，对城市居住模式的向往使得农村住宅越来越向城市靠拢，但同时农村长久以来的居住文化使得农村的居住模式有别于城市居住模式，所以新农村住宅兼有了住宅居住模式的双重性，既希望像城市住宅那样整洁明亮、功能健全，也能满足农村住宅兼有的生产需求。[②] 这一时期的套型模式最为丰富，住宅一层主要用于会客、饮食，二层及以上用于休息、起居。

1.3 村镇住宅的分类

村镇住宅有多种分类方式，如按建筑平面形式、按住宅功能和按家庭结构来划分等。本书讨论的村镇住宅主要是按土地使用方式和住户生产经营方式来分类。

1.3.1 按土地使用方式分类

村镇住宅按土地使用方式大概可以划分为独立式、联排式和集合式住宅。

1. 独立式住宅

独立式住宅是指独门独户的独栋住宅，包括相对豪华的别墅和较经济的村民自建房。其最大的特点就是"顶天立地"，四周与其他建筑不相连，干扰较少，带有明确的独立性质，且采光通风良好。[③] 这类住宅面积较大，功能较全，布局较复杂，立面变化丰富，形式风格多样。

---

① 陈涛 .1978 年后江汉平原地区村镇自建住宅研究 [D]. 长沙：湖南大学，2018.

② 赵献荣. 新农村集约化居住模式下住宅套型设计研究——以成渝城乡统筹区为例 [D]. 重庆：重庆大学，2015.

③ 王颖 . 地域语境下"四位一体"独立式住宅庭院景观设计方法研究 [D]. 长沙：湖南大学，2018.

2. 联排式住宅

联排式住宅是指由几幢住宅并联而成的有独立门户的住宅。其特点包括以下两个方面：第一，两户以上水平方向连接，而垂直方向相对独立的集合性住宅。[①] 第二，相对独立式住宅，占地少，居住密度高，基础设施利用效率提高。此类住宅进入村镇后，其组织形式无太大变化，但较独立式住宅，其用地经济性较高，在村镇中应用广泛。

3. 集合式住宅

集合式住宅广义上是指在特定的土地上有规划地集合建造的住宅，包括低层、多层及高层，也可称其为"多户住宅"，即在一幢建筑内，有多个居住单元、供多户居住的住宅。[②] 与我国乡村传统的家族聚居模式不同，集合式住宅的居住特点是若干个家庭共同生活在一幢建筑内。多应用于土地较为紧张的城镇。集合式住宅一般具有较高的层数，较大的密度，能留出更多的室外公共活动空间，其标准层的套型及其组合基本相同，设施配置方便，因而在土地较为紧张的城镇应用较多。

1.3.2　按住户生产经营方式分类

根据住户生产经营方式的不同，村镇住宅可以分为第一产业住宅、第二产业住宅、第三产业住宅和综合产业住宅四种类型。

1. 第一产业住宅

第一产业住宅是指除满足村镇居民生活的基本需求外，还需设置一定的农业生产用房以满足村民农业生产需求的住宅。其特点是将生产空间与生活空间整合在一栋住宅内，便于村民宜居宜业，此类住宅是我国乡村住宅的主要形式。

2. 第二产业住宅

第二产业住宅是指除满足村镇居民生活的基本需求外，还需设置一定的加工制造及销售用房以满足村镇居民进行自产自销的住宅。其特点与第一产业住宅类似，同时满足居民经济收入和生活上的需求，因而此类住宅在村镇中的占比仅次于第一产业住宅。

---

① 藤安弘，大海一雄. タウンハウスの実践と展開 [M]. 日本：鹿岛出版会，1983.
② 胡惠琴. 集合住宅的理论探索 [J]. 建筑学报，2004（10）：12-17.

3. 第三产业住宅

第三产业住宅是指除满足村镇居民生活的基本需求外，还需满足商业、服务等需求的住宅。其特点是将生活空间与商业、服务空间相结合，同时满足居民经济收入和生活上的需求。在乡村振兴的背景下，此类住宅的数量在逐年增长。

4. 综合产业住宅

综合产业住宅分为几种情况：第一，住宅中除满足生活所需的基本空间外，同时还有满足一、二产业生产经营所需的空间；第二，住宅中除满足生活所需的基本空间外，同时还有满足一、三产业生产经营所需的空间；第三，住宅中除满足生活所需的基本空间外，同时还有满足二、三产业生产经营所需的空间；第四，住宅中除满足生活所需的基本空间外，同时还有满足一、二、三产业生产经营所需的空间（图1-3）。

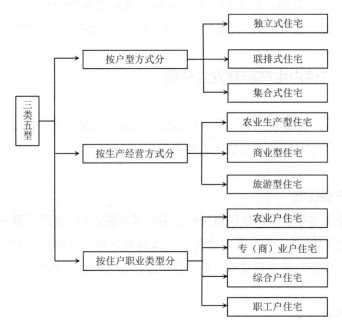

图1-3 村镇住宅分类示意图

1.4 村镇住宅的特点

1.4.1 要求复杂

从土地使用方面来讲：第一，村镇住宅的用地一般比较宽松，住宅基底面积通常小于其用地面积，其多余面积属于住户的私人领地；第二，城市住宅在一定程度上主要考虑其与已建成建筑的关系，而村镇住宅更多的是考虑建筑与自然环境的关系，自然环境对于已建成建筑而言，更脆弱且更加宝贵。

从内部功能方面来讲：第一，村镇住宅在满足村民生活和生产两方面需求的同时，还应满足生态的要求，村镇住宅的"三生空间"构成空间整体，三者互为影响；[①]第二，村镇住宅的功能复合度更高，如城市住宅中的主要交往空间是客厅，而村镇住宅的交往空间往往与厨房、堂屋、火塘等合用；第三，村镇住宅住户与室内外空间的互动性更高，设计时应充分考虑住户的实际情况，有针对性地设计生产、生活与休闲空间，这不同于城市住宅的通用空间模式。

从其他方面来讲：第一，村镇住宅不仅需要考虑当地的特色，还需要考虑其未来的传承性；第二，需要考虑当地的建筑材料和建筑工艺对村镇住宅的影响。

1. 满足生活需求

住宅作为供居民居住的建筑，无论位于城市中还是村镇中，均需要满足居民在"吃、穿、住、娱、教"等方面的需求，其主要功能空间为厨房、餐厅、卧室、客厅、卫生间等。[②]

但相对城市住宅，村镇住宅的功能更加复杂，其主要体现在以下两个方面：一方面，乡村厨房的功能复合度高，除了烹饪功能，一般还包括取暖、餐饮、盥洗、祭祀及邻里交往等多重功能。[③]另一方面，村镇住宅中还会有一些城市住宅所没有的空间，比如火塘房、堂屋等。

2. 满足生产需求

相对于城市住宅，村镇住宅一般兼有生产功能。生产空间主要包括堆放、加工、储存农产品的空间，晾晒谷物与粮食的晒场，以及储藏农具的杂物间等。生产是村镇住宅所特有的功能，因而相对于城市住宅来说，村镇住宅要求更复杂。

3. 满足生态需求

生态是乡村最具吸引力的元素，也是最易创造价值的空间。从分类上看，主要

① 徐文飞，董贺轩. 城乡一体化格局下的近郊乡村"三生"空间重构 [C] // 中国建筑文化研究会 .2018 第八届艾景国际园林景观规划设计大会暨中国建筑文化研究会风景园林委员会学术年会优秀论文集 . 北京：中国建筑文化研究会艾景奖组委会，2018：8.

② 李逢琛 . 基于生产生活方式的新农村住宅户型设计研究——以成都市近郊地区为例 [D]. 成都：西南交通大学，2015.

③ 卢健松，苏妍，徐峰，等 . 花瑶厨房：崇木凼村农村住宅厨房更新 [J]. 建筑学报，2019（2）：68–73.

包括：①自然景观，主要包括特色山、水、湿地等自然生态；②人文景观，主要包括历史文化、红色文化、古建筑等人类文明演化形成的人文生态。

　　住宅作为最普遍的建筑，无论位于城市还是村镇，均需满足生态的要求。与城市不同，村镇中的自然景观和人文景观更加丰富，因而在村镇住区规划与建筑设计上应充分考虑当地的自然山水、地形走势、历史文化及古建筑保护等方面的影响，以使村镇成为安居乐业的生态家园。

1.4.2　地域差异

　　建筑的地域性是指建筑与其所处自然环境、人文环境的特定关联，它是建筑的基本属性。村镇住宅的地域性是指受一定的地域条件影响而形成的住宅独特的性质，这种影响包括地理环境、气候环境和文化环境等。我国各地自然条件、风俗习惯、建筑材料、建造方式以及居民心理感受等均不尽相同，它们共同促使了村镇住宅的地域差异。

1. 自然条件的差异性

　　自然条件的差异性主要包含气候和地形条件两个方面的差异性，气候或地形条件的不同会导致不同的建筑形式。我国地域广袤，气候特征差异较大，不同地区的传统民居在适应和改善居住环境上，建筑形式和空间布局具有较强的自然适应性，能充分利用当地自然气候条件，并采用适合当地的建造手段来削弱气候对室内环境的不良影响。[①] 因此，建造住宅时，要充分考虑当地的气候条件。

　　地形条件在一定程度上决定建筑的形式、朝向、间距和高度等。我国幅员辽阔，地形复杂，有高原、山岭、平原、丘陵、盆地5种基本陆地地貌类型。[②]

　　不同气候、不同地形条件会促成不同的建筑形式，如适应高差的错层建筑，适应潮湿的底层架空建筑。因此，在对村镇住宅进行设计时，应充分考虑气候、地形条件，以设计建造出具有适应性的住宅。

2. 风俗习惯的差异性

　　风俗习惯也是影响人们建造住宅的重要因素。风俗习惯在一定程度上决定人们的生活方式。我国是一个多民族国家，各民族间的生活习惯存在一定的差异性，加之各民族人口数量不一，发展水平不平衡，造就了民族生活的多样性。自然环

---

① 白琳. 乡村住宅建设导则的比较研究 [D]. 长沙：湖南大学，2014.
② 中华人民共和国年鉴社. 中国国情读本（2020 版）[M]. 北京：新华出版社，2020：26.

境的不同与民族多样性共同造就了不同地区风俗习惯的差异性，不同的风俗习惯影响着居民的居住功能和空间，村镇住宅是对当地风俗习惯最明显的反映。

3. 建筑材料及建造方式的差异性

建筑材料是影响村民建造住宅的重要因素。常见建筑材料有泥土、石材、木材和草类，材料的地域性分布不同，造成了材料来源的差异性，其与加工利用方式的差异共同造成了材料的差异性，因而造就了不同材料建造的住宅其地域性差异。

建造方式是影响村民建造住宅的另一重要因素。在结构方面，采用框架结构、砖混结构、砖木结构等不同结构形式，在建造方面，采用装配式或者现浇式等不同的方式，这些不同的构造方式创造出了丰富的建筑形式。

不同的建筑材料、不同的建造方式会促成不同的建筑形式。例如我国西北地区的窑洞、南方潮湿地区的吊脚楼、东南地区的土楼等。因此，在对村镇住宅进行设计时，应根据当地环境去选择合适的材料和建造方式，建造出符合当地民俗风情和具有地域性色彩的住宅。

4. 心理感受的差异性

心理感受的差异性主要包含地区心理差异、空间心理差异、年龄心理差异三个方面。

第一，地区心理差异是影响人们建造住宅的重要因素之一。在不同地区环境的长期影响下，人们经历了相对差异化的发展史，由此造成了人们审美观、尺度观、心理特征和行为取向等方面的差异。因而，人们在建造住宅时会更加倾向于选择当地的材料、建造方式以建造具有当地风格样式的住宅。

第二，空间心理差异是影响人们建造住宅的另一重要因素。居住空间差异会导致人的尺度感发生差异。长期居住在不同的空间会导致人对空间的感受产生差异，例如北方的游牧民族由于长期逐水草而居，居住在便于拆装、空间较为低矮的毡包内，适应了灵便小巧的空间；居住在土楼的居民长期与一家人或族人居住，适应了单元式的、向心的空间。因而人们在建造住宅时会更加倾向于自己已经适应了的空间形式与空间尺度。

第三，年龄心理差异是影响人们建造住宅的又一重要因素。年龄差异导致人们的审美观、尺度观、心理特征和行为取向等方面产生差异，进而造成村镇住宅的差异。

1.4.3 快而不精

1. 缺乏规划

我国绝大多数村镇都由村民自发建设而成，缺少科学合理的规划，这已经不能适应村镇的发展和居民生活水平的提高。2016年末，我国有总体规划的建制镇有17 056个，在所统计建制镇总数中占94.2%；有总体规划的乡8737个，在所统计乡总数中占80.3%；有规划的行政村323 373个，在所统计行政村总数中占61.5%。因此，很多地区由于缺乏合理规划使得村镇住宅布局严重不合理。[①]

2. 缺乏精细设计

村镇住宅大多由村民依靠以前的建造经验进行自发建造，有的甚至会在建造过程中边建边设计，这就导致大部分村镇住宅存在考虑不全不细的问题。而且由于村民认知水平的限制，他们很难发现住宅中所存在的问题，加之适用于农村住宅建设的新技术、新产品、新工艺得不到及时的推广和广泛的应用，农村住宅的技术集成度低，建筑材料和产品匮乏，施工工艺落后，导致村民即使发现问题也没有能力去解决。与此同时，村民在建造建筑时，也没有对细部进行仔细地推敲，较少关注建筑艺术与技术方面的内容，更多的是想让建筑满足实用的要求。

3. 套型缺乏可变性

套型的可变性是指居住空间可以随着人需求的改变而变化，其主要有采用轻质隔墙或隔断、建造大空间、预留弹性空间等方式。一方面，村镇居民大多依靠自己以前的建造经验进行建设，对于新型建筑材料与建筑技术的认识不足，难以运用一些新型材料如轻质隔墙，这就导致住宅很难留出弹性空间来实现空间可变性。另一方面，在村镇住宅建设中，新的建造技术未得到广泛应用，部分村镇仍使用传统的建造技术和结构体系，这就使得建筑内存在大量的承重墙体，限制后期住宅套型的改变。

1.5 村镇住宅的技术经济指标

住宅设计技术经济指标是指对设计方案的技术经济效果进行分析评价所采用的

[①] 住房和城乡建设部.2016年城乡建设统计公报[DB/OL].住房和城乡建设部官方网站，2017-08-22.

指标。一般包含各功能空间使用面积（m²）、套内使用面积（m²/套）、套型阳台面积（m²/套）、套型总建筑面积（m²/套）、住宅楼总建筑面积（m²）。

1.5.1 基本指标

1. 宅基地面积

宅基地是农村的农户或个人用作住宅基地而占有、利用的本集体所有的土地。[①]宅基地的面积是指本宅基地的住宅的占地面积与基地的剩余面积之和。具体的宅基地管理条文详见各地出台的相关文件中，各省宅基地面积的确定不同。

根据《农村宅基地管理暂行办法（征求意见稿）》和各省、自治区、直辖市当地的实际情况规定限额标准，由县级人民政府根据当地人均耕地面积、农民家庭人员构成、副业生成发展等因素确定具体指标，划给农民建房用地，如2.5分地/户。

2. 平均每户建筑面积

建筑面积是建筑物外墙每层水平面积的总和。平均每户建筑面积，是指宅基地内所有房屋的建筑面积与户数之比。

3. 使用面积系数

使用面积指主要使用房间和辅助使用房间的净面积（不包括墙、柱面积，以及在结构面积内的烟道、通风道等）。使用面积系数是衡量房屋面积利用率的一项指标。这一系数越大，住宅面积的使用率越高；反之，住宅面积的使用率越低。

$$使用面积系数 = \frac{使用面积}{建筑面积} \times 100\%$$

4. 交通面积系数

交通面积是指走道、楼梯间等交通联系设施的净面积。

$$交通面积系数 = \frac{交通面积}{建筑面积} \times 100\%$$

5. 结构面积系数

结构面积是指建筑平面结构（墙、柱等）所占面积。

[①] 浙江大学中国农村家庭研究创新团队. 中国农村家庭发展报告（2018）[M]. 杭州：浙江大学出版社，2020：135.

$$结构面积系数 = \frac{结构面积}{建筑面积} \times 100\%$$

1.5.2　节能指标

1. 体形系数

建筑体形系数是指建筑物与室外大气接触的外表面积 A（不包括地面和供暖楼梯间隔墙与户门的面积）与其所包围的建筑空间体积 V 的比值。体形系数越大，说明单位建筑空间所分担的热散失面积越大，能耗就越多。在其他条件相同情况下，建筑物耗热量指标随体形系数的增长而增长。有研究资料表明，体形系数每增大0.01，耗热量指标约增加 2.5%。从有利节能出发，体形系数应尽可能小。[①]

对于严寒和寒冷地区的村镇住宅，采用平整、简洁的建筑形式，体形系数较小，有利于减少建筑热损失，降低供暖能耗。对于夏热冬冷和夏热冬暖地区的村镇住宅，采用错落、丰富的建筑形式，体形系数较大，有利于建筑散热，改善室内热环境。[②]

2. 窗墙比 / 窗地比

窗墙比是某一朝向墙面的外窗（包括透明幕墙）总面积与同朝向墙面总面积（包括窗面积在内）之比，增大这个比值不利于空调节能，应尽量减少空调房间两侧温差大的外墙面积及窗的面积。窗地比是指窗户洞口面积与房间地面面积的比值。[③]开窗面积越大，则对室内保温、隔热越不利。[④]

3. 层高

层高是指楼层之间的高差，即下层的楼地面的表面到上层楼面或屋顶表面的高度。[⑤]住宅的层高不应过大，住宅的层高越大，其室内空间体积就大，所需的能量就多，因此住宅的层高越大，对于建筑的节地、节能越不利（图 1–4）。

---

① 陈文建，季秋媛. 建筑设计与构造 [M]. 2 版. 北京：北京理工大学出版社，2019.

② 中华人民共和国住房和城乡建设部，国家市场监督管理总局，联合发布. 建筑节能与可再生能源利用通用规范：GB 55015—2021[S]. 北京：中国建筑工业出版社，2022.

③ 魏华，王海军，等. 房屋建筑学 [M]. 2 版. 西安：西安交通大学出版社，2015.

④ 冯雨. 河南新农村民居建筑概念设计与研究 [D]. 无锡：江南大学，2009.

⑤ 杨龙龙. 建筑设计原理 [M]. 重庆：重庆大学出版社，2019：67.

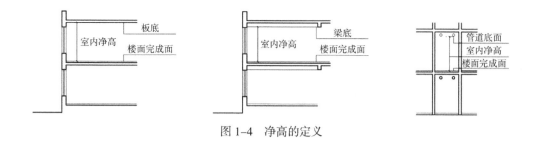

图 1-4　净高的定义

1.6　村镇住宅的适应性设计理念

1.6.1　适应性设计的定义

道格拉斯在《建筑适应性》（*Building Adaption*）一书中对"建筑适应"做出了定义，是指任何通过维护改变建筑的容量、功能或性能的工作，换言之，指任何为调整、再利用或提升建筑，以使其适合新的环境或需求而做出的干预性工作。[1] 布莱斯等在《优化设计管理》（*Managing the Brief for Better Design*）一书中认为，适应性既要满足小尺度方面如房间的形态和尺寸变化的需求，也要关注面向长时期的建筑大尺度规模的变化。[2] 达尔齐尔在《城市中的居住建筑》（*Home Truths in Urban Architecture*）中则认为，建筑的适应性是对周围环境改变而对发展所带来的一系列变化的自身回应行为。[3] 建筑适应性设计是从整体观出发，通过不断调整建筑自身构成要素适应客观外部条件的系统行为。建筑通过适应性设计，合理利用环境中的有利因素，改善不利因素，协调内部组成部分保持融洽的动态平衡，使客观条件和内部关系相适应，以达到提高建筑整体功效的目的。[4] 综上，现将村镇住宅的适应性总结为场地适应性、空间适应性、生态适应性、建造适应性（适应性改造、适应性建造）四个方面。

---

① Douglas J. Building Adaptation[M].London：Routledge，2006.
② Blyth A，Worthington J. Managing the Brief for Better Design[M].London：Routledge，2010.
③ Dalziel R，Qureshi-Cortale S，Battle T. A House in the City：Home Truths in Urban Architecture[M]. London：RIBA Publishing，2012.
④ 中国建筑学会建筑物理分会建筑热工与节能委员会，等. 低能耗宜居建筑营造理论与实践——2017 全国建筑热工与节能学术会议论文集 [M]. 成都：西南交通大学出版社，2017：546.

1.6.2　场地适应性设计

英国建筑师拉夫·厄斯金（Ralph Erskine）直言，"假如没有气候问题，人类就没有建筑的需求"，可见气候条件的限制与建筑设计休戚相关。[①] 场地适应性是指场地最适合的发展途径和存在状态。[②] 场地的适应性设计即是从整体观出发，通过持续性地对建筑自身构成要素进行调整，以此适应场地的系统性行为，从而创造出符合可持续发展的建筑。[③] 村镇住宅的场地适应性是指在设计或建造时充分考虑场地各种条件以进行合理地选址、规划、利用和保护。

对于村镇住宅场地适应性设计，需要通过合理的方法和策略，来满足建筑舒适性及安全性的要求。高温、严寒、太阳辐射、湿度等气候因素会对居住舒适度产生影响，对应的设计原则是要满足隔热、保温、降温、通风等要求。"雨""水"及"风"等问题会对居住安全性产生影响，对应的设计原则即是要满足防雨、防潮及防风暴等要求。明确了具体设计原则，需要从规划层面、建筑功能与空间层面及结构构造层面相互结合运用，使建筑能够更好地适应当地自然气候。[④] 为满足场地适应性的要求，通常采用以下几种方法：

1. 选址得当

应该根据不同的地形地势，合理选择居住用地。总体而言，选址要避开泥石流多发地、台风多发地、洪水多发地、地震多发地等各种灾害隐患多发地段，地势尽量平坦，地基要求坚实。

在平地、水网地区建造住宅，要遵循利用天然水源、方便生活的原则；在山地、丘陵地区，要遵循结合风向和等高线进行合理布置的原则；在低洼地区建宅，需遵循设计建造时能改善通风并有利于排水的原则；与此同时，选用的用地应开发过且能被改造，也可以建设在废弃场地上，针对废弃地被污染的情况，需要进行相应的处理，并使之达到有关标准，再进行建筑的建造。[⑤]

2. 规划节地

土地节约集约利用是生态文明建设的根本之策。规划节地主要有时间型节地、

---

① 高文杰，连志巧. 村镇体系规划 [J]. 城市规划，2000（2）：30-32+62.

② 王爱国，吴俊平. 基于系统角度对场地适应性设计策略的探讨——以海口市白沙门公园设计为例 [J]. 华中建筑，2009，27（10）：59-62.

③ 高蕾. 风景区军校游泳跳水馆场地适应性设计研究——以黄陂区海军工程大学游泳跳水馆设计 [D]. 武汉：华中科技大学，2019.

④ 曾宪策. 岭南高校集约型教学建筑气候适应性设计策略研究 [D]. 广州：华南理工大学，2019.

⑤ 李想. 绿色建筑评价工作启动 [J]. 青海科技，2014（1）：46-49.

空间型节地和平面型节地三种模式。

时间型节地主要指通过规划管控、计划调节等手段保障一定时间阶段内的住宅用地需求，合理安排宅基地投放的数量和节奏，从源头节约集约用地，防止新的土地闲置现象发生。空间型节地主要包括向空中发展和向地下发展的形式，村镇住宅中主要通过楼房的形式来实现。平面型节地在村镇住宅中的应用主要是通过采用集中布置等方式来实现。[①]

3. 协调地形

在地形复杂的场地中，建筑的接地形式可分为：地下式、地表式和架空式，村镇住宅可分为地下式住宅、地表式住宅、架空式住宅。

1）地下式住宅

地下式住宅是指深埋土中的住宅。其能回避外界的气候变化，具有较好的节能效果。其典型代表是位于陕西、河南等地的窑洞（图1-5）。

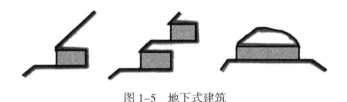

图1-5　地下式建筑

2）地表式住宅

地表式住宅是指建筑底面与室外地面全部或大部分贴合的住宅。其在平地和坡地上最为常见。若建筑位于平地或缓坡上，其在设计、施工及设备组织方面都比较简单，造价也相对较低。若建筑位于坡度大于8%的坡地上，则需在竖向设计上采用提高勒脚、筑台、错层、错迭、跌落、掉层等做法（图1-6）。

（1）提高勒脚

当坡度小于10%时，仅需提高勒脚高度作为住宅的基底，对整个地形无需改造，这种方式对地表环境破坏也不大。

（2）筑台

筑台是对天然地表进行开挖和填筑，使其形成一个平整的台地，在台地上修建住宅，筑台适于较平缓的坡地，住宅一般平行于等高线布置。

---

① 李凯，王翔，刘家佳，等. 城镇建设用地节地模式及适用性研究 [J]. 中国国土资源经济，2017，30（6）：14-18+53.

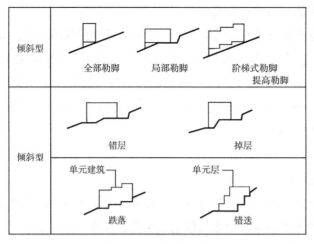

图 1-6　地表式建筑

（3）错层

错层是将住宅的同一楼层做成不同标高，以适应坡地地形，使建筑底面与地形表面尽量吻合，同时也减少了土石方量。不同高度的错层靠室内外台阶或楼梯来连接。

（4）错迭

住宅与等高线垂直或斜交，住宅的各层之间做水平方向的错动来适应地形，形成阶梯状的建筑外形，有时下层住宅的屋面可作为上层住宅的平台。

（5）跌落

住宅与等高线垂直或斜交时，各个单元在坡度方向顺坡势错落成阶梯状，建筑呈现出层层跌落的外貌，由于以单元为单位跌落，单元内部的平面不受影响，因此跌落的高度也比较自由。

（6）掉层

根据地形需要，将住宅基底做成阶梯状，在局部范围的下面加设 1 层或数层，而上部各层楼面处于同一标高上。

3）架空式住宅

架空式住宅远离地基，对地表破坏最少，其通常有架空和吊脚两种做法（图 1-7）。

（1）架空

架空是指住宅底层部分采用柱子等构件使建筑底面与室外地面完全分离的手法。在我国的湿热地区，由于架空对通风防潮有利，因而成为一种常用的建造方式，架空柱子的高度可以调节，上部的建筑空间处理比较灵活，如云南的干栏式住宅。

（2）吊脚

吊脚是指住宅底层部分坐落在地基上，局部用柱子架空的手法，吊脚处理可以

　　　　　　　　　　　　　　　　　　　　村镇住宅适应性设计

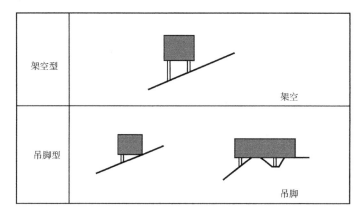

图 1-7　架空式建筑

减少平整场地的工程量，其架空部分可视建筑的需要和场地宽度而定，如重庆的吊脚楼民居。

1.6.3　空间适应性设计

空间适应性是指空间可以通过自我调节来满足使用者需求和外界环境的要求。使用者的需求会影响空间的形式与尺度，设计时应充分考虑空间的可变性与灵活性。

1. 功能空间可变性

住宅空间的可变性是指在不改动建筑结构的情况下，通过改变隔墙位置或空间隔断方式来实现空间尺寸和功能的变化。其目的是既要满足当下的功能需求，还要适应住户未来的居住需求。住宅空间的物质老化期是指其结构寿命的期限，空间功能老化期是指其功能满足使用者的期限。现代人生活方式的多样性和易变性，使得空间物质老化期和功能老化期的时间不同步，这就要求住宅空间具有可变性。

空间可变性有可变式户型，套内可变、同层可变、异层可变等，可根据住户不同的生活居住水平和条件，对住宅面积予以优化调整；或利用门洞进行空间变化。两个空间之间用门洞联系，门关闭时，两个空间互不干扰，有独立的功能；门打开后，两个空间功能可以相互渗透。空间的分隔和合并所形成的空间变化，为住户提供更多可能的功能空间选择。[1]

住宅可变性空间设计按可变性空间设计的范围不同可分为两类，即住宅套内总面积改变型和套内总面积不变型：

---

① 唐姝瑶. 工业化住宅空间可变性研究 [D]. 长沙：湖南大学，2017.

1）套内总面积改变型

住宅套内总面积改变型，就是采取一定的技术手段（主要指结构或构造手段），实现局部去除或增加部分住宅空间，实现套型面积可以调整的目的，如把阳台划归到客厅或者主卧的一部分，或对住宅的通高空间进行分层设计等。

2）套内总面积不变型

住宅套内总面积不变型，就是采取一定的技术手段（主要指构造手段），以实现灵活划分住宅套内空间或者改变套内户室数以满足不同需求的目的，这一类型只对空间进行重新设计，不改变原有的套内总面积。[①]

2. 功能空间灵活性

在村镇住宅中，有时由于结构、技术的限制及居民经济能力的限制，对建筑进行墙体改造不太现实，因而在设计之初就应对其功能变化进行综合考虑。住宅方案设计伊始，就应对房间的开间与进深进行严谨的设计，以满足各种家具陈设的尺寸和人的空间活动尺寸要求，同时空间形态是否规整也很重要，规整的空间平面利于家具陈设摆放。[②]住宅空间需具备一定的可变性和适应性，创造出灵活可变的空间。一个空间不是为了某一个特定功能创造的，而是为几个不同的功能创造的，在改变形式和结构的情况下，根据不同的使用需求对其功能进行转换，这样住户就有更多的自由选择。[③]比如一个房间可以根据住户的需求用作起居室、卧房、书房、餐厅等。

3. 功能空间适应生产需求

由于经济的快速发展以及乡村振兴战略的实施，越来越多的村民开始扩大自己的生产规模或者在住宅内进行一些商业服务行为，因而在设计之初就应对其功能变化进行综合考虑，使其功能空间的设计适应生产需求，如将村镇住宅部分空间改造成餐饮、客房等空间。

1.6.4 生态适应性设计

1. 住宅套型设计符合当地气候条件

气候条件是影响住宅空间布局和造型设计的重要因素，也是村镇住宅设计首要考虑因素。我国有五大气候分区（表1-1），村镇住宅应根据不同的气候条件做

---

① 袁大顺. 空间可变住宅设计研究 [D]. 天津：天津大学，2007.
②③ 唐姝瑶. 工业化住宅空间可变性研究 [D]. 长沙：湖南大学，2017.

出相应的设计，传统民居的被动式设计方法作为住宅应对气候的适应性设计方法，值得借鉴和传承。

表1-1 中国建筑热工设计分区

热工分区	代表地区
严寒地区	黑龙江省、吉林省全境；辽宁省、青海省、内蒙古自治区、新疆维吾尔自治区大部分地区；甘肃省北部；山西省、河北省、北京市北部的部分地区
寒冷地区	天津市、山东省、宁夏回族自治区全境；北京市、河北省、山西省、陕西省大部分地区；辽宁省南部、甘肃省中东部，以及河南省、安徽省、江苏省北部的部分地区
夏热冬冷地区	上海市、浙江省、江西省、湖北省、湖南省全境；江苏省、安徽省、四川省大部分地区；陕西省、河南省南部；贵州省东部；福建省、广东省、广西壮族自治区北部和甘肃省南部的部分地区
夏热冬暖地区	海南省、台湾省全境；福建省南部；广东省、广西壮族自治区大部分地区，以及云南省西部
温和地区	云南省大部分地区、贵州省、四川省西南部；西藏自治区南部一小部分地区

2. 围护结构的节能技术

住宅围护结构热工性能要符合国家和地方对于居住建筑的节能要求。围护结构涉及外墙、屋面、地面、门窗等，其保温、隔热、密封性等性能的提高，可以大大降低建筑物能量负荷，从而减少建筑的能耗，节省能源。常见的外墙保温技术有外墙外保温（图1-8）、外墙内保温和夹芯保温三种；常见的屋顶保温技术有屋顶绿化、蓄水屋面等；要加强门窗的保温性能，必须提高门窗的气密性。

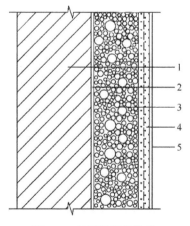

图1-8 外围护结构构造

1—基层墙体；2—界面砂浆；3—保温浆料；4—抹面胶浆复合玻纤网；5—饰面层

3. 自然采光和通风技术

自然采光和通风是节约能源与响应环保的重要技术。聚风的建筑布置能充分利用自然风，可以视为天然的空调并具有良好的节能效果。[①]因此，在住宅设计建造时，应该充分利用场地自然条件，合理设计住宅形体、朝向、楼距和窗墙比，确保住宅有良好的自然通风和自然采光。

4. 室内供暖系统技术

随着社会经济的发展，村镇居民的生活水平逐年提高，他们对于居住的要求也逐渐提高，除了在功能方面的适应性之外，也开始关注住宅的热舒适性。因此，在设计建造时，应该根据村镇地理气候环境，采取适当的供暖技术，目前广泛使用的室内供暖系统有太阳能供热供暖系统、电供暖系统、地源热泵供暖系统等。

5. 可再生能源的利用

村镇住宅中对可再生能源进行利用不仅可以节约能源、响应环保，还可以帮助村镇居民减轻一定的经济负担。因此，在设计建造时，应该根据当地气候、自然资源和经济技术条件，充分利用太阳能、地热能、生物质能等可再生能源。

1.6.5 建造适应性

1. 适应性改造

随着乡村振兴的深入和城市反哺作用的凸显，一批拥有旅游资源的村镇急需一些接待、展览、餐饮和住宿等服务的建筑空间，客观上促成了传统的农业生产型住宅向服务经营型住宅的转型，这带动了村镇住宅的适应性改造。为满足村镇住宅的适应性改造，可从外部空间和内部空间两个方面来进行思考。

1）外部空间的改造策略

村镇住宅的外部空间适应性优化措施主要包含宅院空间的整体布局优化，对体验区内部不同功能区域进行模块化设计，以及材质、风貌等方面的设计。

整体布局与交通组织优化主要聚焦于村镇住宅周边属于户主所拥有的宅院外环境，包括前院型、天井型、前后院型、综合型四个院落类型整体布局的功能适应性改造。院落功能空间，主要包括村镇住宅带有生产经营功能或带有生产经营流线的院落空间，院落功能空间适应性主要受外部周边环境的影响，外部环境类型

---

① 张焕. 融合风水理论的生态建筑设计研究 [D]. 长沙：湖南大学，2009.

包括人文景点型、自然景观型（观光类）、自然景观型（游学类）、自有菜地／池塘四种类型，同时耦合院落功能如农产品加工、家常餐饮、零售商店、家庭民宿来进行其适应性改造。

在材质与风貌方面，从庭院的围合与界定、建筑立面的材质与形式、建筑的商业标识三个方面提升服务经营型住宅与一般乡村住宅的区分度。

2）内部空间的改造策略

村镇住宅内部空间的适应性优化措施主要包含不同类型建筑平面空间结构的优化和不同功能类型住宅对外功能空间的环境适应性改造。

住宅的平面结构改造主要聚焦于针对住宅内部的整体功能组织和对外生产经营流线的优化，从而让服务经营型住宅能够充分利用外部环境，更好地服务对外生产经营功能。例如耦合农产品加工类、家常餐饮类、零售商店类、家庭民宿类四种平面结构类型对其提出优化策略。

从住宅改造而言，主要涉及家常餐饮类、零售商店类、家庭民宿类三种功能类型，主要针对餐饮大厅、卖场空间、客房空间，梳理出相关空间精细化设计策略。

2. 适应性建造

村镇住宅的适应性建造可以从材料、功能空间等方面来进行考虑。

从材料方面来看，就地取材、大量使用地方性材料是影响地区乡村住宅特色的重要条件之一，如在海草资源较少的地区，住宅多为瓦房、草房；与此同时，可利用建筑垃圾再生材料代替砂砾、石渣，将当地的植物秸秆开发成各种室内装饰板材或基层板，以实现相关材料的回收利用。

从功能空间方面来看，可以分为生活空间与生产空间，对于生活空间，村镇住宅居住主体的家庭结构往往随时间推移而改变，这对村镇住宅功能空间的置换与调整提出了要求，需要提高空间的灵活性与适应性。村镇住宅的生产空间主要包括堆放、加工、储存农产品的空间，以及晾晒谷物与粮食的晒场和储藏农具的空间。

1）建筑材料的本土化利用

村镇住宅常就地取材，采用本地的木、石、土等材料。利用本土化材料除了可以使建筑具有地方特色外，还具有环保和经济等方面的优点。利用本土化材料可以节约人力、物力、财力，节约能源，从而实现可持续发展。

2）建筑材料具备重复利用的特性

除了尽可能使用本地材料外，还要尽量使用耐久性好且可重复利用的材料，如石材、砖材、木材等。延长住宅的寿命，或在新建住宅时部分使用原有住宅的材料以减少对资源的浪费，实现可持续发展的需求。

3）建筑材料适应生产需求

在选择材料时要考虑材料的性能与其功能的关系。一般而言，由于需要在生产空间中堆放农机具、加工品、农产品等，因而会选择比较耐脏、耐磨、防火性好且造价比较低廉的建筑材料。

4）建筑构造具备灵活可变的特性

多元化的生活方式造就了需求多样化，从而对空间可变提出更高的要求，通过改变建筑构造的固有形式，实现可变空间的要求，是建筑构造适应性的重要体现。例如在客厅和餐厅之间设置可移动隔墙，隔墙打开时，利于形成大空间，隔墙封闭时，利于形成独立空间。

◆ 思考题

1. "三生"包含的要素有哪些？简述其相互关系。

2. 我国村镇住宅的发展有哪几个阶段？分别简述各阶段建材结构与套型模式特点。

3. 村镇住宅分为哪些类型？

4. 村镇住宅地域性体现在哪些方面？

5. 村镇住宅的设计需要满足哪些方面的需求？

6. 村镇住宅设计目前还有哪些问题和不足？请列举出至少三条并简述其对策。

7. 什么是适应性设计？村镇住宅的适应性设计包括哪些方面？

8. 简述村镇住宅的适应性原则。

9. 住宅生态适应性设计有哪些内容？

10. 住宅适应性改造和建造有哪些策略？

第
2
章

———

村镇住宅的场地
适应性设计

2.1 村镇住宅场地概述

2.1.1 基本概念

场地（Site）一词有狭义、广义之分，狭义上的场地是指建筑物之外的室外展览场、广场、室外活动场、停车场之类的内容；广义上的场地是指用地中所有内容，场地设计所指的场地通常是广义上的。在这一意义上，建筑物、广场、停车场等都只是场地的构成元素。

场地设计是为了满足建设项目的使用功能要求，根据基地及周边的现状和规划设计条件，在符合相关法规、规范的基础上，合理组织用地范围内各构成要素之间的活动，是针对基地内建设的总平面设计。[①]

2.1.2 场地构成要素

场地的构成要素包括建筑物、交通系统、室外活动场所、景观场所和工程系统五个部分。

1. 建筑物

建筑物、构筑物是工程项目最主要的内容，一般来说是场地的核心要素，对场地起着控制作用，其设计的变化也会改变场地的使用与其他内容的布置。

2. 交通系统

交通系统是由道路、停车场和广场组成的，可分为人流交通、车流交通、物流交通。交通系统主要用途是建立场地内各建筑物之间及场地与城市之间的联系，是场地的重要组成部分。

3. 室外活动场所

室外活动场所的主要功能是休憩、娱乐、交往，它是建筑室内活动的延续及扩展。对于村镇住宅而言，用于晾晒的室外空间往往是居民的室外活动场所。

---

① 田立臣，戚余蓉，杨玉光，等.场地设计[M].北京：中国建材工业出版社，2017：1.

4. 景观场所

景观场所在场地中所起到的作用是多方面的。其一，它是场地的功能载体之一；其二，对于场地的风貌和景观效果的构成，对于使用者在场地中的视觉及心理感受，景观场所起到的作用多是无可替代的；其三，从保护和生态的角度来看，景观场所能对场地的小气候环境起到积极的调节作用。景观场所通常有绿化、路灯、桌椅、水池、雕塑等。

5. 工程系统

工程系统是场地之中除了建筑物、交通系统、绿地设施之外必不可缺的构成要素。工程系统主要包括两个部分的内容，一部分是各种工程设备管线，如给水管线、排水管线、燃气管线、热力管线，以及电力、通信电缆等，这些管线在场地中大多会采取地下敷设的方式；另一部分是场地地面的一些工程设施包括挡土墙、护坡、地面排水设施等（图2-1）。[①]

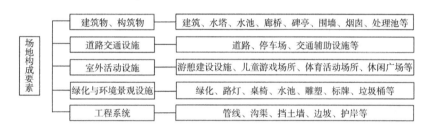

图 2-1　场地构成要素

2.1.3　场地分类

场地受气候、土壤、水源等各种客观因素长久的影响，在地表形成高低起伏的地形地貌形态。在一般情况下，大规模的改造场地是十分困难且代价昂贵的，因此，必须着重考虑场地的特性，使建筑适应不同的场地。场地按照地形的不同大致可分为平地、坡地、山地、滨水地形这四类，不同地形的建筑有着不同的特点和形式。

---

① 张伶伶，孟浩. 场地设计 [M].2 版 . 北京：中国建筑工业出版社，2011.

1. 平地地形

1）平地地形特点

平地地形坡度可分为平坡地形和缓坡地形。平坡地形的场地坡度在 0 ~ 3%，缓坡地形的场地坡度在 3% ~ 10%。平地地形地势较平坦而开阔，住宅布置较为自由，可以拥有较好的日照和景观视野（图 2-2）。

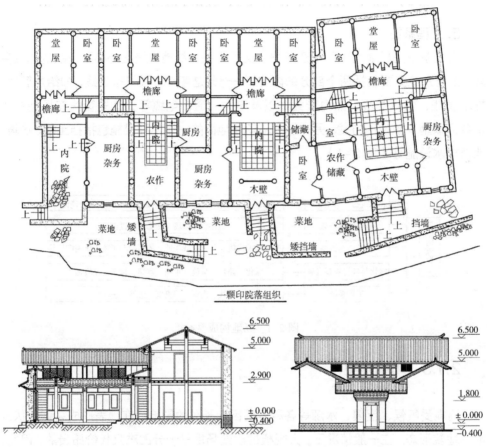

图 2-2 平地地形的典型住宅——一颗印 院落组织、立面、剖面图

2）平地地形住宅

在平地地形进行住宅设计时，主要考虑建筑朝向、间距和高度这三大要素。朝向是指一幢住宅的空间方位，常用住宅主要房间的面向来衡量。一般来讲，住宅朝向的选择是为了获得良好的日照和通风条件，而这要受到所在地区的日照条件和常年主导风向的影响。我国广大地区广泛采用南北向的建筑布置，南向房间夏季室内的阳光照射深度和照射时间较短，冬季室内的阳光深度比夏季大，中午前后均能获得大量日照，故有冬暖夏凉的效果。而东西向的建筑布置，上午东晒，

下午西晒，阳光可深入室内，提高了日照效果，但夏季会造成西向房间过热，故在温带和亚热带地区，东西朝向是不适应的。对于北纬45°以北的亚寒带、寒带地区，如沈阳、乌鲁木齐等地，主要是争取冬季日照，故可以采用。朝向选择随地理纬度不同、各地习惯不同而有所差异，在依赖自然条件下，我国各地区主要房间适宜朝向不尽相同（图2-3）。

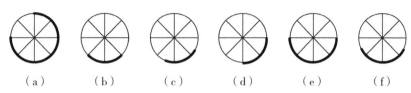

图2-3 中国各地区主要房间适宜朝向

（a）东北地区；（b）华北地区；（c）华东地区；（d）华南地区；

（e）西北地区；（f）西南地区

建筑间距，即两栋建筑物或构筑物外墙之间的水平距离。[①]住宅间距以主墙外侧间距计算，一般不含阳台，但是当阳台长度在主墙上的所占比例过大时，宜以阳台外侧作为计算起点。住宅间距的控制是使建筑物之间保持必要的距离，满足消防、卫生、环保、工程管线和建筑保护等方面的基本要求。[②]

2. 坡地地形

1）坡地地形特点

坡地地形可分为中坡地形和陡坡地形。中坡地形是指场地的坡度在10%～25%；陡坡地形是指场地的坡度在25%～50%。通常情况下，也有人把坡地地形细分为"坡地"与"山地"。此时的"坡地"是指坡度较缓的中坡地形或坡度单向递增或递减的地形。而"山地"是指坡度大的陡坡地形或在建设范围内坡度有增有减的地形。而对于急坡地形（坡度为50%～100%）和悬坡地形（坡度100%以上）很少用于住宅建设，故在此不纳入分类之中。

2）坡地地形住宅

在坡地地形进行住宅建设时，建筑朝向、间距和高度这三大要素与地形条件有很强烈的关联性，三大要素受地形影响较多。

坡地住宅的阴影面积和长度因场地不同的坡向、坡度而不同。相对而言，南坡、

---

① 闫寒.建筑学场地设计[M].北京：中国建筑工业出版社，2006：232.

② 夏南凯，田宝江，王耀武.控制性详细规划[M].2版.上海：同济大学出版社，2005：62.

东坡、西坡、北坡的日照时间依次减少，[①]为了日照充足，住宅主要房间宜布置在南坡向，而东（西）坡向要减少布置，北坡向要避免布置（图2-4）。

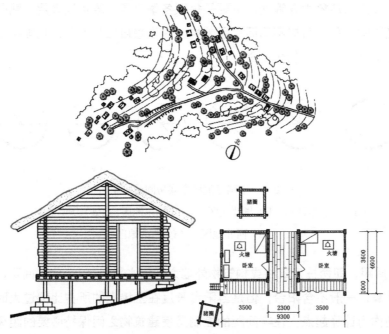

图 2-4　坡地地形典型建筑——剖面、平面图

3.山地地形

1）山地地形特点

山地是指海拔在 500m 以上的高地，起伏很大，坡度陡峻，沟谷幽深，一般多呈脉状分布。山地地形中村镇的布局方式较为自由，建筑一般依山就势，顺应地形的走向。

2）山地地形住宅

在山地地形进行住宅建设时，不仅要考虑建筑朝向、间距和高度这三大要素，还需要考虑地形布置。

山地地形中住宅的布置，道路、工程管线定位及走向与地形有两种基本关系，即平行或垂直于等高线布置。在山区，住宅应平行于等高线布置，充分利用原有地形的高差，力求土地利用最大化。如果由于日照、方位等限制，垂直等高线布置是必要的，以适应地形等高线的变化，尽量减少土方工程量（图2-5、图2-6）。[②]

① 杨航，丁宁.山地城市一类居住用地容积率研究——以云南省富源县为例 [C] // 中国城市规划学会.规划 60 年：成就与挑战——2016 中国城市规划年会论文集.北京：中国建筑工业出版社，2016：366-383.

② 赵亮.建筑设计与场地层面环境 [D].合肥：合肥工业大学，2006.

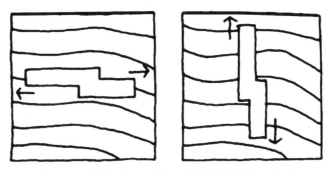

图 2-5　建筑物等的布置与等高线的两种基本关系

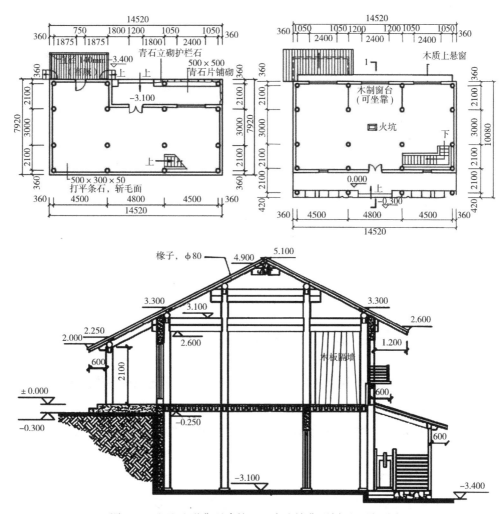

图 2-6　山地地形典型建筑——半边楼典型剖面、平面图

4. 滨水地形

1）滨水地形特点

滨水区域是村镇人居环境的生态敏感区，与村镇整体的生态系统息息相关。滨水地形作为水陆交界的边缘区域，能够改善小气候。将水景引入陆地内部，有着良好的景观潜力。鉴于滨水地形的环境特殊性，住宅设计时应充分考虑规模和体量，对住宅高度通常也有着一定的要求，同时，在满足人们生理和心理亲水性的同时，尽可能地保护生态环境。

2）滨水地形住宅

滨水地形住宅的建筑朝向、间距、高度除了满足之前在平地地形和坡地地形中所提到的要求外，还需要格外注意以下两点：

（1）朝向的变化

滨水地形住宅的朝向布置，除了考虑日照和风向因素之外，还应着重考虑视野和景观因素。住宅朝向应综合地形、日照、风向、景观等因素，确定最终的朝向，而不应忽视了水体给人带来的良好体验感。

（2）高度的严格控制

滨水地形住宅在建设时需控制建筑高度，一般为了能形成良好的天际线和优美的风景，住宅高度宜从邻水处向陆域方向逐渐增高。同时，为了使通向水面的视线畅通无阻，营造丰富的景观层次，住宅设计时还需要注意保留足够的开口或空隙。滨水住宅高度控制时应从以下几个方面进行考虑：标志性建筑布局、天际线组织、景观视廊、水体尺度，以及形体形式。[①]

2.2 村镇住宅场地设计主要内容

场地设计是基于场地现状条件和相关的法规、规范对场地中各构成要素之间的关系进行组织，以满足一个建设项目要求的设计活动。在设计过程中，场地能够达到最佳使用状态，用地效益能得到充分发挥，能节约土地、减少浪费是场地设计的根本目的。[②] 为了达到这一目的，需要使场地中的各要素之间形成有机整体，尤其是其他要素与建筑物之间更应如此。场地设计在内容上主要包括条件分析、总体布局、交通组织、竖向设计、绿化设计、管线综合、技术经济分析七个部分。[③]

---

① 戴明. 广州市珠江两岸环境景观整治研究 [D]. 广州：华南理工大学，2005.
② 张伶伶，孟浩. 场地设计 [M].2 版. 北京：中国建筑工业出版社，2011.
③ 田立臣，戚余蓉，杨玉光，等. 场地设计 [M]. 北京：中国建材工业出版社，2017：2.

2.2.1 场地设计制约因素

场地设计具有十分广泛的范围，因而设计过程中需要对很多制约因素进行研究。归纳起来，主要分为两点，一点是相关的法规、规范和城市规划作为场地设计的前提条件，另一点是场地的条件作为场地设计的客观基础。[①]

1. 相关规范

场地设计受到相关的各项设计规范的制约，[②] 它们是场地设计的前提条件。这些制约包括控制用地性质与用地范围，规定交通出入口的方位，以及对于建筑后退红线距离、建筑高度、建筑覆盖率、容积率等指标的控制等。

1）建筑布局的规定

建筑与场地应取得适应关系，充分结合总体分区及交通组织，有整体观念，主次分明，建筑与场地和谐共生。建筑布局应使建筑场地内的人流、车流与物流合理分流，防止干扰，并有利于消防、停车、人员集散，以及无障碍设施的设置。[③]

建筑布局应根据地域气候特征，防止和抵御寒冷、暑热、疾风、暴雨、积雪和沙尘等灾害侵袭，并应利用自然气流组织好通风，防止不良小气候产生。[④]

根据噪声源的位置、方向和强度，应在建筑功能分区、道路布置、建筑朝向、距离，以及地形、绿化和建筑物的屏障作用等方面采取综合措施，防止或降低环境噪声。[⑤]

建筑物与各种污染源的卫生距离，应符合国家现行有关卫生标准的规定。建筑布局应按国家及地方的相关规定对文物古迹和古树名木进行保护，避免损毁破坏（图2-7、图2-8）。[⑥]

[①②] 张伶伶，孟浩. 场地设计 [M]. 2 版. 北京：中国建筑工业出版社，2011.
[③④⑤⑥] 中华人民共和国住房和城乡建设部，发布. 民用建筑设计统一标准：GB 50352—2019[S]. 北京：中国建筑工业出版社，2019.

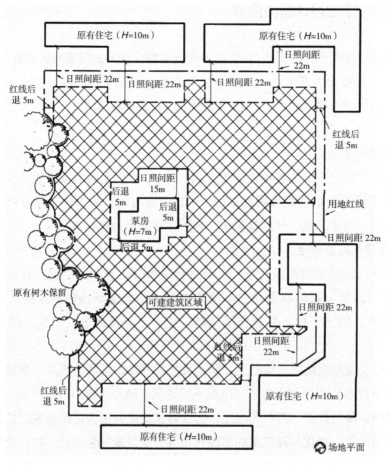

图 2-7　日照间距与建筑控制线

2）道路与停车的规定

场地道路应符合下列规定：沿街建筑应设连通街道和内院的人行通道，人行通道间距不宜大于80.0m。当道路改变方向时，路边绿化及建筑物不应影响行车有效视距，标志设置高度不应影响人、车通行，场地内宜设人行道路。[①]

场地道路设计应符合下列规定：单车道路宽不应小于4.0m，住宅区内双车道路宽不应小于6.0m，其他场地道路宽不应小于7.0m；当道路边设停车位时，应加大道路宽度且不应影响车辆正常通行；人行道路宽度不应小于1.5m，人行道在各路口、入口处的设计应符合现行国家标准《无障碍设计规范》GB 50763—2012的相关规定；道路转弯半径不应小于3.0m，消防车道应满足消防车最小转弯半径

---

① 中华人民共和国住房和城乡建设部，发布．民用建筑设计统一标准：GB 50352—2019[S]．北京：中国建筑工业出版社，2019.

　　　　　　　　村镇住宅适应性设计

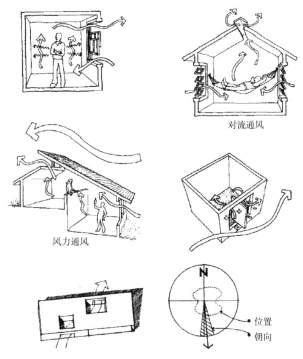

对流通风

风力通风

位置
朝向

图 2-8　空气流动示意图

要求；尽端式道路长度大于 120.0m 时，应在尽端设置不小于 12.0m×12.0m 的回车场地（图2-9）。①

场地道路与建筑物的关系应符合下列规定：当道路用作消防车道时，其边缘与建（构）筑物的最小距离应符合现行国家标准《建筑设计防火规范》GB 50016—2014（2018年版）的相关规定。

室外机动车停车场应符合下列规定：停车场地应满足排水要求，排水坡度不应小于 0.3%；停车场出入口的设计应避免进出车辆交叉；停车场应设置无障碍停车位，且设置要求和停车位数量应符合现行国家标准《无障碍设计规范》GB 50763—2012 的相关规定；停车场应结合绿化合理布置，可利用乔木遮阳。

室外机动车停车场的出入口数量应符合下列规定：当停车数为 50 辆及以下时，可设 1 个出入口，宜为双向行驶的出入口；当停车数为 51～300 辆时，应设置 2 个出入口，宜为双向行驶的出入口。

---

① 中华人民共和国住房和城乡建设部，发布 . 民用建筑设计统一标准：GB 50352—2019[S]. 北京：中国建筑工业出版社，2019.

室外非机动车停车场应设置在场地边界线以内，出入口不宜设置在交叉路口附近，停车场布置应符合下列规定：停车场出入口宽度不应小于 2.0m；停车数大于等于 300 辆时，应设置不少于 2 个出入口；停车区应分组布置，每组停车区长度不宜超过 20.0m。[①]

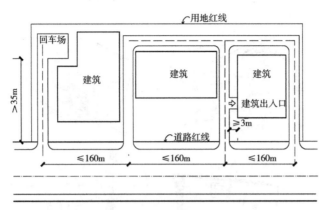

图 2-9　场地内道路要求

3）竖向设计的规定

场地设计应符合下列规定：当场地自然坡度小于 5% 时，宜采用平坡式布置方式；当大于 8% 时，宜采用台阶式布置方式，台地连接处应设挡土墙或护坡；场地临近挡土墙或护坡的地段宜设置排水沟，且坡向排水沟的地面坡度不应小于 1%。场地地面坡度不宜小于 0.2%，当坡度小于 0.2% 时，宜采用多坡向或特殊措施排水。场地设计标高不应低于城市的设计防洪、防涝水位标高；沿江、河、湖、海岸或受洪水、潮水泛滥威胁的地区，除设有可靠防洪堤、坝的城市、街区外，场地设计标高不应低于设计洪水位 0.5m，否则应采取相应的防洪措施；有内涝威胁的用地应采取可靠的防、排内涝水措施，否则其场地设计标高不应低于内涝水位 0.5m。当场地外围有较大汇水汇入或穿越场地时，宜设置边沟或排（截）洪沟，有组织进行地面排水。场地设计标高宜比周边市政道路的最低路段标高高 0.2m 以上；当市政道路标高高于场地标高时，应采取措施防止客水进入场地。场地设计标高应高于多年最高地下水位。面积较大或地形较复杂的场地，建筑布局应合理利用地形，减少土石方工程量，并使场地内填挖方量接近平衡。

场地内道路设计坡度应符合下列规定：场地内机动车道的纵坡不应小于 0.3%，且不应大于 8%，当采用 8% 坡度时，其坡长不应大于 200.0m。当纵坡小于 0.3%

① 　中华人民共和国住房和城乡建设部，发布. 民用建筑设计统一标准：GB 50352—2019[S]. 北京：中国建筑工业出版社，2019.

　　　　　　　　　　　　　　　　村镇住宅适应性设计

时，应采取有效的排水措施；个别特殊路段，坡度不应大于 11%，其坡长不应大于 100.0m，在积雪或冰冻地区不应大于 6%，其坡长不应大于 350.0m；横坡宜为 1%～2%。场地内非机动车道的纵坡不应小于 0.2%，最大纵坡不宜大于 2.5%；困难时不应大于 3.5%，当采用 3.5% 坡度时，其坡长不应大于 150.0m；横坡宜为 1%～2%。场地内步行道的纵坡不应小于 0.2%，且不应大于 8%，积雪或冰冻地区不应大于 4%；横坡应为 1%～2%；当大于极限坡度时，应设置台阶步道。场地内人流活动的主要地段，应设置无障碍通道。位于山地和丘陵地区的场地道路设计纵坡可适当放宽，且应符合地方相关标准的规定，或经当地相关管理部门的批准。

场地地面排水应符合下列规定：场地内应有排除地面及路面雨水至市政排水系统的措施，排水方式应根据规划的要求确定。有条件的地区应充分利用场地空间设置绿色雨水设施，采取雨水回收利用措施。当采用车行道排泄地面雨水时，雨水口形式及数量应根据汇水面积、流量、道路纵坡等确定。单侧排水的道路及低洼易积水的地段，应采取排雨水时不影响交通和路面清洁的措施。下沉庭院周边和车库坡道出入口处，应设置截水沟。建筑物底层出入口处应采取措施防止室外地面雨水回流。[①]

4）绿化设计的规定

绿化设计应符合下列规定：绿地指标应符合当地控制性详细规划及村镇绿地管理的有关规定。应保护自然生态环境，充分利用实土布置绿地，植物配置应根据当地气候、土壤和环境等条件确定。绿化与建（构）筑物、道路和管线之间的距离，应符合相关标准的规定（图 2-10）。[②]

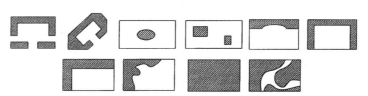

图 2-10　绿化平面布置

2. 自然条件

场地的自然条件包括气候、水文、地形、地质、地貌、微环境等条件的场地与周围自然状况。场地自然条件认识的关键便是对设计有直接影响的自然环境进行

① 中华人民共和国住房和城乡建设部，发布. 民用建筑设计统一标准：GB 50352—2019[S]. 北京：中国建筑工业出版社，2019.

② 赵群. 寒冷地区住宅环境的绿色设计因子 [D]. 西安：西安建筑科技大学，2001.

分析。

1）地形与地貌

地形是场地的形态基础，场地可见的、有"形"的主要因素，场地形态的基本特征即为各处地势起伏的大小、地势走向变化的情况及场地总体的坡度情况。[①]

地形对场地设计制约作用的强弱与它自身变化的大小有关。随着地形变化幅度的增大，地形对场地的影响力会逐渐增强。坡体的稳定性与地形的坡度形成了密切的相关，坡度愈大，滑坡等一系列自然灾害易发生，因此坡度是丘陵地区村镇建设的一个重要因素。[②]当坡度较大时，场地各部分起伏变化较多，这时场地分区、场地内交通组织方式、建筑物定位、道路选线、停车场及广场等室外构筑设施的形式选择和定位、工程管线走向、确定场地内各处标高、地面排水组织形式等，都直接受具体地形情况的影响（图 2-11）。[③]综上，地形对布置建（构）筑物、组织交通和工程管线、保证良好生态、营造建筑艺术面貌等方面都会产生影响。[④]

地貌是场地的表面情况，它是由场地表面构成元素及各元素的形态和所占比例决定的，[⑤]一般包括土壤、岩石、植被、水面等方面的情况。[⑥]土壤裸露程度，岩石、水面的有无，植被稀疏或茂盛等自然情况使场地具有特有的面貌特征，同时也体现了地方风土特色（图 2-12）。[⑦]

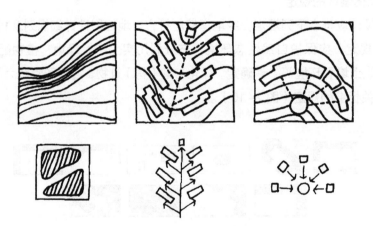

图 2-11　地形对场地分区及布局结构的制约

---

①⑤⑦　徐聪智. 基于自然观的建筑创作研究 [D]. 哈尔滨：哈尔滨工业大学，2008.

②④　王舒曼. 基于丘陵地形的建筑适应性研究 [D]. 长沙：湖南大学，2015.

③　赵亮. 建筑设计与场地层面环境 [D]. 合肥：合肥工业大学，2006.

⑥　杨健. 古墓环境下城市公园场地设计方法研究——以西安开元公园为例 [D]. 西安：西安建筑科技大学，2017.

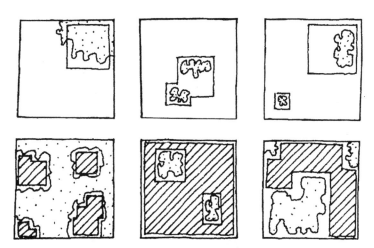

图 2-12　地貌条件对场地设计的制约

2）地质与水文

地质指地球的性质和特征，水文指自然界中水的变化、运动等的各种现象。场地中建筑物位置，地面排水的组织方式，以及地下工程设施、工程管线的布置方式均受场地地质和水文条件的影响。在进行场地设计时，需要对场地内包含土层冻结深度、地上与地下不良地质现象、所处地区的地震情况、土壤和岩石的种类及其组合方式，以及地下一定深度的土壤特性等地质情况进行了解。[1] 场地的水文情况包括溪、河、湖、海等各种地表水体的情况和地下水位情况。

3）气候与小气候

气候是指一个地区大气的多年平均状况，主要的气候要素包括光照、气温和降水等。对气候条件的认识，一方面是要了解场地所处地区的气象背景，包括寒冷或炎热程度、干湿状况、日照条件、当地的日照标准等；另一方面是要了解一些比较具体的气象资料，包括常年主导风向，冬、夏季主导风向，风力情况等。

小气候是指由于结构和性质不同，造成热量和水分收支差异，从而在小范围内形成一种与大气候不同特点的气候。形成小气候的因素很多，如地形、地势、树种组成、树木生长状况、植被覆盖度、土壤水分、天气状况、保护措施，以及经营措施等。[2] 受树木、地形、街道走向，以及周围建筑物位置、密度、高度等因素的影响，场地内的通风路线会有较大的改变，形成场地特定的风路。场地的日照条件较大程度上会受周围大的地势起伏、建筑物等因素影响（图 2-13）。[3]

① 杨健 . 古墓环境下城市公园场地设计方法研究——以西安开元公园为例 [D]. 西安：西安建筑科技大学，2017.

② 梁闯 . 基于场地生境类型划分的校园绿地小气候效应研究——以西安建大生境花园为例 [D]. 西安：西安建筑科技大学，2016.

③ 王舒曼 . 基于丘陵地形的建筑适应性研究 [D]. 长沙：湖南大学，2015.

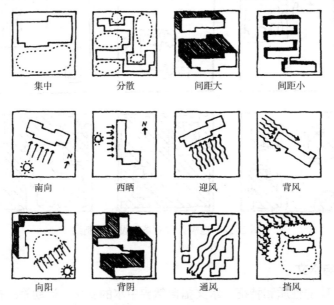

| 集中 | 分散 | 间距大 | 间距小 |

| 南向 | 西晒 | 迎风 | 背风 |

| 向阳 | 背阴 | 通风 | 挡风 |

图 2-13　气候与小气候条件对场地设计的制约

3. 场地建筑条件

场地内部及它周围所有非自然形成的条件都属于建筑条件。详细来看建筑条件主要包括场地内部及周围已存在的构筑设施如道路、广场、建筑物等，以及公用设施如电力管线、给水、排水等。场地的建筑条件和自然条件共同构成场地设计的基础。

1）场地内部条件

一个建设项目的场地，可能是一块从未建设使用过的土地，也可能是一块曾经建设过的用地。在前一种情况下，场地中完全没有或几乎没有人工建造的痕迹，场地内部的所有条件也就是它的自然条件。在后一种情况下，场地除了它的自然条件之外，常常会存在有一些人工建造的内容。因原来的建设，场地可能是经过整平的，天然的地形、地貌已不存在，其中还会有一些原来的建筑物、道路、硬地、广场、地下工程管线设施等人工修建的内容。这时场地内部的条件就不仅是它的自然条件了，原先的建设所形成的"建设现状"也是场地条件的重要组成部分，它们不可避免地要对场地设计构成影响（图 2-14）。

2）场地周边条件

场地周围的建设状况是场地条件的另一重要部分。这些条件可以分成四个方面：①场地外围的道路交通条件；②场地所邻近的其他场地的建设状况；③场地所处的村镇环境整体的结构和形态；④场地附近所具有的一些特殊的元素。[①]

　　村镇中的建筑场地条件一般比较简单，场地周围的建筑对设计的制约也较弱，在这种较弱的制约之中，最重要的往往是外围的道路交通情况。场地外围的建筑物及其他构筑设施较少，密度小，距离远，关联不直接，因而重要程度低，而外围的道路是必然要发生关联的，不论是直接相连或是通过引道相连，所以，村镇建筑场地外围的道路交通状况将会对场地内的交通组织和场地分区产生重要影响（图2-15）。

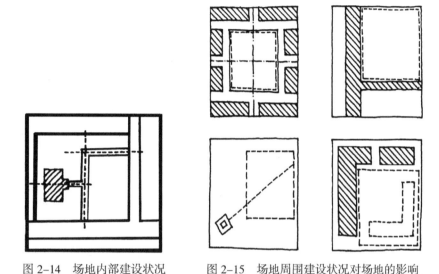

图2-14　场地内部建设状况
对场地的影响

图2-15　场地周围建设状况对场地的影响

2.2.2　场地设计要点

　　场地设计应执行有关国家法律、法规、技术规范及当地规划部门的要求和指标。根据建设项目的组成内容及使用功能要求，结合场地自然条件和建筑条件，综合确定建筑物、构筑物及其他各项设施之间平面和空间的关系，正确处理好建筑实体布置、交通组织安排、场地分区设置、绿化配置、竖向设计等问题，使各项内容组合成统一整体，并与环境相协调。

1. 场地分区

　　场地分区是将用地划分为若干区域，将场地包含的各项内容按照一定关系分成

① 赵亮. 建筑设计与场地层面环境 [D]. 合肥：合肥工业大学，2006.

若干部分组合到这些区域之中，场地的各个区域就是特定部分的用地与特定内容的统一体，同时各区域之间形成有机联系。[1] 场地分区的方式就决定了场地的基本形态和其中各组成要素之间的基本关系。[2] 场地分区的思路可分为两类，一类是从内容组织的角度出发，将性质相近、使用联系紧密的内容归于一区；另一类是基于场地利用对用地进行划分和安排，将用地分为主体、辅助用地、广场、停车场、绿化庭院等。[3]

1）场地分区与内容组织

功能分区主要考虑功能性质、空间特性、场地条件这三大因素。

（1）按功能性质分区

按功能性质分区是将性质相同、功能相近、联系密切、对环境要求相似的内容进行归类组合，形成若干个功能区。[4] 一个秩序井然结构明确的场地不仅会给使用者提供良好的使用条件，而且不同功能的明确划分是各自正常运作的基本保障。单体建筑场地，依据场地的构成要素可分为建筑用地、交通集散场地或室外活动场地、集中绿地等。群体建筑场地，依据场地的功能性质进行分区，如住宅小区可分为住宅区、生活服务区、娱乐休闲区等。

（2）按空间特性分区

按空间特性分区是将功能所需空间性质相同或相近的内容整合在一起，而将特性相异或相斥的部分妥善隔离。依据使用者活动性质或状态对空间进行动静分区，并用中性空间在动静区之间形成联系与过渡。依据使用者数量或活动的私密性要求对空间进行公私分区，并用半公（半私密）空间在公共区与私密区之间形成联系与过渡。[5] 按照功能的主次划分主要空间、次要空间和辅助空间。[6]

（3）按场地条件分区

根据地形、地质和气象条件等自然条件的限制性因素来考虑场地分区。地块完整、地质条件好、地形平坦的地段宜作建筑用地，地质条件差、地形较为陡峭的地段可作为绿化用地。根据风向条件设置洁净区和污染区，卫生间、厨房等后勤供应或污染区应设在下风向。此外还要注意景观要求的高与低，需要考虑将古树、水面等良好的景观纳入使用者的视野。

---

① 赵晓光，党春红 . 民用建筑场地设计 [M]. 北京：中国建筑工业出版社，2004：57.

② 尚晓峰 . 房屋建筑学 [M]. 武汉：武汉大学出版社，2013：26.

③④⑤ 王骁 . 国内"一站式"社区中心建筑设计初探 [D]. 天津：天津大学，2016.

⑥ 赵晓光，党春红 . 民用建筑场地设计 [M]. 2 版 . 北京：中国建筑工业出版社，2012：62.

2）场地分区与场地利用

场地设计的目的之一是正确使用场地，发挥场地的最大效用。在村镇，大多数情况下，用地条件相对宽松，但也需要充分利用每一部分用地，避免形成闲置和浪费。场地利用主要分为集中和均衡两种方式：

（1）集中

集中方式通常用于地块较小，内容单一、功能关系相对简单的场地。集中的方式也有依据，这些依据一是性质方面的，二是场地形状方面的。性质上的集中可以将相同和类似性质的用地集中在一起，连成一片；形状上的集中是根据场地的轮廓形式特征来划分地块，使每一区域都尽量完整，便于利用。

（2）均衡

在用地比较宽松的情况下，多种变化的方式在场地分区与用地规划中可被采取。这时分区与场地利用常出现各部分用地不够均衡的现象，某一部分的用地过于宽松以致用地没有被充分利用起来。将场地内容均衡地分布，使每部分用地都有相应的内容，都能各自发挥作用。[①]

为达到用地划分均衡，可采取两种方式。一种是依据性质不同，可将用地划分成大致相当且相对集中的几个区域，这样场地整体上的区域划分会比较明确。[②]通过各区域之间用地面积的比例关系，以及各个区域内部用地的在同一层次上的细化来实现均衡，通过这两种手段来保障场地的各个部分都能利用起来。[③]另一种是可将场地直接细化为较小的区域，在不违背要求的情况下将内容适当分解，组合到各区域之中，这样只要保证每个区域都各有其用，也就保证了均衡。[④]

2. 建筑实体布置

实体是指场地内的建筑物和构筑物，相对于广场、绿化等内容而言，它们都具有明确的三维体量。建筑实体布局同其他要素的组织一样，包含着两个层次的意义，一个层次是要处理好自身形态，这将为内部的功能与空间组织乃至形态处理奠定基础；另一个层次是要处理好建筑实体与其他要素的关系，这是场地设计的意义所在。确定这两个关系的过程也就是确定自身形态的过程，下面的讨论将围绕这两个关系来进行：

---

①③ 杨泽. 低影响开发科技园区场地规划策略研究 [D]. 北京：北京工业大学，2012.

② 王骁. 国内"一站式"社区中心建筑设计初探 [D]. 天津：天津大学，2016.

④ 赵晓光，党春红. 民用建筑场地设计 [M]. 2 版. 北京：中国建筑工业出版社，2012：66.

1）实体布局与宅基地

实体布局与宅基地的关系，体现了住宅在宅基地中的位置，以及宅基地的使用模式。住宅在宅基地中的位置一旦确定，那么宅基地的基本使用方式也就被确定下来，住宅在宅基地中布局位置的不同，会导致宅基地的使用模式不同。

相对于一定的住宅占地规模，宅基地的总用地规模可按中、小两种情形来归纳。这样后者与前者的比例关系即可归结为适中、相近两种形式（图2-16），也就形成了场地使用的两种基本模式，对于一定的用地规模和占地规模，住宅在宅基地中的位置也可以归结为位于中央、位于一侧和位于边角三种状态（图2-17）。下面按照规模比例的两种情形讨论住宅位置的安排与场地使用模式之间的关系。

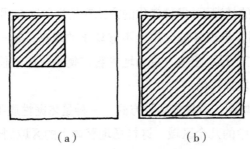

图2-16　宅基地与住宅占地规模的比例关系
（a）适中；（b）相近

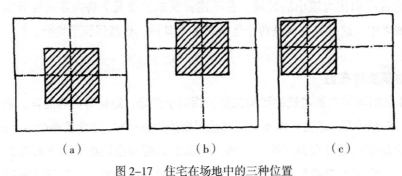

图2-17　住宅在场地中的三种位置
（a）位于中央；（b）位于一侧；（c）位于边角

（1）比例适中的情形

对于比例适中的情形，住宅布局的自由度最大。住宅在场地中的布置可以选择各种形式，既可以布置在中央地带，也可以布置在有所偏重的某一侧，还可以布置在边角的位置，完全可视住宅自身的要求和其他相关内容的组织要求以及设计者的构想意图而确定。

住宅布置在场地的中央，那么场地其余的部分则被划分成几个类似的区域。住宅布置在中央，其优点是住宅之外的几部分用地大体相当，可使它们之间建立一种并列式的均衡关系，住宅也可大致将这几个区域相互分隔开，使它们各自相对独立，划分清楚。同时，每一部分又都与住宅有直接关联，便于不同用地区域进行内容的组织。但这种划分方式有过分均质化的倾向，几个部分面积相当，不利于建立主次关系，且单独部分可能很难与住宅建立一种均衡关系。

在住宅占地规模与总用地规模相适当的情况下，将住宅布置在场地中偏向某一侧的位置上是最为常见的处理方法，也是大多数场地所采用的场地利用模式。住宅偏向一侧，会将其余的用地划分成不同大小的几部分，由于在面积规模上的差异，这些部分的用地之间自然会确立一种主从关系，再加上位置与方位上的其他条件，这些用地地块之间就容易形成前与后、内与外、主与次、大与小的区别。还可以留下较为完整集中的大块场地，使得场地中其他内容的用地可以部分集中起来，使建筑用地和非建筑用地之间形成一种均衡关系，两者都会受到重视。

在住宅占地规模与总用地规模相适当的情况下，也可将住宅布置在边角的位置上。住宅退居边角，可使其余的用地连成一体，形成最大限度的集中和完整的地块，这将给其他内容的组织带来更大的自由度。比如需要考虑晒场、活动场地或者其他一些生产内容的场地，住宅需退居一角，将用地的大部分给其他内容使用。

（2）比例相近的情形

住宅的占地规模与总用地面积的规模相接近，场地布局的自由度较小。由于住宅的占地规模已经接近甚至等于场地的规模，从表面上来看似乎只要将住宅"落"到场地中即可，但实际上并不是如此简单，因为即使在用地紧张的情况下，场地中的交通流线和绿化景观等问题也是存在的，也需要一定的用地来组织这些相应的内容。

在这种情形之下，住宅在场地中应尽量靠近某一侧边角布置，以使剩余的用地能够集中起来形成一定规模，为其他内容的使用创造条件。如果住宅随意地布置在场地的中央，那么剩余部分的用地总面积虽然并未减少，但由于被住宅分割成了零散的几个部分，从而变得很难利用或者根本无法使用，同时也给其他内容的组织造成困难。在这种情况下，通过位置及形态上的调整，努力使剩余的用地集中起来形成一定规模，不但利于其他内容的组织，也会最大限度地获得用地的效益，避免浪费。

2）实体布局与其他内容

虽然住宅是场地中实体的最主要部分，但其他内容的形态组织同样是不可忽视的。场地设计的基本任务之一就是要处理场地中各要素的组成关系，其中实体与其他内容关系的确定是重中之重，如何组织实体布局就是如何处理实体同其他内容的关系问题。

从形态角度看，在场地中实体与其他内容的关系可以概括为三种基本形式，第一种可称为以实体为核心的形式，实体作为场地中的一个独立元素存在；第二种可称为是互相穿插的形式，实体与其他内容之间旗鼓相当，交错组织在一起；第三种可称为是以其他内容为核心的形式，实体之外的内容占据了相当的地位。

在以实体为核心的形式当中，住宅基本上是采取独立的模式，布置于场地的中央，其他内容散布于四周，二者基本处于一种分立状态。以实体为核心的形式有以下特点，首先，由于住宅采取集中的形式，利于节约用地；其次，以住宅为核心来组织整体的布局，场地布局秩序比较简明。与此同时，这种布局方式也有相对消极的一面，住宅占据核心地位会进一步降低其他内容的地位，其极端的形式不利于场地中各项内容之间的协调和均衡。所有其他内容都以住宅的关系为组织依据，可能会不利于他们之间的联系。

相互穿插的布局形式是指实体与其他内容相互穿插在一起，呈交错状态。这种布局形式的最大特点在于灵活性和变化性。首先，从功能组织上看，住宅与另外的内容分散穿插在一起，在基本形式上产生多样的变体，使场地的空间构成更为丰富，更有层次；其次，分散式的布置，可以分解住宅体量，相对缩小住宅的体积感，使之易于融合于环境。然而，过于分散的形式必然会造成各部分联系的困难，尤其是住宅各部分之间需要密切联系时更显突出。另外变化过多也难免容易造成混乱，在变化中如何统一需要注意。

形成相互穿插形式的条件：一是这种形式的用地条件相对宽松，二是采用这种形式应符合住宅内部功能组织需要，三是住宅形象上的特殊要求，如果一块场地需要弱化住宅形象，分散体量，可以考虑分散穿插形式。

3. 交通安排

场地道路布局及交通组织在场地设计中占有重要地位，能较好地保证设计方案的经济合理性。在场地的分区之间，以及场地与外部环境之间建立合理有效的交通联系，并满足场地内各种功能活动的交通要求是其目的。[①] 场地中交通组织的基本内容概括起来可分为两个方面：一个方面是流线体系的确定；另一个方面是停车组织方式的确定。[②]

1）流线体系的组织

流线组织是交通组织的主体，对人、车流动的基本模式有所反映。在设计时，应充分考虑村民的行为规律和活动特点，使流线具有明确的秩序和合理的结构。

---

① 张雪妮. 浅谈场地设计的重要意义 [J]. 建筑工程技术与设计，2017（14）：1164.
② 陈岚. 房屋建筑学 [M]. 2 版. 北京：北京交通大学，2017：43.

　　　　　　　　　　　　　　　　　　　　　　村镇住宅适应性设计

场地内各部分交通流线关系是否清晰、易于识别，是否便捷顺畅，不同区域、不同类型流线之间的相互关系是否清晰，是流线组织好坏与否的重要方面。同时也要注意对要求差异较大的流线进行组织时，应采取措施以避免他们相互交叉干扰。

（1）流线组织

进出场地的方式不同，流线体系的基本结构形式也不相同，据此场地有尽端式和通过式两种流线体系，应根据具体的场地分区状况和场地周围条件对流线结构进行选择，以使其自身的形式特点和适应性得到最大的发挥。[①]

①尽端式流线结构

尽端式是指使用者进入场地抵达目的地后，沿原路线返回离开场地，因而各条流线起点和终点区分明确。其一般有以下两种形式：同一起点进入场地，之后各流线以枝状形式分流导向不同目的地的形式是其一种。另一种则是各流线与外部相连的入口不同并且在场地内也完全独立，终点与起点各不相同。由于各部分流线独立性较强，采用这种流线结构进行场地交通组织可避免不同流线之间的交叉。[②]

②通过式流线结构

通过式流线可使使用者进入场地后，无需折返直接从场地另一出入口离开场地。此种流线结构具有可互逆的进出方向、无明确区分的起点与终点，以及可相互连通各流线。其也有两种基本的形式：场地的出入口与各流线直接连通是其中一种，另一种则是在场地内部整个流线系统形成环状，将场地各出入口与其他部分联系起来。[③]

通过式流线的优点是保证了各流线进出的通畅，避免了迂回折返，同时在一定程度上具有可选择性，有利于提高交通的效率，特别是对于车流的组织，避免了回车场布置的困难。但是这种连通的形式也有可能形成不同流线相混合的情形，因而必须重视各条流线的出入口组织和环通路线的安排，减少相互干扰的情况（图2-18）。

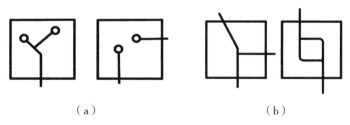

（a） （b）

图2-18 流线结构图

（a）尽端式流线结构；（b）通过式流线结构

①②③ 张伶伶，孟浩. 场地设计 [M]. 2版. 北京：中国建筑工业出版社，2011.

（2）流线的不同类型

场地中的流线，从功能来看，可分为使用流线和服务流线，从交通对象来看，又可分为车辆流线和人员流线。[①] 结合重要程度和流量规模的考虑，在对场地总体布局时，应主要分析使用车流、使用人流和服务流线三种类型。三类流线之间的相互关系有两种基本的组织形式，一种是分流式，即各流线相互分离，各有独立的通道系统；另一种是合流式，即不同类型流线合并起来由一套通道系统作为共同载体。也可以将两种基本形式结合起来，形成部分分离、部分合并的形式。村镇由于人车流量不大，往往采用人车合流的组织形式（图 2-19）。

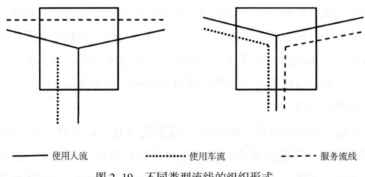

——— 使用人流　　·········· 使用车流　　------ 服务流线

图 2-19　不同类型流线的组织形式

2）停车系统的组织

（1）停车场类型

停车系统的组织包括停车方式的选择和布置方式的选择。在村镇中，其停车方式以地面停车为主。布置方式的选择是指停车场在场地中的位置选定，如是位于内部还是位于外侧，以及是集中还是分散布置等。

地面停车的优点有如下三个：①由于其在场地中一般都是独立存在的，所以自身的平面布置最容易；②由于布置在地面上，与场地中的人流与车流线均处于同一平面上，同场地内流线体系的联系最为直接，车流与人流进出方便，无须坡道、楼梯等特殊的连接设施；③这种形式布局简洁、建造周期短、使用灵活、建设成本低。然而，这种方式的停车场占地面积较大，因此只有在基地面积较大、停车数量需求不多的情况下才会选择这种形式。[②]

---

①　赵晓光，党春红 . 民用建筑场地设计 [M]. 北京：中国建筑工业出版社，2004.

②　张伶伶，孟浩 . 场地设计 [M]. 2 版 . 北京：中国建筑工业出版社，2011.

（2）停车场的布置方式

停车场的布置方式可以通过三个方面来分析，①全部停车空间的划分与组合形式，是集中还是分散；②停车的位置选择是位于内部还是临近外侧，是位于中央还是位于边缘，是位于前部还是后部等；③停车场的布置与车流的组织方式，以及整体的人车的组织方式之间的关系，这也可以看成是前面两个分析的基本依据。

（3）停车场的空间组合

停车场主要有集中式和分散式两种布局方式。首先，从流线组织的角度来看，采取集中式的布置方式有利于简化场地中的流线关系，使之更具规律性，易做到人车活动的明确区分，可减少车辆进出停放与场地中人员活动相混杂的机会。其次，从用地划分的角度来看，停车场是场地中具有一定占地规模的内容，采取集中式的布置形式利于用地划分更加完整，使其他内容的用地也可相应集中，有利于提高用地效率。再者，从场地中的内容组织上来看，停车场集中布置使之具有了较为独立的形态，可与其他内容形成比较明确的关系，场地整体的内容组织形态得以简化，易于形成明晰的结构。[①] 集中式布局可以采用多种方式布局车位，例如垂直式、斜列式，其中斜列式能在长度较长的地形情况下设置更多的车位，相对更加节地，而垂直式则可以增加更多的绿化面积。[②]

分散式的停车方式是将全部停车空间分为几部分，分别布置到场地不同位置的形式。首先，分散布置为不同性质的停车相互分离提供了可能，属于场地不同部分的停车空间可分开独立设置，使不同性质的流线更容易区分开来。其次，将不同要求的停车场分开设置，可使它们与各自使用者的目的地都尽可能做到更紧密结合，缩短各自的步行距离。最后，从形态与景观效果上看，分散设置可使每块停车场有比较合适的尺度，易于同其他内容形态相协调，也避免了大片集中停车场对景观的不利影响。

（4）停车场的位置选择

停车场的位置选择，一是涉及它在场地中的方位，比如内部与外部，前部与后部，中央与两侧；二是涉及它与其他内容的方位关系，比如与场地入口的关系，与住宅的关系及住宅入口的关系等。

如果停车场靠近场地的外边缘来布置，有利的一面是，使停车场接近场地入口，使一些车流进入场地之后马上被导入停车场，减少场地内的车流量，避免大量车流深入场地内部对场地人员活动及环境氛围造成干扰。在条件允许时，停车场还可以单独设置对外的出入口，直接通向外部道路，这样场地内流线可以更加简化，

---

① 张伶伶，孟浩 . 场地设计 [M]. 2 版 . 北京：中国建筑工业出版社，2011.
② 杨靖，等 . 长三角地区绿色住区适宜技术集成研究与应用 [M]. 南京：东南大学出版社，2013：95.

使用上也更方便。不利的一面是，在场地较大时，可能会存在人、车流线转化的衔接问题，停车场过于接近边缘可能会使它与其他内容，主要是住宅之间的距离拉得过远，造成联系不便，延长了使用者下车后的步行距离。总的来看，在多数情况下，将停车场布置在边角的位置还是有利于场地使用的。

4. 绿地配置

如果说建筑物是场地中的核心内容，交通系统是联系的纽带，那么绿化与景观设施起到的则是平衡、丰富和完善的作用。[①]绿地配置也是有着两个层次上的意义，第一层次是线性的，即是使用方面、视觉方面具体的局部性的要求；第二层次是结构性的，也就是说绿地配置同样需要考虑场地整体的布局结构和组织形态的构成问题。以下是几个绿地配置需要考虑的问题：

1）绿地配置的用地确定

（1）绿化用地的整体规模

绿化用地的相关技术要求相对要低，布局中弹性很大，对于用地的规模要求可有很大的选择余地，在法规等限定的最低标准与最佳规模之间有很大的变化幅度。所以在分配用地时，它常常会被视为一项较弱的内容放到其他内容之后来考虑，结果是其用地规模常常被压缩得很小，甚至仅能满足法规所限定的最低标准。

要保证绿化用地的整体规模，可采用以下手段：①对场地进行用地划分时，同时考虑绿化和其他内容；②应采取适当增加住宅的层数等措施以缩小占地面积，节约用地；③在其他内容的组织中穿插布置绿化，以实现对于场地中的边角地块的充分利用。[②]

（2）绿化用地的分布形态

在绿化用地规模一定的前提下，其分布有集中式布局和分散式布局两种形态。集中的分布形态能够更有效地发挥绿地的效益，分散式布局形态其利弊则需要视具体情况而定。[③]小块绿化用地的面积在用地整体规模比较大的情况下也会较大，这样每块也能具有适当的规模和尺度，能发挥绿地的最大效益，因而当场地具有较大的用地规模时，采用分散式布局形态也是比较合适的。

2）绿地配置的基本形式

场地中绿地的配置形式是十分自由的，其中存在着多种多样的变化和可能性，从特征上来看，在村镇中，这些多样性的表现形式可归结为边缘绿地、独立绿地、农田三种基本的类型。

①②③　张伶伶，孟浩. 场地设计 [M]. 2 版. 北京：中国建筑工业出版社，2011.

村镇住宅适应性设计

边缘绿地是一种最基本的形式。在几乎所有的场地中，都会有一些边角用地可供布置这种形式的绿地，因此这种形式的绿地具有普遍性。对于这种绿地处理有以下两种方式，一种是，要尽量挖掘场地布局的潜力，尽可能找出更多可供绿化使用的地块；另一种是，在此基础上设法扩大这些地块的尺寸，以争取更多的绿化面积，扩大绿地的整体规模。[①]

独立绿地指的是一些小规模的绿化景观设施，如花坛、雕塑、小块草地、孤植的树木等。因为它们在场地中常呈现出点状形态，具有独立的性质，亦可称之为独立绿地。这种配置形式的绿地也常常会与其他内容结合在一起布置，比如可以将花坛、水景、雕塑之类的设施或少量的树木布置在庭院之中，可以使庭院在解决交通问题的同时又可具有景观功能，等于扩大了场地中绿地的总体规模，因此，这种配置方式也是比较普遍的。[②]

区别于城市中的集中绿地，在村镇中，农田往往承担起成规模的绿地功能。具体来看，城市中的集中绿地，适应性不强，尤其在村镇中不适合采用。而农田作为兼具农业生产与调节环境的功能集合体，其绿化效果最为明显，对场地景观风貌最具有重要意义，因此合理的农田规划与景观设计对于调节农村生态环境与可持续发展具有重要作用。

5. 竖向布置

在进行场地设计时，另一项重要内容是竖向布置。其主要包括以下一些基本任务，对设计地面的连接形式及场地的平整方式进行确定；对场地中道路的坡度和标高的确定，以及场地雨水排除系统的组织；对各建构筑物的地坪标高及建构设施如停车场、广场、活动场等的整平标高的确定；并对工程构筑物如护坡、排水沟、挡土墙等按需设置。除此之外，土石方的平衡及土石方工程量的计算也是竖向布置的重要内容。[③]

1）整平方式

在一般情况下，场地的原始地形往往不能完全满足各项场地内容的布置要求，需要进行某种程度的改造平整，其整平程度的多少应视具体条件和要求而定。一般有重点式整平和全面式整平两种方式。

场地中需要整平部分设计地面的连接形式有两种基本的类型，一种是平坡式，即把设计地面处理成一个或几个坡向的整平面，各部分的坡度和标高均相差不大。另一种是台阶式，即将设计地面处理成标高差较大的几个不同的整平面，在各整

---

①②③　张伶伶，孟浩．场地设计 [M]．2 版．北京：中国建筑工业出版社，2011．

平面之间以挡土墙、护坡、台阶等形式连接。

在一般情况下，当自然地形坡度小于 3% 时，应选择平坡式的连接形式，当自然地形的坡度较大时则应选择台阶式。在场地的自然地形坡度虽小于 3%，但需整平部分的长度超过 500m，因为整体的标高差也较大，故也可以采用台阶式。在设计中根据具体的地形情况，采用平坡式与台阶式相结合的情形也是比较常见的方式。

2）标高确定

标高确定实际上即是为包括住宅、道路、广场在内的场地中各项内容进行竖向定位，比如确定住宅的地坪标高，道路的基本标高，停车场和广场的控制标高等。

关于场地各处标高的确定有两个问题值得注意，一个是应组织好各项内容、各个部分之间标高的关系，既应便于使用，又应结合地形，同时还应能够形成良好的视觉景观和空间效果。另一个是在确定各处标高时，应处理好住宅与其周围的室外地面的高差关系，同时要处理好场地与周围的外部环境之间的标高关系，一般应保持场地内外标高的连贯性，不应出现不必要的陡坡或陡坎，这也利于场地内外道路的连通顺畅。场地内外标高关系的确定还应考虑场地雨水排除问题，应使雨水能顺利排出，不致积水。

3）雨水排除

场地雨水排除的基本方式有两种，一种是地表的自然排水方式，另一种是采用地下的雨水管道排水。[①] 不通过任何排水设施，仅利用地形坡度对雨水进行排除的方式即为自然排水。在雨量较小的地区或局部小面积的地段的地表排水可采用此种方式。对于以下几种情况，其雨水排除采用管道式的方式是较为合适的，①场地地形平坦、面积较大，且不适于采用地表排水；②场地排水系统需要适应村镇雨水管道系统；③场地需要较高的卫生及环境质量要求时；④场地中大部分住宅采用内排水屋面时。

当场地条件有限、投资受限或对场地卫生及环境质量有较低的要求时，对场地雨水进行排除的方式可选用明沟排水。采用上述一种方式组成雨水排除系统或者将场地划分成小块，将上述方式组合形成雨水排除系统是场地雨水排除系统的常用方式。

---

① 张伶伶，孟浩 . 场地设计 [M]. 2 版 . 北京：中国建筑工业出版社，2011：127.

2.3 村镇住宅场地适应性设计策略

场地适应性是指场地最适合的发展途径和存在状态，场地的自身条件、气候特点、文化特色等因素会影响村镇住宅的选址、建筑形式等，设计时应充分考虑气象、气候、地形、地物、水文、地质、土壤等诸多因素，选取合适的建设地址，综合利用各种技术手段，使得规划、场地、建筑相互融合，打造生态、可持续、宜人的居住环境。[①]

2.3.1 合理利用自然地域条件

1. 可利用的自然资源

实现可持续场地设计面临最大挑战是自然资源利用与生态环境保护的平衡。理解自然系统和它们相互联系的方式，以便在工作中减少对环境的影响，这是非常重要的。

1）风

风的主要作用是冷却。建筑的朝向和具有聚风作用的室外布置可以充分利用这种冷却风，将其视为天然的空调。[②]

2）太阳

自然采光和太阳能利用技术都是重要的被动式节能技术，如采用天井、庭院、天窗的方式，为进深较大的住宅提供良好的自然光照。采用太阳能热水器，被动式太阳能集热房，让太阳能产生的热量为住宅所用，达到节能减排的效果。

3）降雨

雨水应当收集起来用于多种用途（如饮用、洗澡），并加以再利用（如冲厕所、洗衣服）。废水或已开发区域的过剩雨水应该排入渠道并以合适的方式流出，使地下水得到补充。降低对土壤和植被的破坏，确保土地开发远离地表径流，以保护环境和自然结构。[③]

4）地貌

在许多地区，平坦的土地是很宝贵的，应留作农业使用，而坡地宜用于建筑建设。地貌可能造成建筑的竖向分层，并为独立建筑提供更多的私密性，地貌也可以通过改变亲密性或熟悉性来增强或改变参观者对场地的印象。另外，保护当地的土壤和植被是倾斜严重地块的重要问题，增加人行道和休息点是解决这一问题

---

① 张焕. 融合风水理论的生态建筑设计研究 [D]. 长沙：湖南大学，2009.
②③ 张国强，徐峰，周晋，等. 可持续建筑技术 [M]. 北京：中国建筑工业出版社，2009：145.

的适当方案。比如云南傣族吊脚楼设置在斜坡上，既与当地的地形相结合，又形成了独具特色的传统文化民居。

5）水生态系统

水生地区附近的开发必须以对敏感资源和方法的广泛了解为基础。通常开发应着重于水生区域的保护，以降低间接的环境破坏。[①]特别敏感的地点应予以保护其不受任何干扰，任何水生资源的收获都应通过可持续性的评估，并且随后进行监测和调节。

6）植被

应鼓励保持植被多样性，并保护天然植被的营养，脆弱的本土植物物种要加以确定和保护，外来植物种类要能维持健康的本土生态系统。同时，古木、植被等还能纳入景观中去，丰富使用的空间体验感。

2. 场地调整设计要点

场地调整是场地设计中不可缺少的环节。自然地形中几乎不存在不需要改造就能直接使用的地形。为了使建筑更好地与地形相结合，使地形能与建筑的功能需求相适应，需要对场地地形进行局部改造，使地形满足房屋建造需求。

1）台地护坡设计

护坡是防止用地土体边坡变迁而设置的斜坡式防护工程，一般用于用地宽松以及注重自然景观效果的环境中。[②]在村镇住宅设计中，尤其是地形起伏比较大时，常常需要建造台地作为住宅或室外的场地。这时台地地面就会高于或低于原自然地面，当这些高差出现时，边坡的护坡是最常见的处理台地边缘构造的方法。产生台地的方式有完全填方、部分填方部分挖方和完全挖方（图2-20）。

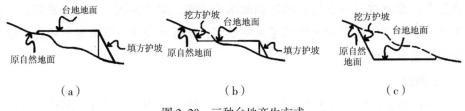

（a）　　　　　　　　（b）　　　　　　　　（c）

图2-20　三种台地产生方式

（a）完全填方台地；（b）部分填方部分挖方台地；（c）完全挖方台地

---

① 张国强，徐峰，周晋，等. 可持续建筑技术 [M]. 北京：中国建筑工业出版社，2009：145.

② 中华人民共和国住房和城乡建设部，发布. 城乡建设用地竖向规划规范：CJJ 83—2016[S]. 北京：中国建筑工业出版社，2016.

完全填方和完全挖方的台地较少应用，主要是因为不但动土量大，而且场地排水方面比较复杂。对于部分填方和挖方而成的台地，部分护坡所保护的边坡是由填土完成，部分护坡所保护的边坡是由挖土完成。这种情况的台地比较多见，主要是填、挖土方能够接近平衡，对地面的改造幅度较小。

台地护坡设计的原则有，首先，防护工程应结合具有防护功能的专用绿地；其次，应用护坡或挡土墙连接台阶式用地的不同标高地块，当不同标高地块高差大于 1.5m 时，应加设安全防护设施于坡比值大于 0.5 的护坡顶或挡土墙。土质护坡的坡比值应小于等于 0.5；当为砌筑型护坡时，其坡比值宜为 0.5 ~ 1.0；再次，应采用挡土墙防护有装卸作业要求的台阶、用地紧张区域台阶，以及建（构）筑物密集台阶；土质护坡在降雨量多、工程地质条件差，以及人口密度大的地区不宜采用。挡土墙宜采用 1.5 ~ 3.0m 的高度，当其高度大于 6.0m 时宜采用退台方式进行处理，其宽度不应小于 1.0m；当有条件时，挡土墙宜以 1.5m 左右高度退台；[①] 最后，公共活动区内挡土墙高于 1.5m，生活生产区内挡土墙高于 2.0m 时，宜做艺术处理或以绿化遮蔽。[②]

2）场地排水设计

场地内的雨水排除是场地设计的主要内容之一，竖向设计要有利于排雨水，保证场地不积水，满足使用要求。场地雨水排除方式主要有自然排水、明沟排水和暗管排水等（表 2-1）。自然排水是指不设任何排水设施，利用地形坡度及地质和气象上的特点排水；[③] 明沟排水是从基坑四周开挖排水沟，四角设置集水井，直接从集水井中抽出地下水，达到排水的目的；暗管排水指的是利用设在地下的相互连通的管道及相应设施，汇集和排除场地的地表水。各种排水方式的适用情况不同。

表 2-1 场地雨水排除方式

排雨水方式	适用情况
自然排水	①降雨量较小的气候条件； ②渗水性强的土壤地区； ③雨水难以排入管沟的局部小面积地段[④]

① 闫寒 . 建筑学场地设计 [M]. 北京：中国建筑工业出版社，2006.
② 张礼杰，陈胤，温国标 . 一种下沉式绿地排水结构：CN210117779U [P]. 2020-02-28.
③ 张奉山 . 浅谈石化厂改造项目总平面布置注意事项 [J]. 中国化工贸易，2019，11（4）：248.
④ 田立臣，戚余蓉，杨玉光，等 . 场地设计 [M]. 北京：中国建材工业出版社，2017.

排雨水方式	适用情况
明沟排水	①整平面有适于明沟排水的地面坡度； ②场地边缘地段，或多尘易堵、雨水夹带大量泥沙和石子的场地； ③设计地面局部平坦，雨水口收水不利的地段； ④埋设下水管道不经济的岩石地段； ⑤未设置雨、污水管道系统的郊区或待开发区域； ⑥雨水管道埋深、坡度不够的地段[①]
暗管排水	①场地面积较大、地形平坦； ②采用雨水管道系统与城市管道系统相适应者； ③建筑物和构筑物比较集中、交通线路复杂或地下工程管线密集的场地； ④大部分建筑屋面采用内排水的； ⑤场地地下水位较高的； ⑥场地环境美化或建设项目对环境洁净要求较高

为方便排水，一般场地都要有一定的坡度。场地地面排水坡度，不宜小于0.2%。当坡度小于0.2%时，宜采用多坡向或特殊措施排水。场地总体排水方向一般与地形坡向保持一致，当与外围雨水管方向不一致时，应进行功能、景观、经济等方面综合比较确定总体排水方向。在确定了总体场地坡向后，局部场地根据各自的功能及景观需要确定排水方向。在确定了排水方向后，还要确定雨水口、管道、明沟、无铺装的浅沟等雨水排除设施。

3）场地标高设计

在经过土石方量计算、填挖平衡的平整过程后，得到新的场地设计平面，可以称此时的新场地平面的高度为初步场地设计标高。在需要考虑土地可松性、其他填挖方工程、取土和弃土等因素时，初步场地设计标高就要作相应的调整。关于场地标高的确定有两个问题值得注意，一个是应组织好各项内容、各个部分的设计标高的关系，使其既便于使用，又应结合地形；另一个是要处理好场地和周围外部环境之间的标高关系，保持场地内外标高的连续性，不应出现不必要的陡坎或陡坡。

场地设计标高包括道路、广场、停车场、室外活动场地、绿地及建筑室内外地坪标高等。场地标高设计主要有两种方法，一种方法是一般办法，如场地比较平坦，对场地设计标高无特殊要求，可按照"挖填土方量相等"的原则确定场地设计标高。另外一种方法是应用最小二乘法的原理求得最佳设计平面，满足土方的总工程量最小、填挖方量相等。[②]

---

① 田立臣，戚余蓉，杨玉光，等．场地设计 [M]．北京：中国建材工业出版社，2017.

② 闫寒．建筑学场地设计 [M]．北京：中国建筑工业出版社，2006.

2.3.2　场地选址符合节地的生态理念

村镇住宅建设场地得选择要符合国家现行土地管理、环境保护、水土保持等有关法规，要利于保护生态环境和节约用地，不占用农村耕地，更不能占用良田及经济效益高的土地。

场地选址时应尽可能充分利用自然条件，要利于建筑布置、交通便利、排水顺畅。场地选择应考虑竖向设置，以减少土石方工程量。同时，应注意不同地貌的小气候特点和利用日照。

村镇住宅的选址，主要依据村镇本身的条件决定村民的生活居住用地。场地选址的考察范围包括当地地理及政策分析、人口分析、经济水平、消费能力、发展规模和潜力、收入水平、发展机会及成长空间、场地的条件、地形地质分析等。场地选址时，充分利用当地的地域优势，尽量寻求合理方案，消除或减弱当地不利的自然条件，综合权衡居民文化、居民生活等各类复杂因素，合理选址，为居民创造舒适、卫生、健康向上的劳动、生活和居住条件。

1. 选址理念

1）应节约土地

节约用地、少占农田是在村镇建设发展中的一项重要任务。选址应与村镇整体布局相统一，提高建筑用地的利用率，避免过于分散造成土地浪费，避免侵占农田和耕地。

2）应与自然环境相融合

我国自古以来强调"天人合一"，背山面水、山水环绕等布局形式。选址同时应注意不破坏现有的森林、水系、矿产等自然资源与文化古迹，还应该为后续发展留有余地，便于后续分期建设发展。

3）应选择合适的地形地质条件

选址要求地质条件稳定，避免发生山体滑坡、地震、崩塌等地质灾害事件，同时应注意场地的气候条件，水质，水文，日照，冻融，雨水，洪水十年、五十年以至百年的记载，对水库、电厂、机场、公路、铁路及特殊构筑物的建筑形式及功能的影响（图2-21）。村镇住宅选址时，场地形态应该满足建筑平面的要求，同时考虑周边不良环境因素对场地的影响。

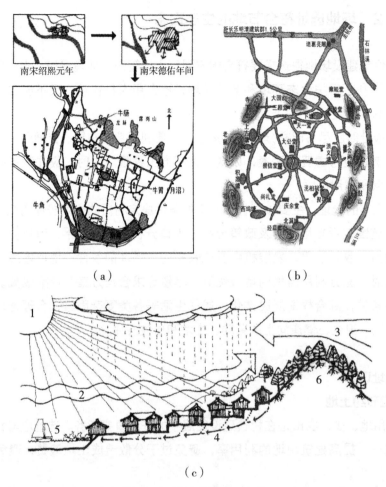

图 2-21　选址与堪舆、生态

（a）宏村水系的变迁——水系的变化为村落提供了发展空间，依照堪舆修建牛形的水圳、月沼、南湖，为生活及灌溉提供了方便，村中的水系比作牛胃、牛肠；（b）浙江兰溪诸葛村——按九宫八卦图式精心设计构建的，全村房屋呈放射状排列，并以钟池为圆心向外延伸八条弄堂，将全村有规划地分为八块，村外自然环绕八座小山，使村落呈内、外八卦形状；（c）良好的堪舆条件——1—良好的日照；2—夏季主导风向；3—冬季主导风向；4—良好的排水；5—蓄水，便于生活及灌溉农田或者水上联系；6—水土保持和水气候的调节

2. 选址方法

选址工作属于建筑策划的工作范畴，即属于前期工作。选址方法通常是考虑各方面因素及经济情况，采用因素评分的方法来确定。因素评分法就是对定性的选址影响因素，采用主观打分的方法将其量化，再转为采用定量分析的方法进行处理。主要步骤如下：

①选择有关因素；

②赋予每个因素一个权重，以此显示它与所有其他因素相比的相对重要性；每一因素的分值根据权重来确定，而权重则要根据成本的标准差来确定，而不是根据成本值来确定；

③给所有因素确定一个统一的数值范围（0～10或0～100）；

④给每一待选地点按满足各因素的程度分别评分；

⑤把每一因素的得分与其权重相乘，再把各因素乘积值相加得到待选地点的总分；

⑥选择具有最高总得分的地址作为最佳的选址。

2.3.3　场地布局符合可持续理念

场地的可持续性需场地上的建筑与场地中的自然生态系统和谐共处。可持续有两方面特征，一方面是强调对于场地本身及周边环境的生态环境不造成干扰危害，原始场地中生态系统的多样性不被破坏。另一方面是对于场地使用者而言，为使用者营造健康绿色的生活环境，保障使用者的健康。在设计过程中需要充分考虑场地的生态价值、景观价值和文化价值等，营造生态可持续的场地布局。

1. 场地布局理念

场地布局是前期准备工作完成后，基于场地设计条件分析及其建设、使用过程中解决实际问题的需要，对场地组成内容基本形态及其位置关系进行合理确定，并做出具体的平面布置，从而决定了场地的整体形态。其工作重点是以整体、系统的理念，抓住关键的问题，解决主要矛盾。其目的是对土地进行有效利用，对场地内各种活动进行合理有序地组织，以达到场地各要素各得其所，同时又有机联系成为统一的整体，并与周围环境相协调。

村镇住宅场地布局要解决两个基本问题，一个问题是确定组成内容的各自形态，另一个问题是确定各项内容之间的关系。住宅区域中各项内容之间错综复杂，场地布置要点是组织好各组成部分的相互关系，处理好场地构成要素之间及其与周围环境之间的关系，其中既包括功能关系，也包括空间、视觉和景观等方面的关系。场地布置一般应满足以下基本要求：

1）使用的合理性

任何场地的建设都是为了满足使用要求，为使用活动提供方便、合理的空间场所。合理的功能关系、良好的环境和方便的交通是村镇住宅的总平面布置的基本要求，这些在功能分区、建筑布局和交通组织等方面应有所体现。

2）技术的安全性

场地使用功能的正常发挥是建立在工程技术的安全性基础之上的，场地中的各项内容设施必须具有工程的稳定性，如滨水地形的设计须考虑防排洪等。技术安全性是其他内容布置的前提，场地布置除需满足正常情况下的使用要求外，还应当考虑某些可能发生的灾害情况，如火灾、水灾、泥石流和地震等，必须按照有关规定采取相应措施，以防止灾害的发生或减少其危害程度。

3）建设的经济性

场地建设要与当地经济发展相适应，力求发挥建设投资的最大经济效益，并尽量多保留一些绿化用地和发展余地，使场地的生态环境和建设发展具有可持续性。

场地布置中对自然地形应本着以适应和利用为主，适当进行改造的原则，充分结合场地地形地貌、地质等条件，因地制宜、合理有效地利用土地进行功能布局，组织道路交通，避免采用大量挖方、填方及破坏自然的方式。

4）环境的整体性

住宅是场地布置的核心，住宅无法离开道路、广场、绿化景观等其他内容而孤立存在，处于一定的环境中并与环境保持着某种联系。室外空间是从场地外部进入住宅之间的过渡，是住宅某些功能的向外延伸，也是住宅形象的衬托。场地总体布局中固然要考虑住宅的布置，但更为重要的是建筑与外部空间环境的关系，因为使用者的行为活动、视觉及心理感受都取决于场地整体环境。

2. 场地功能关系

场地功能分区是指对不同的场地使用需求进行划分，同时处理不同需求之间的相互关系。总平面进行功能布置需要对场地分区，其基本思路，一条是从场地组成内容的功能特性出发，进行功能分区和组织；另一条是从场地利用出发，进行用地划分和安排。功能分区与用地划分应结合考虑，同时还应考虑各分区之间的交通联系、空间位置关系等。

场地各分区之间的关系为联结关系或位置关系。联结关系是考虑各分区交通、空间和视线等方面的关联，使各分区相互联系，组成一个有机整体。一般交通联系是最重要的，体现各分区之间的功能关系。位置关系是根据功能性质及对外联系要求，确定各分区在场地中内与外、前与后、中心与边缘等的相互位置，以及与场地出入口的关系。

基于功能性质考虑，需要将性质相同、功能相近、联系密切、对环境要求相似的内容进行组合，形成若干个功能区，单体建筑场地，依据场地的构成要素可分为建筑用地、交通集散场地或室外活动场地、集中绿地等；群体建筑场地，依据场地的功能性质进行分区。

基于场地条件考虑，根据地形、地质和气象等自然条件的限制性因素考虑具体分区，地块完整、地质条件好、地形平坦的地段宜作为建筑用地，地质条件差、地形较为陡峭的地段可作为绿化用地。根据风向条件设置洁净区和污染区，把包含厨房、柴房等的后勤供应区或污染区设在下风向。

◆ **思考题**

1. 场地的构成要素包括哪些？

2. 场地分为哪些类型？

3. 场地道路设计宽度应符合哪些规定？

4. 建筑场地设计坡度应符合哪些规定？

5. 场地及其周围的自然状况分析包括哪些要素？

6. 村镇住宅场地适应性设计中，如何利用自然资源？

7. 村镇住宅场地设计要点包括哪些？

8. 村镇住宅场地排水方式有哪些？分别适用于哪些情况？

9. 村镇住宅场地布局理念包括哪些？

10. 村镇住宅建设前如何利用因素评分法进行选址？

第 3 章

村镇住宅的空
间适应性设计

3.1 村镇住宅空间需求分析

3.1.1 村镇居民行为

村镇居民生产生活方式是影响村镇住宅空间设计的核心因素。村民（代指村镇居民）的生活方式由不同家庭的生活习惯、家庭结构、职业特征、受教育程度、收入水平等因素决定；村民的生产方式由家庭成员从事的职业、生产行为特征和生产组织关系等因素决定。一方面，村民生产生活方式的多元性决定了村镇住宅类型和户型空间的多样性和差异性；另一方面，村镇经济水平、建筑材料价格和采用的结构体系等间接影响了村镇住宅空间布局。[①]

1. 生活行为

住宅中的生活行为包括睡眠、沐浴、穿衣、饮食、会客等。在乡村住宅中，除了最基本的起居生活以外，村民的居住需求往往还与乡村的文化、风俗息息相关，例如乡村邻里之间互相串门的习惯，使得乡村住宅所承担的会客活动比起普通住宅更为丰富、频繁且具有不确定性；再如乡村住宅有时候还需要承担节日祭祀、家庭聚会或者婚丧嫁娶一类乡村特有的活动等。[②]村民对居住空间的需求处于由生存、生产、发展到享受的递进过程中。在评估当前居住空间的利用与未来居住需求的基础上，村民会对住宅空间进行不断调整。

随着乡村振兴的实施，我国村镇居住环境得到较大改善，村民的物质生活水平也得到显著提高。在村镇住宅空间设计中，要充分理解村镇居民的生活行为及演变趋势，寻求相适应的设计理论和方法，创作新型村镇住宅来满足村民的生活需求。

2. 生产行为

村民生产行为是在特定的社会经济和资源环境下，村民为实现经济收益而采取的种植结构、资源利用、耕作方式和生产投入等生产行为。通常，村民生产行为受其家庭状况、经济水平、外部环境、生产偏好、新技术应用和相关政策等因素

① 李逢琛. 基于生产生活方式的新农村住宅户型设计研究——以成都市近郊地区为例 [D]. 成都：西南交通大学，2015.
② 郭芸麟. 基于村民居住需求的乡村住宅定制设计策略研究 [D]. 济南：山东建筑大学，2022.

的综合影响。[①] 不同的乡村产业带来了多元化的生产行为模式，进而产生差异化的住宅空间需求和类型。[②]

3.1.2 基于村民行为的住宅空间需求分析

不同的生产生活需求导致村镇住宅空间的演变与发展，住宅空间设计需与村民生产生活需求和行为活动相匹配。

1. 生活空间需求分析
1）生活空间

在不同的社会发展阶段，村民行为对乡村生活空间演化的影响存在一定的共性特征。将村民生计行为与宏观社会环境相结合，乡村生活空间的演化过程可划分成为四个阶段：缓慢发展期、分化初始期、剧烈变化期和相对稳定期（表3-1）。[③]

表 3-1　乡村生活空间演化

演化阶段		村民行为特征	居住空间	
			空间演化特征	问题诊断
I	缓慢发展期	村民行为趋同，生计以农业为主，生活行为以满足"衣、食、住、行"等基本生活需求为主	在乡村社会长期演化过程中，乡村社会空间相对稳定，形成以亲缘、地缘、血缘为主的乡土社会关系，受宗族文化影响深刻	社会空间较为封闭，思想文化陈旧，公共服务配套落后
II	分化初始期	随着村民生计行为分化，对乡村三生空间的影响程度不断加深；村民社会交往行为、传统邻里关系开始发生变化	相对均质的传统社会空间被打破，村民生计行为的分化使社会分化逐渐产生，进而瓦解传统乡村的社会关系	落后的公共服务配套不能满足村民实际需求

---

①③　方方，何仁伟. 农户行为视角下乡村三生空间演化特征与机理研究 [J]. 学习与实践，2018（1）：101-110.

②　李逢琛. 基于生产生活方式的新农村住宅户型设计研究——以成都市近郊地区为例 [D]. 成都：西南交通大学，2015.

演化阶段	村民行为特征	居住空间	
		空间演化特征	问题诊断
Ⅲ	剧烈变化期	随着村民生计行为日趋多样化，对三生空间的影响程度进一步加深；不同类型兼业村民与专业村民不断出现；乡村中青年劳动力流失，乡村社会关系剧变，传统社会关系网络逐渐瓦解	人口空间分异与居住空间分异现象日益突出；传统乡村社会、文化空间趋于解体	人口空心化、人口老弱化日益严重；原有乡村社会秩序被破坏，产生了社会隔离，有待于重建乡村社会治理体系
Ⅳ	相对稳定期	村民开始追求高质量生活，生计行为趋于稳定；专业村民、家庭农场、专业合作社和农业企业等新型经营主体的不断涌现	传统型乡村社会空间逐渐向新型乡村社会空间演变，新型乡村社会关系逐渐形成，社会公共服务配套体系日趋完善	社会关系呈现城镇化趋势，传统乡村文化不断丧失

随着血缘、业缘、地缘等社会关系的弱化，以及村民生产活动的多样化与差异化，乡村生活空间需求逐渐向多元化、差异化和个性化方向演变。多元居住需求是乡村社会分层及村民对不同功能空间需求共同作用的结果。一方面，随着乡村人民生活水平的不断提升，乡村家庭的生活理念、行为方式及居住观念开始有所转变，对于住宅的品质也有了更高的要求，[①] 以及新一代村民与老一辈村民的需求不同，造成居住空间分异；另一方面，随着乡村熟人社会网络的逐渐解体，村民邻里关系的弱化，以及原有类似生产生活方式的打破，造成居住需求和空间的多元化。

2）居住行为

从宏观上看，人类的居住行为是指在某个历史时期、地方区域、资源环境、社会文化、经济发展等背景下，人类的居住方式和状态，它既包括人类居住的空间特征，又包括人类居住的社会聚合模式和组织形式，表现出居住行为的群体特征。从微观上看，住宅居住行为是居民对住宅空间的使用方式及其与生活、生产和自然环境的关系。[②] 从居民行为发生的时间、空间、尺度和分布可以确定行为与居住空间的关系，进而指导住宅空间设计。[③] 居住行为模式和特点的差异性决定了农村住宅空间形式的差异性，随着农村社会的发展，村民的基本生活行为模式已经有

---

① 郭芸麟. 基于村民居住需求的乡村住宅定制设计策略研究 [D]. 济南：山东建筑大学，2022.

② 闫凤英，赵黎明. 我国当代城市居民的居住行为变迁及特点 [J]. 天津大学学报（社会科学版），2008，10（1）：60-63.

③ 牛婧. 农村住宅空间和生活方式变化关系的研究——以辽南地区为例 [D]. 大连：大连理工大学，2011.

了较大的改变。[①] 相较于城市住宅，村镇住宅的居住主体具有明显的差异性，依据从事产业的不同，村民居住行为具有一定的复杂性（图3-1）。

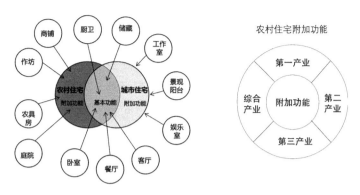

图3-1　农村住宅与城市住宅功能需求对比图

居民的生活行为可以分为8类（表3-2）：就寝、炊事、起居、就餐、卫生、储藏、交通、生产行为。由于大多数村民都要从事一定的生产活动，因此，除了基本的生活空间外，村镇住宅还包含一定的生产及其附属空间。[②]

表3-2　居住生活行为分类表

居住行为分类	包括的内容	对应的功能空间
就寝行为	休息、睡觉、小憩等	主卧、次卧
起居行为	聚会、会客、看电视、听音乐等	堂屋、客厅、起居室
炊事行为	做饭、洗菜	厨房
就餐行为	吃饭、喝水	餐厅
卫生行为	便溺、洗衣、清洁	卫生间
储藏行为	衣物、停车、农具	储藏间
交通行为	通行、出入、搬运	走道、檐廊
生产行为	家务、种植、加工	生产用房

3）居住需求
（1）生理需求
生理需求是家庭成员在居住环境中最基本的需求，包括最基本的睡眠、就餐、

---

① 冯磊. 陕南地区农村散居自助新建型住宅模块化设计研究 [D]. 重庆：重庆大学，2020.
② 陈阳. 城乡统筹背景下成都市农村住宅的功能研究 [D]. 成都：西南交通大学，2014.

洗浴、便溺等，这些也是满足人类生理需求的基本行为。此外，生理需求还包括充足的阳光、新鲜的空气和干净的水源等。村镇住宅需要相应的空间来满足家庭成员的基本生理需求，即通过卧室、餐厅、厨房和盥洗室等功能性房间的设置来实现这些需求。

（2）心理需求

村镇住宅不但要满足家庭成员的生理需求，还要满足他们的心理需求，特别是之前不太重视的私密性需求。居住私密性既包括住宅对外的私密，也包括家庭内部成员内部之间的私密。以家庭活动为依据，可以将居住空间划分为公共生活区、家务活动区及私密生活区，其中私密生活区主要有睡眠、卫生、学习、工作等行为活动，而这些行为主要发生在卧室、卫生间、书房等具有一定隐蔽性的空间。[①]

（3）交往需求

村镇居民生活最典型的交往行为是邻里之间互相串门的互动，特别是在某些村镇中，邻里之间往往带有血缘宗族关系，这时交往行为便会更加频繁。交往行为发生的场所往往是住宅中的公共活动空间，例如庭院、堂屋、客厅等面积较大，私密性较弱的空间。在住宅设计中需要充分考虑此类活动空间的公共性、开放性和适应性。

（4）自我实现需求

随着村镇居民生活水平的不断提高，体现村民兴趣爱好的个性化空间越来越受重视，这些空间成为村民实现自我价值的重要场所，例如琴房、书房、工作室等多样化空间。

2. 生活空间适应性分析

生活空间适应性是指能够满足村民多样化、动态化和个性化需求的生活空间模式和结构体系，[②] 即利用结构的通用性和空间的灵活性来满足村民的动态需求，在一个稳定的结构体系中，生活空间具有多功能变化和适应的能力，灵活性、适应性和可持续性是生活空间的重要特征。

1）灵活性

实现空间的灵活性是生活空间适应性设计追求的重要目标，包括空间组织形式的变化、空间尺度的调整，以及合理高效的空间利用。当前村镇住宅在其生命周

---

① 李逢琛. 基于生产生活方式的新农村住宅户型设计研究——以成都市近郊地区为例 [D]. 成都：西南交通大学，2015.

② 孙超. SI 体系思想指导下的住宅内部空间适应性设计研究 [D]. 西安：西安建筑科技大学，2019.

期内，随着家庭结构、生活方式、从事职业等变化，村民对空间的需求也随之变化。为了实现空间的灵活性，常用的空间形式是灵活分隔的大空间模式，有效提高空间的适应能力。

2）适应性

适应性包括空间尺度的适应性和物理环境的适应性。一方面，空间尺度的适应性既要满足目前村民的生活需求，又要考虑未来村民年龄增长、家庭结构变化和生活方式转变等带来的新要求。另一方面，室内物理环境的适应性体现在住宅通过自身的性能适应当地气候条件，可以调节室内微气候，进而满足村民的生理、心理和行为活动需求。

3）可持续性

随着社会经济环境、生活习惯、家庭结构等的改变，村民的居住行为也日趋复杂和多样，不同住户对于生活空间的需求也随之变化。空间的可持续性不应局限在空间环境的营造，更需要从住户家庭全生命周期的发展加以充分地考虑，如居住空间设计的可变性、持久性、多元性等。

3. 生产空间的需求分析

1）生产空间

村镇生产空间是社会经济发展的重要载体，其演变与发展同乡村自然生态环境，以及社会经济发展阶段密切相关。由于地域性的差异，伴随乡村社会经济形态转型，乡村生产空间在不同阶段呈现不同的发展特征，生产空间的规模、形态及结构是人类活动与自然，以及社会经济间综合联系的直接反映。[①]

在传统农业社会，村民采取以家庭为单位从事生产活动，为了方便生产，村民依据地形、水利、耕作距离、劳动力等因素安排农业生产空间。由于不同乡村单元之间相对封闭，农业生产空间在村域单元上表现出一定的空间规律。进入现代社会，随着农业生产技术进步，村民利用农药化肥和农用机械等行为不断增多，农地生产效率不断提升，农业生产空间呈现出一些新变化。这与生活空间的演化类似，乡村生产空间演化过程也可以划分为缓慢发展期、分化初始期、剧烈变化期和相对稳定期四个阶段（表3-3）。[②]

---

① 范倩楠. 三产融合背景下秦巴山区乡村生产空间演变特征及规划策略研究 [D]. 西安：长安大学，2021.
② 方方，何仁伟. 农户行为视角下乡村三生空间演化特征与机理研究 [J]. 学习与实践，2018（1）：101-110.

表 3-3 乡村生产空间的演化

演化阶段		村民行为特征	村镇生产行为建筑空间	
			空间演化特征	问题诊断
I	缓慢发展期	村民行为趋同，生计以农业为主，生活行为以满足"衣食住行"等基本生活需求为主	村民采取以家庭为单元的产方经营式，自然地理因素更多影响农业生产空间演化	农业技术落后，农业生产水平较为低下，受自然灾害影响较大
II	分化初始期	随着村民生计行为分化，对乡村三生空间的影响程度不断加深；村民社会交往行为、传统邻里关系开始发生变化	兼业村民开始减少对耕地的要素投入，种植结构趋于省工性作物种植，出现耕地流转现象	部分农区土地利用低效，农业生产效率下降
III	剧烈变化期	随着村民生计行为日趋多样化，对三生空间的影响程度进一步加深；不同类型兼业村民与专业村民不断出现；乡村中青年劳动力流失，乡村社会关系剧变，传统社会关系网络逐渐瓦解	经济诱导机制促使村民调整农业生产决策，农地非粮化现象突出；耕地流转规模进一步增加，农业产业化经营步伐加快	耕地低效利用，部分农区耕地撂荒现象显著
IV	相对稳定期	村民开始追求高质量生活，生计行为趋于稳定；专业村民、家庭农场、专业合作社和农业企业等新型经营主体的不断涌现	该阶段是农业生产的高级阶段，新型经营主体对传统型村民行为产生一定的冲击；农业生产空间重构，农业生产开始向规模经营转变，土地高效利用，一二三产业高度融合，形成各具特色的田园综合体	农业劳动力剩余，有待于人口进一步向城镇地区转移；高效利用的农业生产空间有待于村民对新技术的掌握

2）生产需求

村镇住宅除了要满足基本的生活需求外，还需提供可供村民从事生产的空间，传统的家庭生产以农业生产为主，庭院往往是生产行为的发生场所，但随着第二、三产业在村镇的推进发展，使得部分家庭中的生产行为发生转变，例如从事加工、手工业、餐饮、零售、住宿等各类服务活动，这便要求村镇住宅中生产空间作出相应的调整，家庭成员不再仅仅依靠庭院这一类空间作为集中生产的场所，而是根据村民不同的生产经营方式，演化出新的生产空间（图 3-2）。村镇住宅中，对生产空间的需求是生产需求的直接体现，包括商铺、农具储藏室、菜地、禽舍、畜棚、水池等功能空间，这些空间的差异是造成乡村住宅生产空间差异的主要因素。[①] 根据村民从事产业和新空间需求的不同，可以将村镇住宅分为第一产业住宅、第二产业住宅、第三产业住宅和产业融合型住宅。

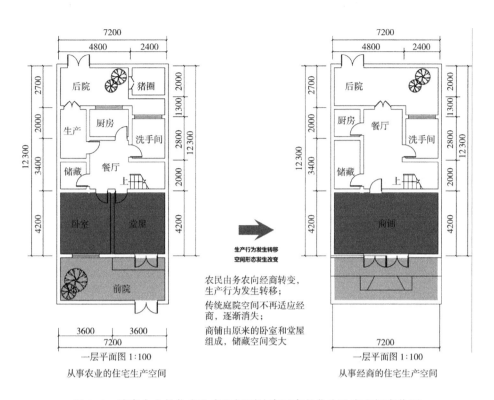

图 3-2　从事农业的住宅生产空间到从事经商的住宅生产空间变化图

4. 生产空间适应性分析
1）第一产业与生活空间组合

在我国大部分村镇地区，从事传统农业的村民还占有较大的比例，他们从事的主要职业仍然是第一产业。[②] 第一产业从业者主要是指从事种植粮食、蔬菜、水果、花卉、苗木和饲养家禽、家畜等的村民。他们的住宅空间除了满足基本的生活需求之外，还要考虑农用机动车、农业设备和农具等存放空间，以及粮仓、禽舍、猪舍、菜地等特定功能空间。住宅空间设计应做到功能明确、流线清晰、公私分明和避免干扰，[③] 典型的村镇住宅空间如下（图 3-3）。

① 郭芸麟. 基于村民居住需求的乡村住宅定制设计策略研究 [D]. 济南：山东建筑大学，2022.

②③ 李逢琛. 基于生产生活方式的新农村住宅户型设计研究——以成都市近郊地区为例 [D]. 成都：西南交通大学，2015.

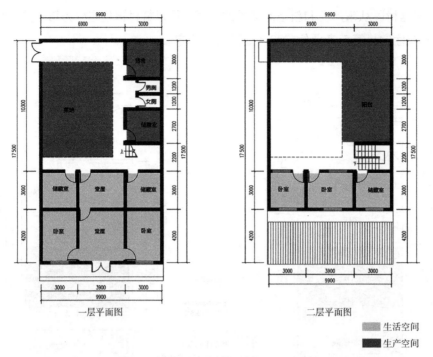

一层平面图　　　　　　　　　二层平面图

■ 生活空间
■ 生产空间

图 3-3　村镇住宅生活与生产空间平面图

2）第二产业与生活空间组合

第二产业从业者主要是指从事农产品加工或手工艺品制作等加工业的村民，其住宅空间除了满足基本的生活需求之外，还需满足手工艺品或食品制作等功能。[1]此类空间需要注意制作与售卖空间的关系，将制作与售卖空间结合或将制作空间放置于隐蔽处，同时考虑制作、售卖空间与生活空间的关系，做好其公私分区、洁污分区、动静分区，避免相互干扰。

3）第三产业与生活空间组合

第三产业是村镇经济的重要组成部分，关系着村镇产业和经济的整体发展。近年来，通过乡村振兴战略的实施，强力推动了村镇餐饮、民宿、文化、娱乐、零售和旅游等第三产业的发展。[2]

以旅游为主导产业的村镇，部分村民转为商户，从事产业可以是经营餐饮、住宿或是售卖特色农产品、工艺品等。其住宅户型设计应注意服务经营区域与生活区域既能相互联系，又相对独立。如图 3-4 所示的住宅布局形式为典型的前店后寝式户型，商铺与居住空间相对隔离，避免了商业活动对居住生活的干扰，同时从事商业的类型和范围也更加自由。

----

①② 李逢琛. 基于生产生活方式的新农村住宅户型设计研究——以成都市近郊地区为例 [D]. 成都：西南交通大学，2015.

图 3-4　农村商业户型平面图

　　农家乐作为一种典型的服务与居住相结合的户型，既要考虑接待服务的空间，又要考虑主人的生活空间，其功能包括接待、住宿、餐饮、休息、娱乐等，以及主人自住的居住功能。农家乐户型在功能布局上，需保证各功能区相对独立且方便联系，人员流线便捷且避免干扰；在空间设计上，应做到尺度宜人、环境舒适。农家乐户型通常将餐饮和住宿空间前后布置，保证两者既有联系，又避免了人流交叉，功能上也实现了闹静分区（图 3-5）。^①

图 3-5　农村农家乐户型平面图

① 李逢琛. 基于生产生活方式的新农村住宅户型设计研究——以成都市近郊地区为例 [D]. 成都：西南交通大学，2015.

4）三产与生活空间组合

随着我国村镇经济的发展，村镇产业结构越来越多元化，第二和第三产业也成为村镇重要的产业形式，部分村民在从事农业种植的同时，还可能经营着手工制作、农产品加工、餐饮、民宿等业态。两或三个产业与居住空间相结合的户型设计，需按照相关产业需求来布置各自的功能和空间，做到功能分区明确、主次分明、内外有别（图3-6）。

生活空间
商业空间
生产空间

图3-6　三产业结合与生活空间典型平面图

3.1.3　基于居住需求的空间配置分析

村镇居民居住需求的变化与发展是村镇住宅空间配置及其演变的重要因素。不同的居住需求对应着不同的功能诉求，居住功能内容及含义的丰富和复杂化推动着村镇住宅空间的演进（图3-7）。[①]

---

① 陈阳. 城乡统筹背景下成都市农村住宅的功能研究 [D]. 成都：西南交通大学，2014.

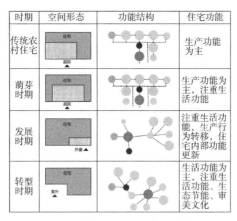

时期	空间形态	功能结构	住宅功能
传统农村住宅	住宅 庭院▲		生产功能为主
萌芽时期	住宅 庭院▲		生产功能为主，注重生活功能
发展时期	住宅 外庭▲		注重生活功能，生产行为转移，住宅内部功能更新
转型时期	住宅 室外		生活功能为主，注重生活功能、生态节能、审美文化

图 3-7　住宅功能及形态的演变图

1. 空间类型

1）村镇住宅生活空间

按活动类型划分，村镇住宅生活空间主要分为礼仪性空间、寝居空间和辅助空间这三类（图 3-8）。

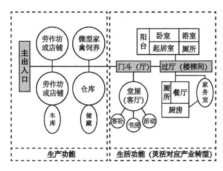

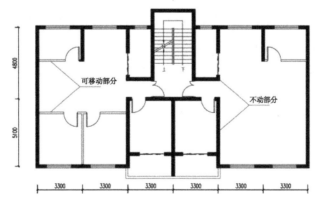

图 3-8　城乡统筹背景下村镇住宅生产生活功能空间图

礼仪性空间主要为厅堂空间，满足家庭会客、聚会、交友等行为。受"礼"文化的影响，传统村镇住宅具有独特的"厅堂文化"，厅堂含有门厅和仪式活动的功能。厅堂作为住宅对内与对外、公共与私密的过渡性空间，常作为节日仪式、祭祀和婚丧等活动场地，是村镇文化的重要载体。[①]

寝居空间主要有起居室和卧室空间，满足家庭成员的娱乐、交流、睡眠等行为。随着乡镇经济的发展和社会的转型，村民的生活方式也越来越现代化和城市化，家庭成员间的交流和个人空间的需求逐步凸显，起居室的共享性和卧室的私密性得到进一步加强。[②]

辅助空间主要有厨房、餐厅和卫生间等，满足家庭成员的饮食、洗浴、卫生等行为。在厨房方面，柴薪类厨房在乡村住宅中还有一定的比例，这类厨房还是以柴薪、秸秆等生物质作为主要的炊事燃料，设计应考虑燃料堆放空间，以及使用中的排烟降污。在餐厅方面，乡村住宅餐厅与厨房或厅堂混用的现象还较多，村镇住宅设计宜将餐厅独立设置。在卫生间方面，随着村镇生活水平的提高，宜根据排水、排污设施设置户内卫生间，满足居民基本生活和卫生需求。[③]

2）村镇住宅生产空间

第一产业空间：与村镇住宅相关的第一产业主要有农业生产，其生产空间主要有农具贮藏室、农作物贮藏仓和家禽圈养空间等。庭院式布局是第一产业住宅的典型形式，为减少农业生产行为对生活空间的影响，常采用分庭院的布局形式，即将庭院分为生产性庭院和生活性庭院两部分（图3-9），且生产和生活庭院可分别设置出入口，避免相互干扰，营造良好居住环境。常用的分庭院方式有前后院式和侧院式两种形式（图3-10）。前后院式布局的进深尺寸较大，适用于较为狭长的场地（图3-11），侧院式布局的面宽尺寸较大，适用于较宽的场地。[④]

第二产业空间：与村镇住宅相关的第二产业主要有农产品加工和手工艺品制作等加工业，其生产空间主要有手工艺或食品制作空间及售卖空间等。为减少加工制作对居住生活的影响，住宅空间布局上需做到生产与生活空间的动静分区、内外分区、公私分区，具体操作上可考虑水平分区或分层分区。

①②③④ 李兵，罗曦，鲁永飞. 社会转型背景下的农村住宅设计研究 [J]. 建设科技，2017（19）：80-82.

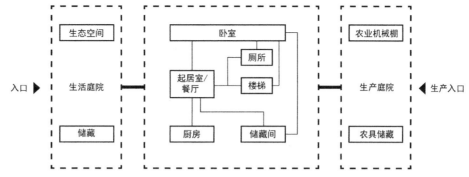

图 3-9　第一产业住宅平面关系图

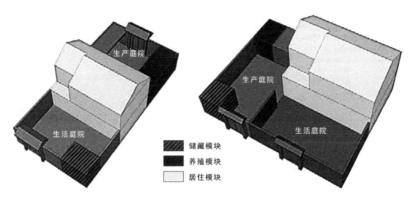

图 3-10　采用分院落布局的模型示意图

　　第三产业空间：与村镇住宅相关的第三产业主要指零售和旅游相关产业，其空间主要有商品售卖、住宿、餐饮等空间。为避免产业空间对家庭生活的干扰，住宅空间宜采用垂直分区的布局形式，且下部宜布置产业空间，上部宜布置居住空间（图 3-12、图 3-13）。

　　产业融合空间：产业融合有四种情况：①一、二产业结合，其空间主要为一、二产业生产空间的叠加与整合；②一、三产业结合，其空间主要为一、三产业生产空间的叠加与整合；③二、三产业结合，其空间主要为二、三产业生产空间的叠加与整合；④一、二、三产业结合，其空间主要为一、二、三产业生产空间的叠加与整合，同时应注意不同产业的生产空间有时是可以分时利用的。

　　当前的农村不仅有农业生产，还出现多业态共存的现象，如服务业和电商业等。居住空间与生产空间混合使用的居住方式已成为更广泛的居住模式。因此，有必要为农村住宅配备附加功能空间。[1]

---

① 林梓锋. 广州地区新农村住宅的空间优化设计研究 [D]. 广州：广州大学，2017.

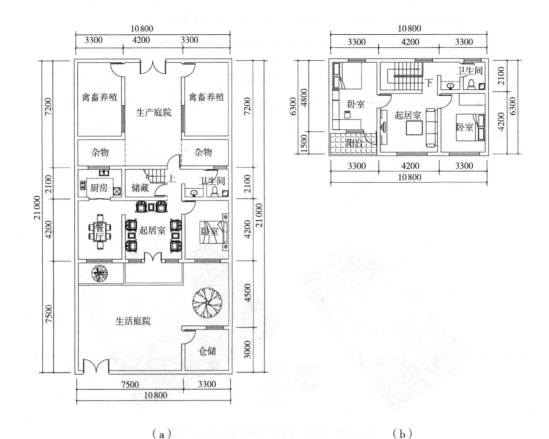

（a）　　　　　　　　　　　　　　（b）

图 3-11　采用前后院布局的第一产业住宅平面图

（a）一层平面图；（b）二层平面图

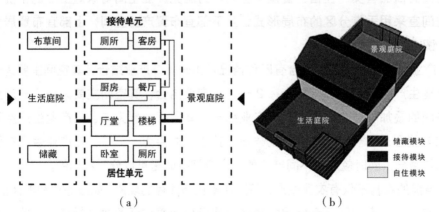

（a）　　　　　　　　　　　　　　（b）

图 3-12　第三产业住宅平面与功能模块图

（a）平面图；（b）功能模块图

　　　　　　　　　　　　　　　　　　　　村镇住宅适应性设计

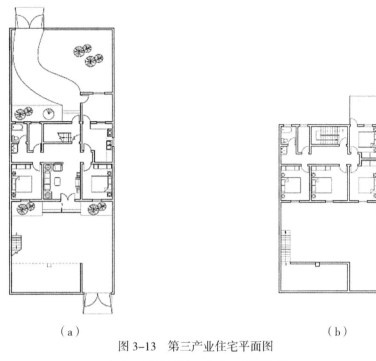

（a）   （b）

图 3-13　第三产业住宅平面图

（a）一层平面图；（b）二层平面图

2. 各功能空间的重要程度

村镇住宅功能配置的重要程度主要与村民家庭结构和从事产业相关。

1）典型家庭结构的住宅空间配置

随着社会的进步和科技的发展，当前的农村产业不断地更新迭代，从单一产业转变为多产业结合的产业形式。同时，家庭成员的构成也随之变化，发生了从以往多代居住的家庭结构模式到现今的两代居、隔代居等多种居住模式结合的转变。村镇住宅中的居住模式与行为特征具有多样性、多元化、复杂化的特征。[①]

乡镇地区典型的家庭结构有一代、两代和三代家庭。一代家庭主要是与子女分开居住的老年人家庭，家庭人口约 1 ～ 2 人，住宅空间在满足老年人基本生活需求的基础上，宜考虑节假日子女回家居住的需求；两代家庭则通常是由一对中青年夫妻和子女所组成的家庭，家庭人口约 3 ～ 4 人，子女通常为学生，住宅空间应考虑两代人的生活空间和相对独立安静的学习空间；三代家庭主要由老年夫妻（或鳏寡老人）、中青年夫妻及其子女组成，家庭人口约 4 ～ 6 人，家庭成员的

---

① 林梓锋.广州地区新农村住宅的空间优化设计研究[D].广州：广州大学，2017.

需求和生活方式差异较大，住宅空间应同时考虑老年人和子女的起居空间，不同家庭结构的功能空间配置（表 3-4）。[①]

表 3-4 不同家庭结构对生活空间的需求表

家庭结构	公共空间	卧室	厨房	餐厅	厕所
一代家庭	1	1 ~ 2	1	1	1
两代家庭	1 ~ 2	2 ~ 3	1	1	1
三代家庭	1 ~ 2	3 ~ 4	1	1	1 ~ 2

2）不同产业的住宅空间配置

（1）第一产业住宅

考虑到村民日常的劳动活动，第一产业住宅除满足基本的居住需求之外，还要满足农产品晾晒、农产品存储、农业器械储存和禽畜养殖等需求，常用的生产空间（表 3-5）。

表 3-5 第一产业住宅主要功能空间表

生活空间		生产空间
基本生活空间	优选生活空间	
厅堂 起居室 卧室 厨房 餐厅 卫生间	家务储藏空间 劳作间 祭祀空间 阳台、露台	仓储空间 杂物间 养殖空间 农用车库 晾晒空间

（2）第二产业住宅

第二产业住宅村民常有的行为活动有刺绣、木雕、画作、首饰等艺术品制作和食品加工等，其所需空间有储藏、加工、展示和经营等空间（表 3-6）。

---

① 李兵，罗曦，鲁永飞. 社会转型背景下的农村住宅设计研究 [J]. 建设科技，2017（19）：80-82.

表 3-6　第二产业住宅主要功能空间表

生活空间		生产经营空间	
基本生活空间	优选生活空间	生产空间	经营空间
厅堂／起居室 卧室 厨房 餐厅 卫生间	家务储藏间 劳作间 祭祀空间 阳台、露台	仓储空间 杂物间 商品加工空间 农用车库 晾晒空间	储藏空间 展示与经营空间

（3）第三产业住宅

第三产业住宅常见的行为活动有接待、餐饮、住宿和零售等，相应的空间有接待厅、餐厅、客房和售卖空间等（表 3-7）。[①]

表 3-7　第三产业住宅主要功能空间表

生活空间		生产经营空间	
基本生活空间	优选生活空间	生产空间	服务空间
厅堂／起居室 卧室 厨房 餐厅 卫生间	家务储藏间 劳作间 祭祀空间 阳台、露台	仓储空间 杂物间 养殖空间 农用车库 晾晒空间	接待厅 客房 卫生间 零售空间 餐饮空间

（4）综合产业住宅

由于村镇商业效益较低和旅游存在季节性等问题，村民往往从事综合产业。例如村民为了节省原材料并对抗生产效益低下的问题，在从事加工业的同时仍然会从事部分农业生产。综合产业住宅应根据村民所从事的产业设置相应的生产空间，并注意产业与产业之间的关系，比如不同的产业生产是否可以在某一空间进行分时利用。

3. 不同类型住宅套型组合模式

村镇住宅的套型组合分为两大类：垂直分户和水平分户。

---

① 李兵，罗曦，鲁永飞. 社会转型背景下的农村住宅设计研究 [J]. 建设科技，2017（19）：80-82.

1）垂直分户

垂直分户的村镇住宅（图3-14）一般有2层或3层，这既便于功能按层分区，也提高了土地利用率，是村镇地区常见的住宅形式。受当地文化和风俗习惯的影响，这种住宅一般会设置庭院空间，用于晾晒谷物、饲养家畜和储存农具等。例如，对两代居和交往空间考虑较为完善的双喜式住宅（图3-15）。[①]

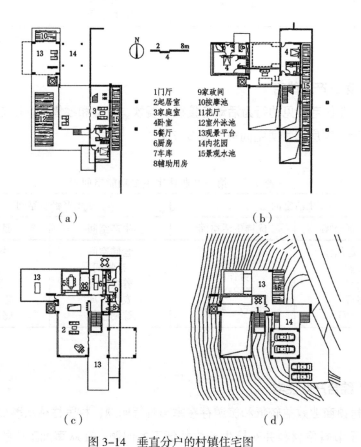

1门厅　　9家政间
2起居室　10按摩池
3家庭室　11花厅
4卧室　　12室外泳池
5餐厅　　13观景平台
6厨房　　14内花园
7车库　　15景观水池
8辅助用房

（a）　　　　　　　　　　（b）

（c）　　　　　　　　　　（d）

图3-14　垂直分户的村镇住宅图

（a）地下一层平面图；（b）首层平面图；（c）二层平面图；（d）三层平面图

两代居的构思：双喜式住宅是垂直分户的典型代表，由于平面的组合形状似传统的双喜字，故取名为双喜式住宅（图3-16、图3-17）。双喜式住宅可应对两代家庭结构的居住模式，通常在一层布置一个南向的老年人卧室，使得老年人既可以得到晚辈的照顾，又各自拥有独立的空间，便于老人的起居和户外活动。[②]

---

①② 常成，史津，宫同伟. 村镇住宅设计问题的思考 [J]. 城市，2011（5）：50-53.

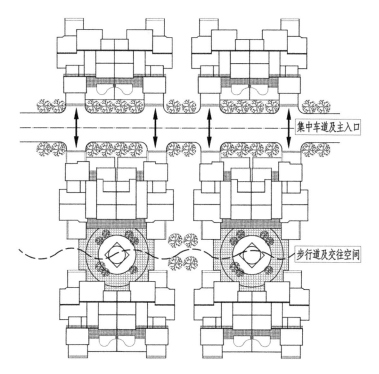

图 3-15 双喜式住宅组合平面图

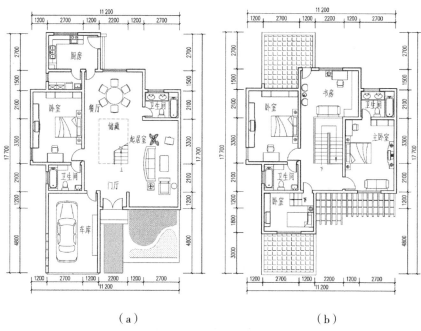

（a）　　　　　　　　　　　　（b）

图 3-16 双喜式住宅 A 型平面图

（a）A 型一层平面图；（b）A 型二层平面图

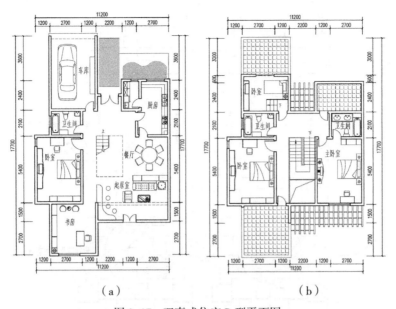

（a）　　　　　　　　　（b）

图 3-17　双喜式住宅 B 型平面图

（a）B 型一层平面图；（b）B 型二层平面图

2）水平分户

　　水平分户住宅有平层和多层两种形式。由于平层住宅占地面积大、土地利用率低，应尽量减少采用。水平分户多层住宅类似城市居住小区的多层住宅，一般由公共楼梯间进入，一梯两户或多户组合，土地利用率高，但接地性差，户型空间基本只包括居住功能（图3-18）。[①]

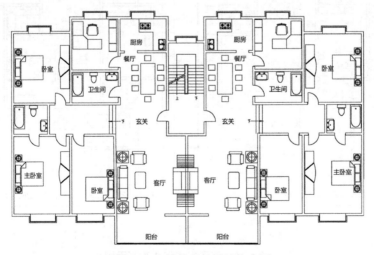

图 3-18　水平分户的村镇住宅图

①　常成，史津，宫同伟. 村镇住宅设计问题的思考 [J]. 城市，2011（5）：50-53.

4. 适应性空间

适应性空间是指通过微调空间尺度、形状等，使同一个空间适用于不同的功能需求。村镇住宅作为有针对性的居住空间，其套型空间既要符合村民的日常生活习惯，也要满足临时变换功能的需求，从而提高住宅内部空间的使用效率。常见的空间处理方式是增强套型空间的连接性和可变性，实现多个相邻套型之间的空间合并和拆分。同时，住宅相邻套型不只存在水平上的联系，还存在垂直空间上的联系，楼板局部预留孔洞和可拆卸的填充结构，能实现垂直空间上的拓展。

乡村住宅的建设相对于城市住宅具有一定的复杂性，主要体现在乡村住宅不仅仅只有居住功能，还兼顾了生产、储藏等功能属性，并在建设过程中还受到经济状况，自然环境等因素的共同制约（图3-19）。因此，村镇住宅的建设过程必须坚持适应性原则，方可满足农村住宅的多样需求。同时面对农村动态发展的现状，设计者应具有一定的前瞻性，充分考虑未来可持续发展的可能性。[①]

有效提高村镇住宅空间的使用效率是适应性设计的重要目标，一方面，需要对空间进行合理的划分，不仅要考虑现有功能需求，还要考虑潜在的需求和可能性；另一方面，需要灵活布置隔墙和家具，提高空间的可变性。此外，采用设置可移动墙体、减少空间的绝对分隔或复合利用垂直空间等手段，提高空间利用效率。

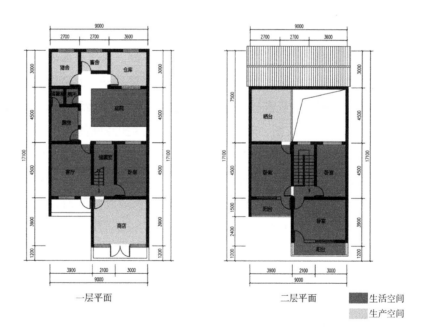

图 3-19　典型村镇住宅户型图

① 冯磊. 陕南地区农村散居自助新建型住宅模块化设计研究 [D]. 重庆：重庆大学，2020.

1）居住空间

村镇住宅的居住空间主要包括客厅、餐厅、起居室等公共性空间和卧室、书房、工作室等私密性空间。在适应性设计方面，可以借助可变家具，对客厅与餐厅，或起居室与餐厅进行分离与结合，来满足会客、聚会、休闲活动等多种功能需求；也可以将卧室与书房，或卧室与工作室相结合，以实现多种功能的混合（图 3-20）。[①]

图 3-20　卧室的多种布置方式图

2）生活辅助空间

生活辅助空间主要有厨房、卫生间和储藏间等，厨房和卫生间功能性强，且位置较难动态变化，建议集中布置，并为未来使用预留一定空间；储藏间布置相对灵活，主要配套生活和生产空间设置，避免占据主要朝向位置。

3）生产服务空间

从事不同产业的村民对生产服务空间的需求不同。对于从事农业生产的村民来说，生产服务空间伴随作物耕作的全过程。首先需要种子和必要农具的储藏空间，其次是耕作过程中需要的农药、肥料、农业机械与设备的储藏空间，最后是粮食、蔬菜、水果等农产品的收割、晾晒和储藏空间。这些空间的面积和方位设置需要根据村民家庭从事农业生产的规模而定，在适应性方面，尽量设计多功能储藏间。

对于从事农产品加工和服务业的村民来说，生产服务空间主要是农产品加工过程所需空间和一般服务性的餐饮、零售等空间。在适应性方面，这部分空间的调整主要依据生产和服务的规模，以及生产和生活的关系而设置。

4）庭院空间

庭院是村镇住宅的常设空间，一般居住空间和生产空间围绕庭院布置。从生活角度看，庭院可以作为邻里交流、家庭聚会、休闲娱乐的空间；从生产角度看，庭院可以作为农具储藏、农产品初加工、蔬菜种植等多功能空间。在适应性方面，庭院空间的设置主要依据村民从事的产业和生产生活方式而动态调整。

---

① 禹珊. 可变居住空间动态适应性设计研究 [D]. 济南：山东建筑大学，2022.

3.2 村镇住宅空间设计

自"十四五"规划以来，"三农"工作重点已经从脱贫攻坚转向乡村振兴，规划纲要提出以农村环境提升等工程作为农村建设的重要抓手。在"十四五"规划纲要的第七篇第二十四章指出："实施乡村建设行动""提升农房建设质量""开展农村人居环境整治提升行动"。[①] 而提升村镇住宅又是改善农村人居环境的重要内容，其中村镇住宅空间设计最为关键。一般来说，村镇住宅空间设计主要包括平面设计、剖面设计和立面设计等内容。

3.2.1 平面设计

建筑平面图既可以表达住宅在水平方向各部分之间的组合关系，又反映出各建筑空间与它们的垂直构件之间的相互关系。平面设计是整个建筑设计中的一个重要组成部分。[②] 村镇住宅的平面设计不能是城市住宅平面的简单模仿，而要依据不同地区、不同类型村民的需求进行针对性的设计，尊重当地的习俗和文化，以求得空间与形式的高度统一。

1. 村镇住宅平面设计内容

通常，村镇住宅平面主要由院落、起居室、客厅、堂屋、卧室、厨房、仓库、卫生间、畜舍、走道、楼梯及园圃等空间组成。[③]

1）户人口结构与户规模

由于辈分、性别、姻亲关系等不同，户人口结构可分为核心户、单身户、夫妻户、主干户、联合户及其他户。[④] 其中按辈分关系可以分为一代户、两代户、三代户、四代户。一代户就是一辈人住在一起，一般指夫妻两个人居住的家庭。二代户就是孩子和父母在一起，三代户就是三世同堂，四代户就是四世同堂。村镇住户的人口结构主要有两代户、三代户和四代户，其中两代户和三代户所占比例较高，而户人口构成和户规模的大小是决定住宅功能空间数量和尺度的主要依据。[⑤] 综合

---

① 新华社. 中华人民共和国国民经济和社会发展第十四个五年规划纲要和 2035 年远景目标纲要 [EB/OL]. 中国政府网，（2021-03-12）[2021-03-13].

② 曹雪梅，等. 建筑制图与识图 [M].2 版. 北京：北京大学出版社，2015.

③ 李逢琛. 基于生产生活方式的新农村住宅户型设计研究——以成都市近郊地区为例 [D]. 成都：西南交通大学，2015.

④ 何燕山. 新市民家庭人口结构对保障性住房需求的影响研究 [D]. 广州：广州大学，2020.

⑤ 付烨. 居住模式与新农村住宅户型设计——以北京市平谷区为例 [D]. 天津：天津大学，2010.

分析村镇的户人口结构和户规模，可以得出村镇住户人口构成与户规模之间的关系（表3-8）。

表3-8　村镇住户人口构成与户规模关系

户结构	户口人数	户人口构成	户规模（至少）
一代户	2人	一对夫妇	一室户
两代户	2人	父辈1人，子辈1人	二室户
	3人	一对夫妇，一个孩子	二室户
	4人	一对夫妇，两个孩子	三室户
三代户	4人	祖辈1人，父辈2人，子辈1人	三室户
	5人	祖辈1（或2）人，父辈2人，子辈2（或1）人	三（或四）室户
	6人	祖辈2人，父辈2人，子辈2人	三（或四）室户
四代户	5人	祖辈1人，父辈1人，子辈2人，孙辈1人	四（或五）室户
	6人	祖辈1人，父辈2（或1）人，子辈2人，孙辈1（或2）人	四（或五）室户
	7人	祖辈1人，父辈2人，子辈2人，孙辈2人	四（或五）室户
	8人	祖辈2人，父辈2人，子辈2人，孙辈2人	五（或六）室户

2）各功能空间设计要点

（1）堂屋、客厅、起居室

堂屋作为传统乡镇住宅的重要活动空间，承载着村民婚嫁丧娶和供神敬祖等功能职责。客厅作为主要的会客空间，承担村民邻里交往和接待宾客的任务，其开间一般为3.3～3.9m，进深一般为3.9～5.4m。起居厅作为内向型功能空间，主要承担家人团聚、休息、交谈和娱乐等活动。通常客厅与堂屋毗邻，由于村镇居民有宴请亲朋好友的习惯，因而最好采用可移动隔断，移动隔断使之可与餐厅、堂屋一起连成一个大空间（图3-21）。

图 3-21　堂屋与客厅布置示例

（2）卧室

卧室是与住户的生活作息密切相关的功能空间，其功能使用具有一定的私密性与独立性，应避免其他功能空间的干扰，同时为保证居住者的居住质量，卧室对日照与通风有一定的要求。随着时代进步，当今村镇住宅的卧室不仅需要满足睡眠的基本要求，还应结合工作、梳妆、储藏、展示等使用功能，成为住户个人的独立小空间。[①]

村镇住宅的卧室可以分为主、次卧室，主卧室供夫妻或长辈居住，开间一般为 3.3～3.6m，进深一般为 4.2～4.8m。次卧室供小孩居住，或者兼作为客房，开间一般为 3.0～3.6m，进深一般为 2.4～3.0m。卧室的数量和面积应根据家庭人口结构及分室要求合理安排，卧室面积在 12～18m² 较为合适，[②] 家庭养老是乡镇地区最主要的养老方式，因此在村镇住宅中通常需设置老人房（图 3-22～图 3-24）。[③]

图 3-22　单人卧室布置

---

① 林梓锋. 广州地区新农村住宅的空间优化设计研究 [D]. 广州：广州大学，2017.

②③ 冯雨. 河南新农村民居建筑概念设计与研究 [D]. 无锡：江南大学，2009.

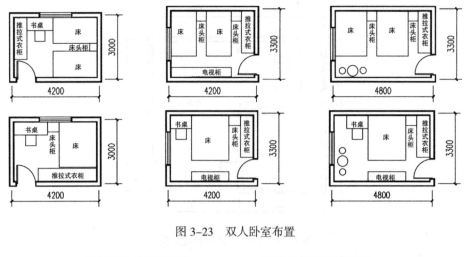

图 3-23　双人卧室布置

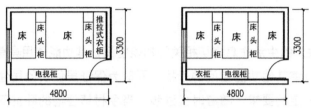

图 3-24　三人卧室布置

（3）厨房

厨房的主要功能是炊事，在乡村有时还承担进餐的功能。厨房设计应充分考虑人员操作、设备管线，以及清洁卫生等方面的要求。对比城市住宅，村镇住宅的厨房设计应该提高厨房的开放性，设置时可结合庭院的灰空间，并将庭院与屋内的功能流线相互连通。传统乡村厨房多设置于屋外，在住宅设计之初也应将增设传统厨房后的功能流线问题一并考虑，且在管线系统上保留一定增设厨房的可能性。村镇住宅的现代厨房虽然不如集合住宅对尺寸敏感，但也应做到模数化、集约布置，避免空间浪费。①

厨房按功能可以分为炊事厨房、餐室厨房、生产厨房。炊事厨房仅安排炊事活动；餐室厨房则有炊事和进餐的功能；生产厨房除安排炊事活动外，另设有煮饲料的炉灶。厨房按布置方式可以分为独立式、穿过式、套间式、户外式等，其面积一般为 10 ~ 15m²，有时兼作为餐厅（图 3-25、图 3-26）。

---

① 王晓朦，刘志鸿，朱立新，等．基于高频尺寸统计与居住现状分析的未来乡村住宅设计方向初探——以厨房和卫生间为例 [J]．建筑学报，2020（S2）：132-137.

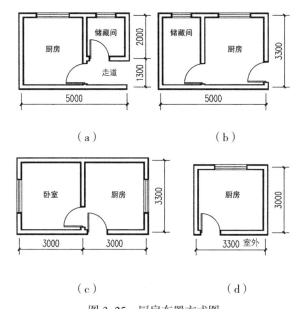

图 3-25　厨房布置方式图
（a）独立式；（b）穿过式；（c）套间式；（d）户外式

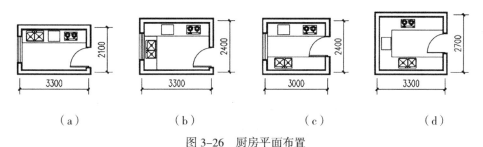

图 3-26　厨房平面布置
（a）、（b）单排平面布置；（c）、（d）双排平面布置

（4）卫生间

村镇住宅的卫生间设计需按照适用、舒适、卫生，以及标准适当、功能齐全、布局合理、方便使用的原则设计（图 3-27）。[①] 相较城市住宅，村镇住宅的卫生间在尺寸和空间上灵活度更强，更加容易实现干湿分离。在设计之初，应对村镇住宅的洁具布置进行精细化设计，尽可能实现干湿分离，提高居住品质。[②] 根据住宅具体情况，卫生间功能如洗浴、便溺、洗衣、洗脸、梳妆等可分可合。[③] 对于垂

---

① 陈胜红 . 农村住宅功能空间设计趋势探讨 [J]. 建材与装饰，2012（15）：45-46.

② 王晓朦，刘志鸿，朱立新，等 . 基于高频尺寸统计与居住现状分析的未来乡村住宅设计方向初探——以厨房和卫生间为例 [J]. 建筑学报，2020（S2）：132-137.

③ 陈曦 . 湘中丘陵地带低能耗村镇住宅设计研究 [D]. 长沙：湖南大学，2013.

直独立式住宅而言，卫生间需在每层配备，且老人卧室应设老人专用卫生间，[①] 也应相应地配置安全保障措施。在经济发达的村镇，应采用水厕，卫生间内设大便器（可为蹲式或坐式）、洗脸台，淋浴或浴缸。在经济欠发达地区，可设置旱厕，应注意厕所卫生，防雨防晒，厕所应不渗不漏，以防止污染水源。

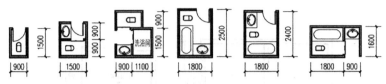

图 3-27　卫生间平面布置

（5）储藏空间

考虑到村民多样的生产生活方式，村镇住宅储藏空间具有数量多、面积大、物品种类多等特点。储藏空间应遵循相对独立、使用方便、分类储藏、隐蔽和安全的原则。

（6）门厅

村镇住宅宜设门厅或门斗，用于过渡户内外空间，也可用于更衣、脱帽、换鞋，以及存放大衣、雨具等。门斗宜单独设置，作为堂屋空间中的相对独立的一部分，其尺寸一般为 2.9m×1.5m，应以容易打扫、清洗及耐磨[②] 为原则来进行地面处理。

（7）楼梯及走道

当村镇住宅为 2 层及以上的楼房时，楼梯的布置方式与住宅平面设计密切相关。首先，楼梯可分为室内楼梯和室外楼梯两种，室内楼梯和走道空间应尽可能紧凑，减少面积，提高使用效率。其次，楼梯的宽度常采用的净宽尺寸如下：直跑梯为 1.2m，双跑梯为 2.4m，坡度通常为 35°～40°，其常见形式有单跑楼梯、双跑楼梯、三跑楼梯、螺旋转梯、圆形楼梯、半圆形楼梯、弧形楼梯等。最后，室内走道净宽尺寸不小于 1.0～1.1m，以方便户内联系各房间和水平交通。

3）平面组合设计

村镇住宅平面组合设计主要是根据村民的需求，确定各个房间的位置、面积、数量和连接关系，做到既方便生活又有利于家庭生产活动的开展。平面组合设计包括功能布局、平面组合原则、空间组合形式、户内组合方式等几个方面。

（1）村镇住宅功能布局

确定合理的功能布局是住宅空间设计的关键所在。功能分区是指住宅内部的各

① 张莹 . 山西地域特色村镇住宅的功能及空间布局研究 [D]. 太原：太原理工大学，2007.

② 钱臻 . 苏南农村居民点规划设计研究 [D]. 南京：南京工业大学，2006.

使用功能空间的整体布局，而空间的分布以使用功能的差异为基础进行划分，解决不同功能之间的使用混乱与相互干扰的问题。在村镇住宅的功能分区中，空间划分更多根据居住家庭的具体情况来制订，同时结合动静分区、干湿分区、私密与开放功能分区等性质决定。①

分区合理并组织好相互之间的流线关系，居住起来才能舒适、顺畅、便捷。可通过简易的组织图来表达功能间的相互关系，如图 3-28 所示，将居住空间与各种类型的附加空间进行合理地排列，可清晰看出功能空间的整体布局关系，从而合理地组织其流线。②

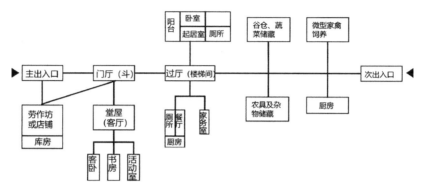

图 3-28 村镇家居功能综合分析图

功能分析图可以表述村镇住宅功能的有关内容、③活动规律及其相互关系。

①强调设置室内外过渡空间，以改善家居环境；

②为提高生活质量和家居的私密性，可以将对内的起居室和对外的客厅分开设置；④

③随着村镇居民生活质量和收入的提高，可以增设书房、多功能活动室等丰富精神生活的功能空间；

④对于第二、第三产业的专业户和商业户，可以增设加工间、店铺及仓库等；

⑤从村镇住宅发展的角度考虑，可以为农业户增设农具间及杂物储藏间、粮食蔬菜储藏及微型家禽饲养间等。

在功能布局时要做到以下几点。

①生产和生活要分区：凡是对生活环境有影响的生产功能，一般应设于住宅室

---

① 林梓锋.广州地区新农村住宅的空间优化设计研究 [D].广州：广州大学，2017.

② 赵献荣.新农村集约化居住模式下住宅套型设计研究——以成渝城乡统筹区为例 [D].重庆：重庆大学，2015.

③④ 梁长青.城市化进程中乡村聚落发展的研究——以渭北高原村落为例 [D].西安：西安建筑科技大学，2002.

第3章 村镇住宅的空间适应性设计 　　　　　　　　　　　　　　　　　　**097**

外，若受经济水平限制或具备特定需求的空间，可以允许无污染的生产功能及不影响人健康的轻度污染的部分生产功能纳入住宅室内；

②公私分区：公私分区是指根据生活活动中各功能的私密性程度的不同，划分的不同空间区域，亦是组织好开放空间、封闭空间与连接空间的关系；村镇住宅中公共与私密空间的划分一般比较明确，起居室、堂屋、露台等属于公共区域，是公共开放空间，主要涉及与户外空间的联系，以及外界的交流活动；卧室、书房、卫生间等空间属于私密的封闭空间，需要给人以宁静与安全的心理感受；而其他，如餐厅、厨房、内院等空间则属于半私密半公共空间，在公私区域分隔中起到过渡和连接的作用；[①]

③动静分区：动静分区是根据家庭中不同成员的居住活动习惯中所产生噪声大小等来划分不同的区域；通常卧室与书房为独立封闭的静空间，客厅、餐厅、内院、露台等区域为动空间；在村镇住宅中，除了对生活中的活动进行空间动静区分外，还需考虑生产空间与生活空间之间的动静空间的区分，同时在生产空间中也需要根据生产所产生的震动与噪声等方面进一步分析，力求将生产对生活的影响度降至最低，营造更舒适、更适合生活的村镇住宅空间；[②]

④洁污分区：洁污分区是指根据生活用途中产生的污染物的洁净程度而区分的空间区域；[③]诸如烹调、洗漱、便溺、燃料、农具、杂物储藏，特别是禽舍等有不同程度的污染的空间，在设计时应远离清洁功能区；

⑤继承民居功能布局的合理传统：诸如功能布局格局以"堂屋"为中心，私密性与公共性分区，正房与杂屋分开，将正房及对外区设置在前，将杂屋和对内区设置在后等。[④]

（2）村镇住宅平面组合原则

结合本地区气候特点和生活风俗习惯，合理设置各房间的位置，同时注意朝向、通风、采光、防寒、隔热、防火等要求。平面形式力求紧凑，有利于统一和减少构件类型，要注意增强住宅的抗震性能。严格掌握国家和本地区规定的住宅建筑标准，注意节约用地，降低工程造价。积极推广钢筋混凝土代替木构件，尽量采用通用构件。

（3）村镇住宅组合形式

村镇住宅按平面的组合形式大概分为独立式住宅、联排式住宅和集合式住宅。

①独立式住宅

独立式住宅的特点是每户住宅不与其他户相连，有独立院落，建筑四面均有开

---

①②③　林梓锋. 广州地区新农村住宅的空间优化设计研究 [D]. 广州：广州大学，2017.

④　　桑永亮. 齐鲁地区村落住宅的功能及形式布局研究 [D]. 武汉：湖北工业大学，2011.

村镇住宅适应性设计

窗的条件，平面组合灵活，朝向、通风、采光好，环境安静干扰少，可根据需要组织院落。独立式住宅的缺点是占地面积较大、外墙多，所以在乡村中使用较多，而在城镇中使用较少。

②联排式住宅

联排式住宅是由3个及以上独立式住宅单元并联，[①]其特点是中间户可两面共用山墙，室外工程管线集中，故可节约土地和减少投资。联排式住宅除两侧尽端住户能有三面可自由开窗外，中间户只能两面自由开窗。

联排式住宅若户数太多会导致建筑长度过大，交通相对迂回，干扰较大，并且也会影响通风效果，[②]同时也不利于消防。根据与院子的组合不同，基本上可分前后院、单向院和内院三种。

③集合式住宅

集合式住宅即多户住宅呈组团式或向心式组合，形成一栋建筑或一个有独立特征的建筑群体。其优点是户型集中布置，节约土地，且可高效利用市政基础设施。[③]

（4）户内组合方式

①过道联系

每个房间都与过道相连，因而房间独立性较强，互相之间的干扰较小，但也存在由于房内交通面积大而导致面积利用率低的问题。

②套间联系

利用房间本身兼作为交通空间，因而对于仅有过道功能的面积可以节省且能便捷联系相关房间，但也存在由于房间兼作为交通空间导致的房间灵活性小、房间之间干扰大的缺点。

③堂屋辐射联系

其房间之间的干扰较小、独立性较强且对于仅作为交通空间的面积进行了节省，对于堂屋中门的开设应注意交通流线和堂屋空间的使用。

④混合式联系

根据不同要求和不同户型，当采用一种组合方式不能满足住户需求时，户内组合可采用一种组合为主，两到三种组合相结合的形式（图3-29）。[④]

①② 刘伟. 湖南中北部村镇住宅低技术生态设计研究 [D]. 长沙：湖南大学，2009.

③ 段翔，等. 住宅建筑设计原理 [M]. 北京：高等教育出版社，2009.

④ 李兵. 农村住宅房地产开发的评价体系研究 [D]. 北京：北京工业大学，2010.

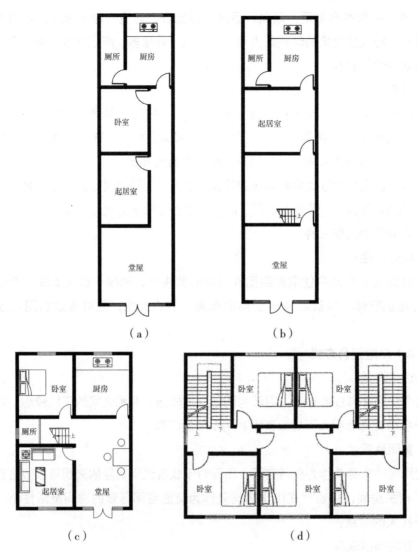

图 3-29　户内组合方式

（a）过道联系；（b）套间联系；（c）堂屋辐射联系；（d）混合式联系

2. 村镇住宅平面设计要点

1）符合当地气候条件

我国分为五大气候区，分别是严寒地区、寒冷地区、夏热冬冷地区、夏热冬暖地区及温和地区。村镇住宅平面设计要遵循当地气候特点和自然条件，比如夏热冬暖地区的村镇住宅须满足夏季隔热防热、遮阳、通风降温的要求。[①]

在长期的历史发展中，我国不同地区形成了符合当地自然气候条件的传统民居。

---

① 涂全. 湘北小城镇大进深联排住宅被动式节能设计研究 [D]. 长沙：湖南大学，2019.

如合院式民居主要分布在华北、华中、西北、东北等地区，其平面呈四面围合状，中间为院落，符合严寒地区的住宅须满足保温、防寒、防冻的要求；窑洞民居主要分布在华北、华中、西北等地区，适应寒冷地区的住宅须满足保温、防寒、防冻；天井院与四合院类似，只是院落缩小变成天井，主要分布在华南、华东、中南、东南等地区，适应夏热冬冷地区的住宅必须满足夏季隔热防热、遮阳、通风降温，兼顾冬季保温防寒的要求；干栏式民居主要分布在西南地区、华南部分地区，适应夏热冬暖地区的住宅须满足夏季隔热防热、遮阳、通风降温要求。

2）符合人体尺度和人体活动需求

房间尺寸需要符合人体尺度和人体基本活动的需求，人的自身是建筑尺度的基本参照，根据人体尺度设计的家具，以及一些建筑构件，是建筑中相对不变的因素，可以作为衡量建筑尺度的参照物。在设计房间尺度和尺寸需要考虑以下几个方面。

（1）身高

不同国家、不同地区的居民平均身高不同，我国按中等人体地区调查平均身高，成年男子身高为 1.67m，成年女子身高为 1.56m（图 3-30）。

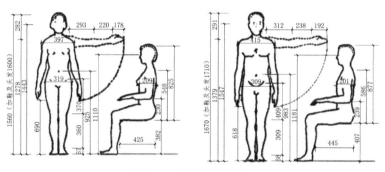

图 3-30　男女人体尺度

（2）人体基本构造尺寸（表3-9）

表 3-9　人体各部分尺度与身高之比

部位	百分比（%）	
	男	女
两臂展开长度与身高之比	102	101
肩峰至头顶高与身高之比	17.6	17.9
上肢长度与身高之比	44.2	44.4
下肢长度与身高之比	52.3	52.0
上臂长度与身高之比	18.9	18.8

部位	百分比（%）	
	男	女
前臂长度与身高之比	14.3	14.1
大腿长度与身高之比	24.6	24.2
小腿长度与身高之比	23.5	23.4
坐高与身高之比	52.8	52.8

（3）人体的动作尺寸

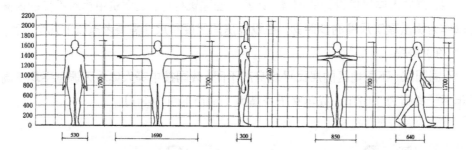

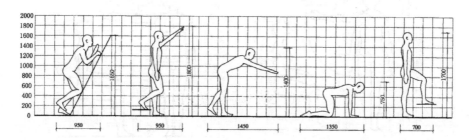

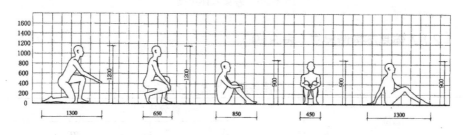

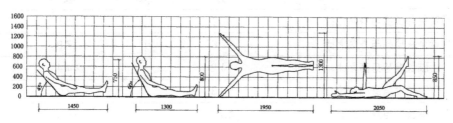

图 3-31　人体基本动作尺寸

　　　　　　　　　　　　　　　　　　　　　村镇住宅适应性设计

人体活动的姿态和动作是无法计数的，但在设计中，基本的动作可以作为设计的依据。以下（图3-31）为人体动作的尺寸是实测的平均数。

人体活动的空间尺度与人体静止空间尺度的差值是指人体活动所占的空间尺度，如坐着开会、拿取东西、办公、弹钢琴、擦地、穿衣、厨房操作和其他动作等（图3-32）。

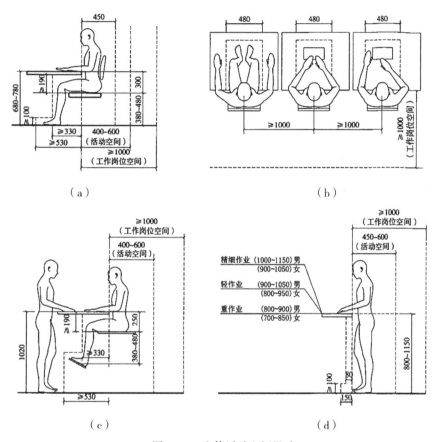

（a）

（b）

（c）

（d）

图3-32　人体活动空间尺寸

（a）坐姿工作位；（b）坐姿工作位（平面）；（c）立姿—坐姿工作位；（d）立姿工作台

（4）符合家具和设备的尺寸

家具设计也同样要依据人体本身的尺寸来设计和制作，随着私人定制的兴起，也有一些室内装修会根据使用者的尺寸量身定制合适的尺寸，以下是家具尺寸仅供参考（表3-10～表3-12）。

表 3-10　客厅家具尺寸

家具名称	数量	长（m）× 宽（m）× 高（m）	占地面积（m²）
单人式沙发	1	0.95 × 0.90 × 0.40	0.855
双人式沙发	1	1.50 × 0.90 × 0.40	1.35
三人式沙发	1	1.75 × 0.90 × 0.40	1.575
四人式沙发	1	2.40 × 0.90 × 0.40	2.16
茶几	1	1.20 × 0.80 × 0.45	0.96
电视柜	1	2.10 × 0.45 × 0.70	0.945

表 3-11　卧室家具尺寸

家具名称	数量	长（m）× 宽（m）× 高（m）	占地面积（m²）
双人床	1	2.10 × 1.80 × 0.55	3.78
单人床	1	2.10 × 1.50 × 0.55	3.15
床头柜	2	0.55 × 0.45 × 0.50	0.2475
摇床	1	1.05 × 0.60 × 0.60	0.63
电视柜	1	2.10 × 0.45 × 0.70	0.945
书桌	1	1.2 × 0.60 × 0.78	0.72
书架	1	1.20 × 0.40 × 1.80	0.48
缝纫机	1	1.00 × 0.43 × 0.75	0.43

表 3-12　厨房家具尺寸

家具名称	数量	长（m）× 宽（m）× 高（m）	占地面积（m²）
六人式餐桌	1	1.40 × 0.90 × 0.78	1.26
餐椅	6	0.50 × 0.50 × 0.40	1.50
洗涤槽	1	（0.56~0.60）×（0.50~0.55）	—
煤气灶	1	（0.60~0.70）×（0.40~0.50）	—

3.2.2　剖面设计

剖面设计的目的是确定住宅的竖向空间和各种竖向构件的组织关系，以及建筑结构和构造等。剖面设计一般包括屋顶、墙身、楼面、地面、楼梯，以及基础设计等内容。村镇住宅要获得较好的空间效果，需在平面设计的同时就考虑到内部空间的竖向布置，使得空间联系便捷、尺度合理。

　　　　　　　　　　　　　　　　　　　　　　　　村镇住宅适应性设计

1. 村镇住宅剖面设计内容

1）室内外高差设计

对于处于平地或坡度较缓的村镇住宅，为了保持室内的干燥和防止室外雨水侵入，除住宅场地选址应在地势高、地面干燥的位置外，还通常把室内地坪填高数十厘米，室内外有 1～3 级踏步的高差。如果室内采用架空木地板，除了结构的高度之外，还需留有一定的通风防潮空间，室内外高差则不应低于 0.45m。

2）住宅层数设计

住宅层数与当地的施工技术、经济发展状况、乡镇整体规划等条件密切相关。在村镇住宅的设计和建造中，适当地增加建筑层数可以节约建筑用地。但随着层数增加，对建筑材料、结构类型、防火疏散、住宅垂直交通设施、抗震等方面提出了更高要求，从而带来了一系列新问题。[1] 但根据我国新农村建设和经济的发展状况，村镇住宅应以 2、3 层的低层住宅为主，对于有条件的村镇可提倡建设多层住宅。[2]

3）住宅层高设计

层高对室内空间有较大的影响，具体如何确定适当的层高，用什么标准来衡量，这里关系到人体尺度、室内空气的卫生标准、门窗尺寸等综合因素，当然也包括着经济与美学方面的因素，总之，住宅层高设计需要考虑舒适感和亲切感。

从经济角度来看，层高过高，会使楼梯踏步增多，从而导致楼梯占地面积大，影响平面的安排，也使房屋用料增加，造价相应提高。层高也不宜过低，过低给人造成压抑感。从卫生角度来看，层高应满足人们在冬季闭门睡眠时所需的空气容积，容积过小会增加空气中二氧化碳的浓度，不利于健康。故住宅层高不宜低于 2.7m，在采用坡屋顶的顶层部分，如不吊平顶，则层高可适当降低至 2.6m。

《住宅设计规范》GB 50096—2011 中对住宅的层高和净高做出了规定：

①住宅层高宜为 2.8m，2.8m 的层高关系到节能、节地、节水、节材；

②卧室、起居室（厅）的室内净高不应低于 2.4m，局部净高不应低于 2.1m，且其面积不应大于室内使用面积的 $\frac{1}{3}$；

③利用坡屋顶内空间作为起居室（厅）、卧室时，至少有 $\frac{1}{2}$ 的使用面积的室内净高不应低于 2.1m；

④厨房、卫生间的室内净高不应低于 2.2m，过低不利于设备管线的布置；

⑤厨房、卫生间内排水横管下表面与楼面、地面净距不得低于 1.9m，且不得

---

① 魏舒乐. 秦岭河谷型乡镇老年人居环境舒适性研究 [D]. 西安：长安大学，2015.

② 刘翔. 欠发达地区新农村住宅设计研究——以重庆市潼南县为例 [D]. 成都：西南交通大学，2008. 注：2015 年，潼南撤县改区，由潼南县变更为潼南区.

影响门、窗扇开启。①

村镇住宅的层高普遍较高，一般取 2.8 ~ 3.9m 不等，但从节地节材等角度出发，村镇住宅的层高不宜太高，底层建议取 3.3 ~ 3.6m，上面楼层建议取 3m，并且需要根据当地村镇住宅政策和规定的要求来确定。

2. 村镇住宅剖面设计要点

1）符合当地自然条件

村镇地形的变化对住宅的布置影响很大，应在保证日照、通风要求的同时，努力做到因地制宜，随坡就势，处理好住宅选址与等高线的关系，减少土石方量，降低住宅造价，通常可采用以下三种方式。

（1）住宅与等高线平行布置

当地形坡度较小或南北向斜坡时，常采用住宅与等高线平行布置的方式，其特点是节省土石方量与基础工程量，道路和各种管线布置简便，② 这种布置方式应用较多。

（2）住宅与等高线垂直布置

当地形是东西向斜坡或坡度较大时，常采用住宅与等高线垂直布置的方式，其特点是排水方便、土石方量小，但也存在台阶较多、不利于道路和管线布置的缺点。③ 采用这种方式时，通常是将住宅分段错层拼接，住宅入口设在不同的标高上。

（3）住宅与等高线斜交布置

住宅与等高线斜交布置的方式常常是结合地形、朝向、通风等因素综合确定，它兼有上述两种方式的优缺点。另外，在地形变化较多时，应结合具体的地形、地貌，设计住宅的剖面和平面，既要统筹考虑地形、朝向，又要预计到经济和施工等方面的因素。

2）符合人体尺度和活动需求

在剖面设计中某些高度要符合人体尺度和人体活动需求。比如，楼梯平台上部及下部过道处的净高不应小于 2m，梯段净高不应小于 2.2m。坡屋顶的阁楼空间作为卧室使用时，在高度上应保证阁楼的一半面积的净高在 2.1m 以上，最低处的净高不应小于 1.5m。④

3）符合卫生健康要求

住宅开门开窗应有利于室内空气流通，以防受污染的空气滞留在室内不利于

① 中华人民共和国住房和城乡建设部，国家质量监督检验检疫总局，联合发布. 住宅设计规范：GB 50096—2011[S]. 北京：中国建筑工业出版社，2011.

②③ 尤杨. 秦岭河谷型乡镇安置住宅空间模式研究 [D]. 西安：长安大学，2019.

④ 中华人民共和国住房和城乡建设部，发布. 民用建筑设计统一标准：GB 50352—2019 [S]. 北京：中国建筑工业出版社，2019.

人身体健康，同时开窗的位置也应考虑视觉遮挡需求，避免造成邻户间的视线干扰。

4）符合经济要求

住宅建设应以因地制宜、就地取材为基础，合理地布置剖面，充分利用室内、室外空间，节约建筑材料，节约用地，[①] 节约能源消耗，降低住宅造价。

3.2.3 立面设计

立面设计涉及墙面的虚实关系，门窗的形式与布置，阳台的位置与形式，材料、线条、色彩的选用及细部装饰等。

1. 村镇住宅立面设计内容

1）立面比例设计

建筑比例是建筑整体与局部、局部与局部之间的比较关系，是人的心理体验与建筑形式所形成的比较关系。尺度研究即研究建筑整体或局部构件与人或人熟悉的物体相互间的比例关系，以及这种关系给人的感受。在建筑设计中，常以人或与人体活动有关的一些不变元素如门、台阶、栏杆等作为比较标准，通过与它们的对比而获得一定的尺度感。

几何美学在村镇住宅的外立面设计中应用比较广泛，常应用在住宅的立面构成上。立面构成也是现代美术体系下的构成内容之一，注重立面比例的协调、统一与变化。建筑立面中不同布置形成住宅立面的不同秩序与立面美学，让立面层次性更加丰富，突出住宅的细节装饰。[②]

2）住宅屋顶设计

因能与自然景观密切配合且排水及隔热效果较好，坡屋顶是我国传统的民居最常采用的屋顶形式（图3-33）。在我国民居中，坡屋顶组合丰富多变，如单坡、双坡、四坡；悬山、硬山、歇山；披檐、重檐；顺接、插接、围合及穿插等，一切随机应变，几乎没有任何一种平面、任何一种高低错落的体型组合可以难倒坡屋顶。所以，村镇住宅的屋顶也就尽可能以坡屋顶为主。为了使村镇住宅拥有晾晒衣被、谷物或消夏纳凉，以及放置种植盆栽等活动的屋顶露天平台，也可将部分屋顶做

---

① 梅祥院，包小斌，张雍，等．浙江省新农村生态住宅建设的思考[J].今日科技，2009（6）：41-42.
② 郭盼盼，张会平．建筑设计中的几何美学与现代派美术的共性表达[J].建筑结构，2020，50（21）：153-154.

成可上人的平屋顶，但女儿墙的设计应与坡屋面相呼应或以绿化、美化的方式处理，以减少平屋顶的突兀感。[①]

（a）

（b）

图 3-33　中国传统住宅屋顶

（a）坡屋顶；（b）歇山屋顶

3）外墙材料设计

住宅立面风格因受自然环境、气候条件、内部功能、居民偏好和文化习俗等因素的影响而具有多样性的特点。[②]住宅立面设计时要综合考虑建筑材料的色彩与村民的喜好。若想给人一种亲近、美好的感觉则可采用暖色调；若想给人一种冷漠，不近人情的感觉[③]则可采用冷色调。

在传统营建体系下，建筑围护结构热工性能与立面的关联性通常体现在墙厚、墙身材料、遮阳、窗墙比，以及院落等方面。墙体通常由砖、土、石、木等材料组成。首先，通过材料的厚度来应对外部气候环境，从而营造相对舒适的小气候。其次，通过调节墙面洞口的大小来调节室内阳光和组织通风，并结合檐口构造进行遮阳。此外，庭院除了满足生活之需，通常还承担着加强室内采光和通风的作用。在营建过程中，墙厚、墙身材料、遮阳、洞口既是热工性能的需求，同时又是立面语言的重要组成要素。由于各地气候条件的差异，这些要素的应用不尽相同，从而

①　刘翔. 欠发达地区新农村住宅设计研究——以重庆市潼南县为例 [D]. 成都：西南交通大学，2008.

②③　黄常友. 关于建筑工程施工现场管理的几点思考 [J]. 百科论坛电子杂志，2020（6）：1197-1198.

各地展现出基于气候的丰富性和地域差异性。^① 常用的村镇住宅外立面装饰材料有砖材、瓷砖、涂料、木材等（表3-13）。

表3-13　建筑外墙材料

材料名称	材料特性	材料照片
砖材	适应性强、抗压能力强，隔声、吸湿、防火性能良好	
瓷砖	造价高、工期长、维修麻烦，易造成安全隐患	
涂料	适应性广、种类繁多，其后期维护与翻新成本较低、施工便捷、高性价比	
木材	可作为装饰，也可以承重；保温、防寒、易于替换	

---

① 徐一品，傅筱，赵惠惠，等.回应气候的立面演绎——以沿海经济发达地区居住建筑围护结构研究为例[J].建筑学报，2019（11）：9-17.

（1）砖材

黏土砖主要原料为黏土，经搅拌成可塑性，再经过机械挤压使之成型。这种已经成型的土块被称为砖坯，将其风干后再送入窑内，然后经过 900 ~ 1000℃的高温煅烧即成砖。黏土砖可以承受较大的外力，抗压强度高，既可以作为结构材料又可以作为装饰材料，常通过砖缝、砖的砌筑方式等来表现特有的美感。此外，通常在门头、屋脊、山墙等处，通过砌筑形成优美的细部和建筑构件，增加建筑的细部和装饰性。[①]

（2）瓷砖

在 20 世纪较流行瓷砖贴面的做法，但现在其在住宅立面设计中应用较少，因其具有以下缺点：造价上花费较大；安装工期长；使用过程中，由于一段时间的风吹日晒导致其极易自然脱落，[②] 危害人民生命安全；翻新时，其花费不亚于重新安装。[③]

（3）涂料

涂料除了具有色彩斑斓，选择面较广等优点，还不受建筑外形和层高的影响，因而能被广泛使用。和瓷砖相比，采用涂料颜料对建筑外立面进行装饰，具有成本较低且较易翻新等优点。但不合格涂料中含甲醛等有害物质，对于使用不合格涂料进行装饰的建筑，如果人们长时间处于其中，则会让人眼睛红肿、头晕目眩等，严重的话还会对人体的呼吸系统造成损害。因此，应选用符合国家规范的涂料装饰。[④⑤]

（4）木材

木材除了可以作为建筑承重结构外，还具有立面装饰的效果，木材不似石材给人的感觉冰冷，相反可以给人温暖的感觉，传统的木雕手艺也可以为建筑锦上添花。

4）其他立面装饰设计

立面装饰是住宅立面设计中的一个重要环节，处理得当对住宅能起到画龙点睛的作用。各地传统民居在立面装饰方面积累了丰富的经验，如山花、墀头、脊饰、床罩、门套、漏窗、栏杆、花格等，新建住宅仍广泛使用这些装饰方式。立面装饰应结合住宅功能，力求大方得体，避免生搬硬套和出现烦琐、臃肿的现象。

---

① 董娟. 村镇住宅建设中基于地方材料的适宜技术 [J]. 新建筑，2010（3）：75-78.

②⑤ 李超. 建筑工程现场施工中的安全与施工技术探究 [J]. 百科论坛电子杂志，2020（6）：1199.

③④ 李然然. 论建筑外立面设计对建筑材料的运用 [J]. 百科论坛电子杂志，2020（6）：1198-1199.

山墙的细部处理是表达地域特色的重要手段。如潮汕地区的山墙就可以分为与"五行"相关的金式山墙、木式山墙、水式山墙、火式山墙和土式山墙。金式山墙头圆而足阔；木式山墙头圆而身直；水式山墙形平而生浪，平行则如生蛇过水；火式山墙头尖而足阔；土式山墙头平而体秀。

2. 村镇住宅立面设计要点

1）汲取当地传统民居建造经验

立面设计同样受到我国悠久历史与丰富地域特征影响，繁多的经典立面造型流传至今。如北京四合院，各房以硬山顶为特点，配以吊挂楣子、坐凳栏杆、槅扇门、支摘窗外檐装饰，显得十分气派；武陵山区的吊脚楼，建筑依据地形地势架空，屋顶采用悬山顶，建筑整体采用木材，坐落在云雾缭绕的山区，显得十分空灵活泼。村镇住宅立面设计也应汲取当地传统民居设计的经验，取其精华去其糟粕，既保留特色和传统，又弥补一些性能上的不足。

2）体现村镇住宅的特点

建筑拥有自己的性格，在设计中要在符合共性的前提下做个性化处理。作为村镇住宅，应属于住宅一类，应符合住宅这个统一的"身份"，然后再根据本地特色做出个性的设计。村镇住宅一般具有较小的空间体量、较复杂的功能要求和较少的层数且地域性强，基础设施配套较为困难，需要考虑自给自足的可能性。[①]

3）符合环境和美观要求

凡是设计都离不开美学设计，村镇住宅的立面设计在满足质量的前提下，要避免呆板的设计，可以利用阳台凹凸及其阴影和墙面产生对比，来打破呆板的印象，利用颜色、材质质感和线脚来丰富立面，同时所使用的材料应注意考虑环保。

4）具备住宅的识别性和私密性

不同地域的村镇住宅应充分反映当地的建筑特色，使之具有时代风貌和乡土气息，拥有村镇住宅的特点和可识别性。同时，住宅的选址和设计应注意私密性的保护，在选址上应远离热闹嘈杂、人流较为混乱的地区，同时在功能设计中，也要注意动静分离。

---

① 宋雨斐. 基于绿色理念的山东地区村镇住宅设计策略研究 [D]. 济南：山东建筑大学，2016.

3.3 村镇住宅套内主要功能空间及设计要点

3.3.1 客厅与起居室（厅堂）

1. 功能

客厅或起居室主要是供居住者会客、娱乐、聚会等活动的空间，在传统的农村住宅中，堂屋空间也有类似的功能。客厅或起居室在住宅中占据十分重要的地位，它既是对外会客、聚会和交流的空间，也是对内的家庭活动空间，具有公共性、共享性和开放性。一般来说，客厅或起居室应具有良好的采光、通风性能，宜有较好的视野。

2. 平面布置
1）功能布局

首先，客厅或起居室的功能是随着居民生活方式和生活水平的发展而动态变化的。在传统的农村住宅中，客厅或厅堂空间集会客、聚会、就餐、生产等活动于一体，随着村民生产行为的变化，以及生活水平的提高，生产、就餐等功能逐步脱离客厅。其次，在空间布置上，客厅或起居室既要考虑其空间的独立性，避免其他活动的干扰，也要考虑其空间的共享性和连接性。同时，在空间尺度和家具布置上，也要满足居民的人体尺度要求（图3-34）。最后，对于条件较好的村镇住宅，可以将客厅和起居室分成2个独立空间考虑，客厅主要对外，满足客人来访、邻里交往、婚寿庆典、请客招待等功能需求；起居室主要用于家庭聚会、休闲娱乐、读书学习等活动，以此保障了家庭活动的私密性和完整性。[1]

2）适应性设计

客厅或起居室是村镇住宅的核心空间，一般直接与外部空间相连，开间、进深、高度通常都较其他房间大，在实际使用中，较易进行适应性改造设计，如将客厅改变为家庭旅馆门厅、临街店铺、办公、接待等多种功能空间。

3.3.2 卧室

1. 功能

卧室是一种以寝卧生活为主要内容的特定功能空间，[2] 是为居住者提供睡觉、

---

① 付烨. 居住模式与新农村住宅户型设计——以北京市平谷区为例 [D]. 天津：天津大学，2010.
② 张培模. 住宅的卧室 [J]. 住宅科技，1993（5）：10-13.

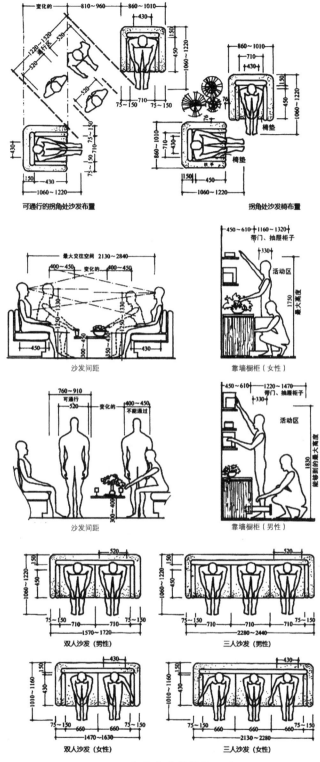

图3-34　起居室内的常用尺寸图

休息、更衣、梳妆等功能的地方。在生存型居住标准中，卧室几乎成为住宅的代表；在城市住宅中，卧室还是分类和户型的重要依据。[①] 村镇住宅卧室一般可以分为主卧室、老人卧室和儿童卧室。另外，卧室空间对环境的要求较高，通常需要布置在较安静的区域，避免其他功能的干扰，还要满足自然采光、通风和空气品质的要求。卧室的朝向选择与通风组织对保证户内的卫生及使用影响很大，卧室应尽可能朝南，并在南墙上设置面积足够的窗口，以供采光、日照和通风的需要，北方寒冷地区的住宅，应尽量避免出现向北开窗的卧室；南方炎热地区住宅，应注意创造良好的通风条件，可利用前后墙的门窗来组织穿堂风。

2. 平面布置
1）功能布局
（1）主卧室

村镇住宅的主卧室不仅要满足睡眠、休息，也需满足休闲、工作、梳妆、更衣等综合需求，且能够预留相应空间来满足主人的个性需求，体现其兴趣爱好及个人追求。[②] 同时，随着家庭生命周期的变化，主卧室功能和空间也需做相应的调整，如婴幼儿的照顾需求。因此，主卧室的功能需求是动态变化的，其空间布置需要随之做出调整和适应（表 3-14）。

主卧室的功能需求，主要是通过空间尺度和室内家具布置来实现（图 3-35）。首先，主卧室的净宽一般需大于 3300mm，宜为 3600 ~ 4000mm。其次，在家具布置上，宜布置 1800mm×2200mm 的标准双人床，若在床正前方布置了宽为 450 ~ 600mm 的电视柜，则床与电视柜的距离应为 106.7 ~ 121.9mm；宜设置更衣室或较大的衣柜，用于储藏换季衣服、被褥等物品。最后，根据主人的兴趣爱好，还可以布置，如书桌、书架等家具供其读书学习，布置电脑桌供其工作，布置沙发、座椅等家具供其平时短暂休憩。[③]

① 杨哲 . 城镇化背景下天津地区农村住宅户型设计研究 [D]. 天津：河北工业大学，2017.
②③ 付烨 . 居住模式与新农村住宅户型设计——以北京市平谷区为例 [D]. 天津：天津大学，2010.

村镇住宅适应性设计

表 3-14　　不同位置主卧室内家具摆设及所需尺寸表与主卧室的适应性改变表

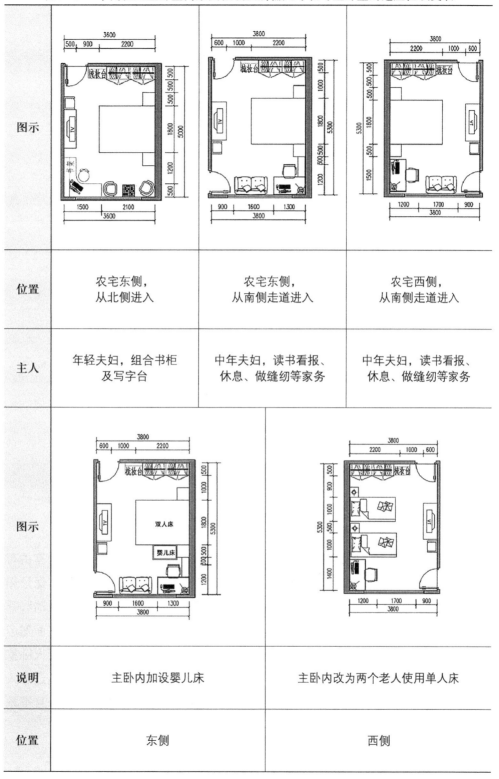

图示			
位置	农宅东侧， 从北侧进入	农宅东侧， 从南侧走道进入	农宅西侧， 从南侧走道进入
主人	年轻夫妇，组合书柜 及写字台	中年夫妇，读书看报、 休息、做缝纫等家务	中年夫妇，读书看报、 休息、做缝纫等家务
图示			
说明	主卧内加设婴儿床		主卧内改为两个老人使用单人床
位置	东侧		西侧

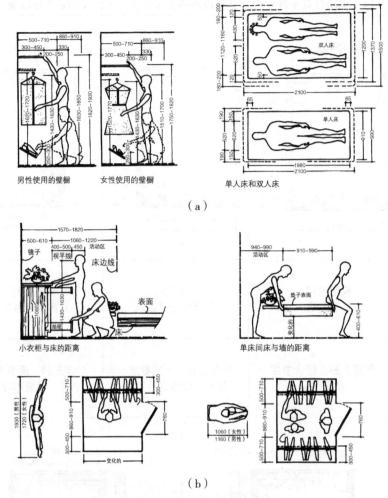

图 3-35　卧室内的常用尺寸图

（2）老人卧室

在老龄化不断加深的背景下，老年人将成为村镇的主要居住者，老人卧室的布置对村镇养老起重要的作用。首先，老人卧室应布置在相对安静的区域，保证阳光充足、通风良好；同时，应与室外庭院联系方便，便于老人在庭院里活动和呼吸新鲜空气，也便于老人与家人、客人交往。其次，单个老人居住的卧室面宽应不小于 2800mm，老人夫妇居住的卧室面宽不宜小于 3600mm。再次，老人卧室内需设老人专用的卫生间，对于缺乏条件的住户，公共卫生间也应尽量靠近老人卧室，不宜有高差。最后，老人卧室的家具布置要考虑老人的行动便利，且需预留足够空间便于轮椅的通行（表 3-15）。[1]

---

① 付烨. 居住模式与新农村住宅户型设计——以北京市平谷区为例 [D]. 天津：天津大学，2010.

表 3-15 两个老人居住的卧室布置表

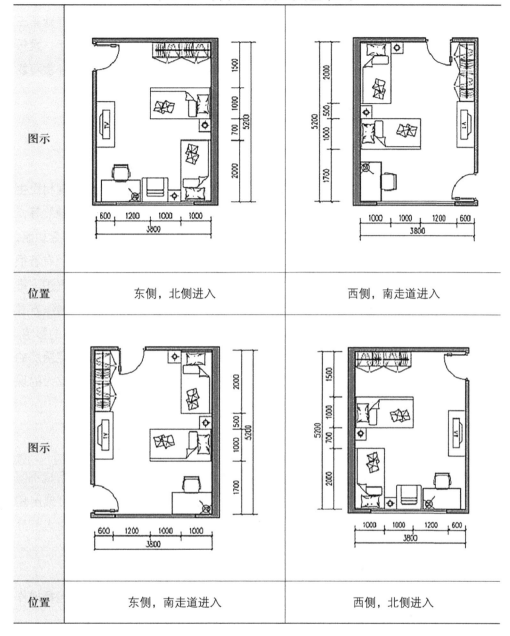

图示		
位置	东侧，北侧进入	西侧，南走道进入
图示		
位置	东侧，南走道进入	西侧，北侧进入

（3）儿童卧室

儿童卧室主要是为子女提供睡觉和学习的空间，通常需要布置床、书桌、衣柜、床头柜、座椅等家具。儿童卧室的面宽一般在 2700 ~ 3300mm。[①]

---

① 付烨. 居住模式与新农村住宅户型设计——以北京市平谷区为例 [D]. 天津：天津大学，2010.

2）适应性设计

卧室的适应性设计通常体现在两个方面，一方面是空间功能的调整，伴随第三产业在农村的发展，第三产业住宅中卧室可能被调整成客房、茶室、餐厅、娱乐室等空间；[①] 另一方面是空间尺寸的调整，伴随村民生活需求的变化，大卧室可能划分成工作间与小卧室的组合，或小房间组合成大卧室等。

3.3.3　厨房

村镇住宅的厨房不仅仅是一个炊事的场所，也是最具有乡村特色和体现村民生活习惯的功能空间。传统农村住宅的厨房又称为"灶屋""灶间"和"外地"等，厨房不仅只是炊事、烹饪的场所，它还可能包括会客、盥洗、供暖、就餐等多重功能，是家庭生活的重心。[②] 现今由于烹饪设备技术的提升，厨房的设备和空间都有着很大改变，传统的柴火灶台、排烟囱等设施已经逐渐减少，逐渐更新为煤气炉、排气扇等先进器具，但不变的是一直以来的中式烹饪习惯与方式，中餐的制作方式基本还是利用蒸、炒、煎、炖、煮等，依然使厨房受大量油烟、蒸汽与噪声的影响。因此，厨房空间依然需要根据农村的生活习惯做详细优化设计。[③] 村镇住宅厨房的布置和完善直接影响着村民的生活质量，对于提高村民生活水平也有着重大的现实意义。

1. 功能

要确定厨房空间的尺寸和布局，需要依据居住者不同的需求将厨房分解成不同的功能空间，进而确定每一个功能空间的合理布局和适当尺寸，最后组合成厨房的整体布局。根据厨房功能的要求，可将厨房分为基本空间和附加空间两大部分（图 3-36）。[④⑤]

1）基本空间的组成

厨房的基本空间即完成厨房烹调前的准备、烹调及餐后处理等空间，包括操作空间、通行空间、设备空间和储藏空间。

①　胡亮. 竹溪县桃花岛现代夯土民居工程设计项目实践 [D]. 西安：西安建筑科技大学，2019.

②④　杨姗. 我国农村住宅厨房整合设计研究 [D]. 哈尔滨：哈尔滨工业大学，2010.

③　林梓锋. 广州地区新农村住宅的空间优化设计研究 [D]. 广州：广州大学，2017.

⑤　邓过皇. 现代住宅厨房空间环境与整体设计 [D]. 杨凌：西北农林科技大学，2006.

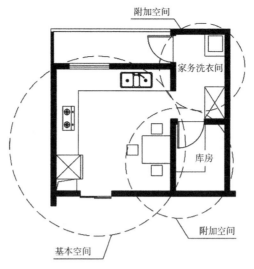

图 3-36 厨房内部空间分析图

操作空间含烹调、准备和清洗三部分空间：①烹调空间即村民进行烹调活动所需要的空间，主要集中在灶台前；②清洗空间即村民完成蔬菜、餐具等洗涤及家务清洁等活动所需的空间，主要为洗涤池、水缸等空间；③准备空间即村民进行烹调准备、餐前准备、餐后整理等活动的空间，主要集中在过道、操作台、备餐台前空间。

通行空间是指不影响厨房操作活动的情况下，在厨房中走动而设置的空间。设备空间包括灶具、冰箱、洗涤池、水缸、排烟管线、烟机设备、煤气管道等设备所需的空间。

厨房储藏空间分为燃料储藏、器具储藏和食品储藏空间三部分。①食品储藏空间主要是指粮食储存、主食、副食、剩饭菜、半熟食品、干鲜食品、速食品、调料、饮品等储藏空间；②器具储藏空间主要是指用品（如洗菜盆、暖水瓶、小菜坛、油桶等）、餐具（盘、碗、筷子、勺）、炊具（锅、烹饪用具）、去污品、电器（如微波炉、烤箱、面包机、榨汁机等）；③燃料储藏空间主要包括炊事、供暖所需要的燃料存放空间。[①]

① 杨姗. 我国农村住宅厨房整合设计研究 [D]. 哈尔滨：哈尔滨工业大学，2010.

2）附加空间的组成

考虑到农村生产生活的差异性和特殊性，村镇住宅厨房除满足基本的炊事需求外，还可能需要有就餐空间、调节空间和发展空间等附加空间来满足村民的特殊需求。[①]在条件受限的家庭中，就餐空间往往植入厨房，便于就餐和餐后清理。调节空间主要是为应对特殊节假日的宴请、走亲访友等活动，预留一部分空间来满足特殊需求和活动。随着村民生活水平的提高，新型厨房设备和家电进入厨房，厨房需要预留一定的改造空间，为厨房环境的改善提供条件。

2. 类型

我国村镇住宅厨房可从地域、布局、功能、生活方式、燃料利用和风俗习惯6个方面进行分类。从地域上分，厨房可以分成供暖与非供暖厨房两大类。按布局方式的不同，厨房还可以分为"L"形、"U"形、单排型和双排型厨房（图3-37）。在功能方面，厨房可以分为炊事型厨房和炊事供暖型厨房。按燃料利用来分，村镇住宅厨房可划分为燃柴（煤）型厨房与多种燃料混用型厨房。[②]

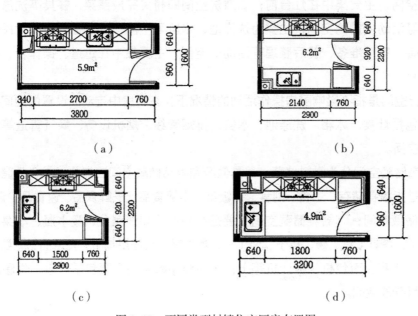

图 3-37 不同类型村镇住宅厨房布置图

（a）单排型布置；（b）双排型布置；（c）窄"U"形布置；（d）"L"形布置

---

①② 杨姗. 我国农村住宅厨房整合设计研究 [D]. 哈尔滨：哈尔滨工业大学，2010.

3. 尺寸

村镇住宅厨房由于使用设备、操作流程、物品储藏等情况不同于城市住宅，其各部分所需空间尺寸应根据实际使用情况而定。一般来说，单独布置灶台时，厨房最小进深约为 2500 mm，当有炕连灶时，最小进深约为 2800mm（图 3-38）。[①]

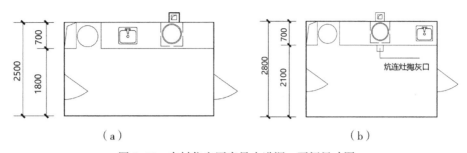

图 3-38　农村住宅厨房最小进深、开间尺寸图

（a）最小进深布置图；（b）炕连灶最小进深布置图

厨房最小开间应根据地锅灶的形式而定，当单锅灶厨房（图 3-39a）布置为"L"形时，最小开间约为 2500mm，当连锅灶厨房（图 3-39b）也布置为"L"形，最小开间约为 2900mm。[②]

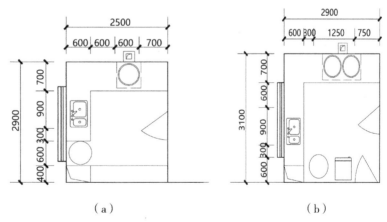

图 3-39　农村住宅厨房单锅灶与双锅灶最小开间布置图

（a）单锅灶最小开间布置图；（b）双锅灶最小开间布置图

4. 平面布置

根据所用燃料的不同，村镇住宅厨房可以划分为燃柴（煤）型厨房和混用型厨

①② 杨姗. 我国农村住宅厨房整合设计研究 [D]. 哈尔滨：哈尔滨工业大学，2010.

房两类，且位于非供暖和供暖地区的厨房空间布置也有差异。^①

1）非供暖地区

非供暖地区燃柴（煤）型厨房根据厨房设备和布局形式的不同，其空间布置有三种组合模式（图3-40）。

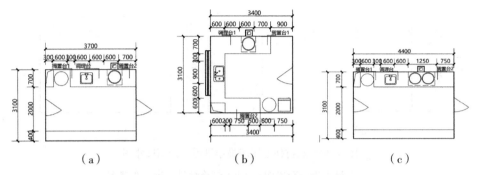

（a）　　　　　　　（b）　　　　　　　（c）

图3-40　非供暖地区燃柴（煤）型厨房图
（a）燃柴（煤）组合模式一；（b）燃柴（煤）组合模式二；（c）燃柴（煤）组合模式三

非供暖地区混用型厨房根据厨房设备和布局形式的不同，其空间布置也有三种组合模式（图3-41）。

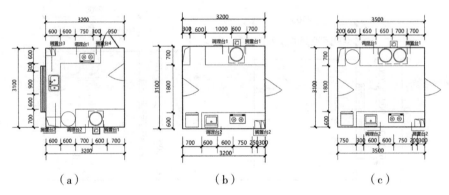

（a）　　　　　　　（b）　　　　　　　（c）

图3-41　非供暖地区混用型厨房布置图
（a）混用型厨房组合模式一；（b）混用型厨房组合模式二；（c）混用型厨房组合模式三

2）供暖地区

供暖地区燃柴（煤）型厨房根据厨房设备和布局形式的不同，其空间布置有三种组合模式（图3-42）。

---

^①　杨姗. 我国农村住宅厨房整合设计研究 [D]. 哈尔滨：哈尔滨工业大学，2010.

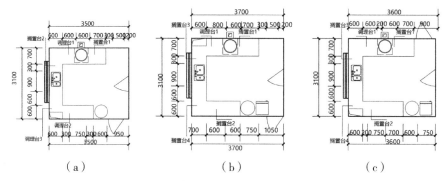

图 3-42　供暖地区燃柴（煤）型厨房图

（a）燃柴（煤）组合模式四；（b）燃柴（煤）组合模式五；（c）燃柴（煤）组合模式六

供暖地区混用型厨房根据厨房设备和布局形式的不同，其空间布置有如下三种组合模式（图 3-43）。[①]

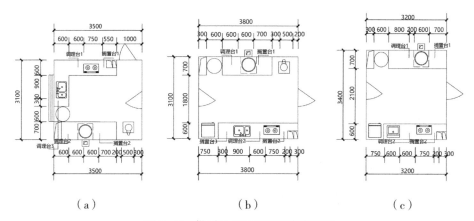

图 3-43　供暖地区混用型厨房布置图

（a）混用型厨房组合模式四；（b）混用型厨房组合模式五；（c）混用型厨房组合模式六

3.3.4　卫生间

卫生间主要是满足居住者洗漱、便溺、打扮、洗衣等需求的空间，随着村镇居民生活水平的提高，卫生间的布置也受到越来越多的重视。每栋住宅至少应有一间配置比较齐全的卫生间，对于有条件的家庭，除设置家庭公用卫生间外，主要卧室还可以设置独立卫生间。一般来说，卫生间应布置在住宅的北侧或者中部，尽量不要占据采光较好的南侧，且不应布置在餐厅和客厅的上方。

---

① 杨姗. 我国农村住宅厨房整合设计研究 [D]. 哈尔滨：哈尔滨工业大学，2010.

1. 功能

卫生间是家庭生活卫生和个人生理卫生必备的专用空间，须具有处理排便、洗浴、盥洗、洗衣和室内清洁的基本功能。在功能布置中，既要分析家庭生活的不同要求，又要探索满足这种要求的合理组合。

2. 类型

村镇住宅卫生间主要有单厕型、浴厕型、盥浴厕型、机盥浴厕型和多件分离型五种类型（图3-44）。单厕型是只设有一个便器的卫生间，现在很少采用。浴厕型为浴盆（或淋浴头）和便器相组合的卫生间，该种形式也存在单厕型的缺点，已不适应目前用户的要求。盥浴厕型为盥洗盆、浴缸（或淋浴头）和便器组相组合的卫生间，目前应用较广，但若家庭成员需同时使用时，会引起不便。机盥浴厕型为洗衣机、盥洗盆、浴缸（或淋浴头）和便器安装在一起的卫生间，洗衣机挤在卫生间里，不但洗衣机容易锈蚀，而且占用了使用空间，影响了其他设备的使用。多件分离型为洗衣机、盥洗盆、浴缸（或淋浴头）、便器根据设备的功能有分有合地布置在两个房间中，做到干湿分区，克服了前四种类型的缺点，可以推广采用。

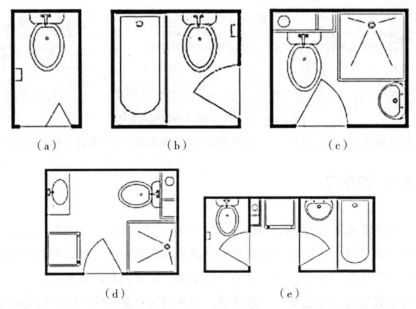

图3-44　五种卫生间类型图

（a）单厕型；（b）浴厕型；（c）盥浴厕型；（d）机盥浴厕型；（e）多件分离型

3. 尺寸

卫生间的尺寸（图 3-45）由人体所需要的活动空间和所需设备的尺寸决定。一般来说，盥浴厕型卫生间面积不小于 2.5m²。随着村民生活水平的提高，卫生间除满足基本功能之外，还需预留一定的空间满足居民的个性或差异性需求。

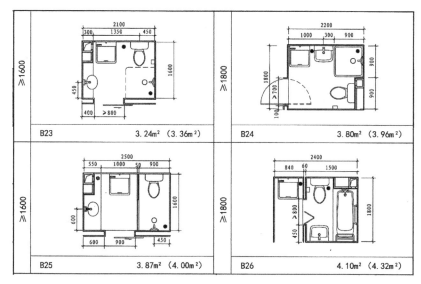

图 3-45　住宅卫生间典型平面布置图

4. 平面布置

表 3-16 总结了国家建筑标准设计图集《住宅卫生间》14J914-2[①] 中的常用卫生间空间尺寸。按常见的卫生设备配置，给出不同卫生间尺寸的配置建议，力求保证使用功能和空间使用效率。

表 3-16　住宅卫生间推荐平面布置表

开间方向净尺寸（mm）	进深方向净尺寸（mm）				
	1300	1700	1900	2000	2400
1500	—	—	2.85m² 便器、洗面器、淋浴器	3.00m² 便器、洗面器、淋浴器、洗衣机位	3.60m² 便器、洗面器、淋浴器、洗衣机位

① 中国建筑标准设计研究院. 住宅卫生间：14J914—2[M]. 北京：中国计划出版社，2014.

开间方向净尺寸（mm）	进深方向净尺寸（mm）				
	1300	1700	1900	2000	2400
1700	2.21m² 便器、洗面器	2.89m² 便器、洗面器、淋浴器、洗衣机位	—	—	—
1800	2.34m² 便器、洗面器	3.06m² 便器、洗面器、淋浴器、洗衣机位	—	—	—

3.3.5　储藏空间

1. 功能

储藏空间主要是用于储藏暂时不用的生产和生活物品的空间，根据物品的种类和设置位置，对应有不同的空间形式。

2. 尺寸

储藏的物品种类繁多、储藏所需空间面积大、数量多是村镇住宅的特点。储藏空间需满足各种物品的数量要求，如粮食、生活用品、炊具、餐具等应有相对应的储藏空间，对应的尺寸需根据实际情况而定。[1]

3. 平面布置

首先，储藏空间的位置应隐蔽，避免空间凌乱和对其他房间的影响。其次，储藏空间应相对独立布置，与其他空间加以区分，宜就近分离设置。最后，应该充分利用室内空间，如壁柜一般设置在卧室、餐厅和厨房内，用于存放不经常使用的各种生活物品，还可以结合室内的家具布置，在适当部位设置箱柜，用于存放书籍、炊具等物品。[2]

[1][2]　付烨. 居住模式与新农村住宅户型设计——以北京市平谷区为例 [D]. 天津：天津大学，2010.

3.4 村镇住宅空间适应性设计方法

3.4.1 单一空间适应性设计

1. 堂屋的适应性设计

堂屋是村镇住宅的核心空间，一般直接与外部空间相连，开间、进深、高度通常都较其他房间大，在实际使用中，较易进行适应性改造设计。图3-46显示了将堂屋改变为家庭旅馆门厅、临街店铺、办公室等多种可能性。图3-46中，（a）是常见的生活型堂屋，包括入口缓冲区，家庭起居、用餐区，祖宗拜祭区；（b）是改造为店铺的形式，包括入口缓冲区、收银区、生产资料销售区；（c）是改造为家庭旅馆的门厅区，包括入口缓冲区、前台区、休息区、行李区、生产资料销售；（d）是改造为小型家庭作坊的形式，包括入口缓冲区、临时办公区、生产加工区、产品包装区和储藏区。[①]

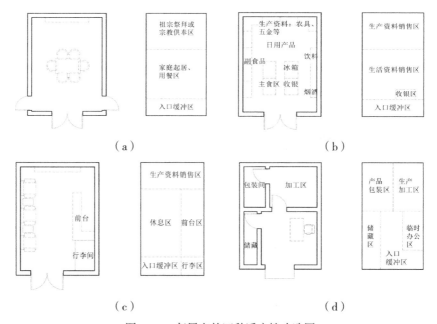

（a）　　　　　　　　　　（b）

（c）　　　　　　　　　　（d）

图3-46　起居室的四种适应性改造图

（a）常见的生活型起居室；（b）改造成店铺；

（c）改造为家庭旅馆的门厅；（d）改造成小家庭作坊

---

① 王乃可. 基于传统经验下的寒冷地区适应性农宅设计研究 [D]. 大连：大连理工大学，2019.

2. 卧室的适应性设计

卧室的适应性设计常常体现在功能的变化，即卧室的功能有多种利用和转化方式。例如，北向卧室可以转化为储藏室和工作间。临近主卧的小卧室可以变为书房，作为卧室功能的拓展。另外，随着乡村旅游的兴起，在一些风景区周边、城市郊区及资源独特区的村民开始利用其闲置的卧室来接待客人，向游客提供食宿、娱乐等简单的服务，于是村民就会将自家的卧室改为客房（图3-47）。

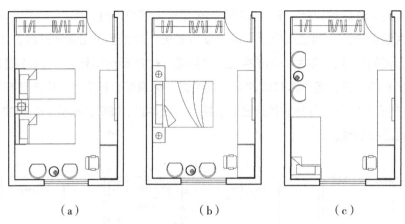

（a）　　　　　　　（b）　　　　　　　（c）

图 3-47　将卧室改变为家庭旅馆的客房的三种可能性图

（a）标准间；（b）大床房；（c）单人间

3. 厨房和卫生间的适应性设计

事实上，除了起居室和卧室之外，厨房和卫生间也常常面临各种变化。如：当炊事燃料从柴薪变为管道煤气时，厨房就会释放出大量的闲置空间；当洗澡方式从盆浴改为淋浴时，洗衣方式从手洗改为洗衣机和烘干机时，卫生间的布置就会发生变化。

同一厨房空间有若干种处理方法（图3-48），分为开敞式、半开敞式、封闭式、带保姆房式四种形式，且可以同时满足中式炊事和西式炊事的需要。同一卫生间也有若干种处理方法（图3-49），可以设计成大空间型、干湿分离型、双卫型（主卧卫生间+公共卫生间），且能满足布置不同卫生洁具（如：按摩浴缸、一般浴缸、淋浴房、桑拿房、洗衣机、洗脸盆小便斗）的需要，甚至还可以满足无障碍设计的要求。

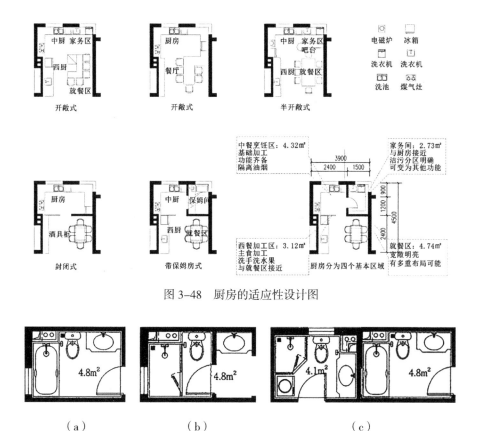

图 3-48 厨房的适应性设计图

图 3-49 卫生间的适应性设计图

（a）大空间型；（b）干湿分离型；（c）双卫型

3.4.2 多空间适应性设计

通过空间的合并和分隔形成新的空间，进而满足功能的变化需求。为便于空间之间灵活组合，各空间之间的联系就不能仅局限于一个方向，而是与周围的多个空间都有联系。[①] 在分隔墙中预留的门洞就可以实现这样的多向联系，两个房间之间用门联系，当门关闭时，两个房间相互分离，有各自独立使用的功能；当门打开后，两个房间空间上可以相互渗透，可以安排相同或相近的功能。房间的合并和分隔所形成的空间变化，为功能的多样性和用户的需求提供了空间条件。同一户型内，几个房间通过门的开闭发生功能上的变化。图 3-50 是两代夫妻卧室，（a）图是一个卧室带一个书房；（b）图是一对夫妻和一个孩子，共用一个起居室；（c）图是两代夫妻和一个孩子各有独立的卧室。这样的组合变

---

① 吴瑶．基于可变性探索中小户型住宅的发展趋势 [J]．城市建筑，2014，11（27）：177+196.

化使得三个房间在一家人的家庭结构和年龄层次发生变化后，仍能有机地组合和使用。

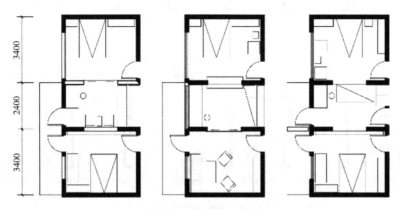

图 3-50　三个房间之间的关系和功能变化图

空间的合并与分隔不仅可以在套内进行，套型之间有时也可根据需要进行合并与重组（图 3-51）。合并前 B 户型为青年公寓间，C 户型为合住老人间，通过打通两户之间的墙体，两个一室户组合为一个二室户。这种形式可实现"两代居"模式，对于年轻夫妻和要求起卧分开的老年夫妇来讲很实用。[①]

（a）　　　　　　　　（b）

图 3-51　套型的合并图

（a）合并前；（b）合并后

3.5　村镇住宅空间适应性设计策略

3.5.1　空间适应性设计原则

住宅空间的适应性是指一定的空间和结构可以满足居民多样化、动态化和个性化需求，其空间具有适居性、灵活性、可变性、开放性和可参与性。[②]

① 侯博. 浅谈中小户型住宅的空间可变性设计 [J]. 后勤工程学院学报. 2009，25（2）：14-17.
② 齐彦波，徐飞鹏. 住宅空间适应性设计研究及实践 [J]. 山西建筑，2007，33（28）：27-28.

1. 功能空间合理分配

村镇住宅相对于城市住宅具有以下特点：①村镇住宅功能常含有生产功能，且室内外活动联系密切；②住宅的选材特别，需要因地制宜、就地取材和因材施用；③村镇住宅的空间布局与居住主体的身份、职业等属性联系更加紧密；④村镇住宅受当地文化习俗和传统观念的影响较大，有明显的地方特色；⑤配套的市政设施相对欠缺；⑥住宅功能及空间关系相对复杂；加上能源使用的不同，村镇住宅明显区别于城市住宅。

传统的农村住宅，居住水平较低，一种空间可能出现不同性质的功能，造成使用上的干扰。随着乡村经济的发展和村民生活质量的提高，如今的村镇住宅空间更加多元和复合。目前，村镇住宅的功能空间主要由居住、生产、交通和辅助性空间组成，具体来说，主要有堂屋、卧室、起居室、餐室、厨房、贮藏室、厕所、走道、楼梯，以及庭院等空间（图 3-52a）。这些空间有公共活动区，如堂屋、起居室、生活平台等，居住休息区如卧室；生活辅助区，如贮藏室、厨房、厕所等。庭院具有生活和生产双重功能，不同的家庭和村民对庭院的使用也不尽相同（图 3-52b）。[①]

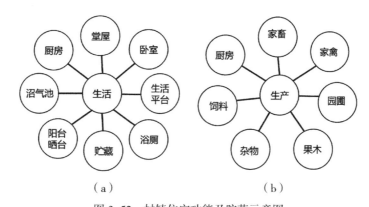

（a）　　　　　　　　　（b）

图 3-52　村镇住宅功能及院落示意图

（a）平面功能图；（b）院落的主要物质要素构成

1）村镇住宅的功能处理

功能空间的划分要合理、协调和统一，各功能区之间的过渡要缓和，不能太突兀。村镇住宅一般有就寝区、就餐区、会客区和休闲娱乐区和学习区等。就寝区一般指卧室，应尽量布置在采光、通风、室内环境良好且相对安静的区域；就餐区宜靠近厨房，可与客厅综合设置；会客区宜临近入口，且宽敞明亮；休闲娱乐区宜

---

① 张莹. 山西地域特色村镇住宅的功能及空间布局研究 [D]. 太原：太原理工大学，2007.

创造温馨、有亲和力的环境；学习区相对安静，可以单独布置书房，当条件有限时，也可结合卧室或阳台空间布置。各功能空间一般可用屏风、填充墙、玻璃等轻质材料隔断进行分隔，也可使用家具等不明显的区分物进行分隔。总体来看，在功能空间的合理分配上，需注意整个住宅内部的和谐统一，并通过保持一致的基调，体现出村镇住宅总体的协调性。

住宅功能的完善程度主要反映在各功能的合理组织。①将起居空间、餐厅、厨房都集中一区，再将卧室、工作学习室、卫生间也集中在另一区，就形成了动区与静区，公共区与私密区的合理划分；②是扩大公共活动空间，将起居活动空间从卧室之中分离出来，做到寝居分离，并尽量减少起居空间内开门的数量，同时尽量避免人流穿越；③是提高居住功能合理性或者设置入户过渡空间，保证了住宅内部的私密性。[①]

2）村镇住宅的功能空间处理

生产功能分区和生活功能分区妥善安排，互不影响，合理结合。能够影响生活舒适度的生产区要做到与生活区隔离。内部空间和外部空间要做到互不干扰，联系合理，内外空间之间应有过渡空间连接。私密空间与公共空间要划分合理，开放性的空间（如外部的社会交流空间）不能跟内部空间（如卧室等空间）相连接，做到动静分离。

随着农村经济的发展和生产生活方式的转变，传统的农村住宅空间逐渐不适应农村居民的现代化生活，平面功能发生变化，室内功能布局和交通流线更加复杂，堂屋逐渐由客厅所代替，厕所转向室内布局，村镇住宅屋内面积逐渐增大等。

（1）堂屋到客厅的演变：传统村镇住宅建筑面积比较宽大，入屋口之后堂屋空间比较大，功能性也比较多，将社会交流、家庭娱乐、吃饭等活动集为一体。随着经济和社会的不断发展，农村居民的观念和生活习惯有所改变，传统的堂屋被划分成了客厅、餐厅等功能空间。客厅作为比较开放性的空间，主要功能是社交及娱乐活动等，在村镇住宅的设计过程中，可把客厅设置在屋门进入的地方。而卧室是比较私密的空间，供家庭成员休息，所以可设置在客厅周围或更具私密性的二层。村镇住宅中的开放性空间和私密性空间就被划分开来，这样既能满足客厅对于社交和娱乐等活动，也能满足卧室供家人休息的空间。

（2）餐厅：作为比较开放性的空间，可与客厅相连，为了保证交通流线的合理性，餐厅与厨房紧密相连。设置厨房、卫生间空间布局需要有前瞻性，随着农村居民的生活质量要求越来越高，厨房使用的能源和卫生间需要的水冲管道需要

① 赵冠谦. 人与居住环境——国家住宅试点小区规划设计的实践 [J]. 建筑学报，1994（11）：40-43.

提前考虑。餐厅设置在房屋北部，或在北部设置后院，方便通风采光。

（3）厨房：随着经济的发展，农村居民越来越富裕，农村居民对于厨房的要求也随之增高，不再仅限于解决农村居民温饱的问题，而是要提高生活的质量，比如，需要注意厨房卫生、通风等方面的问题，厨房燃料的堆放问题，村镇住宅的厨房一般设置在住宅的北面，且紧靠餐厅设置，这样既能保证厨房通风，又适合就餐的功能流线。

（4）卫生间：随着农村居民生活质量的提高，传统的旱冲卫生间不能满足居民新的需求，村镇住宅卫生间应布置在户型内，且要做到通风良好，考虑可持续发展还可靠近沼气池设置卫生间，如果村镇住宅是两层，那么上下层的卫生间应该对位以解决管道问题。

（5）停车库：随着农村居民生活水平的提高，家用交通工具也将成为农村居民的必备，很多农村农机车辆，苦于没有停车库，只能临时停放在院落内。在村镇住宅中设置停车库是非常有必要的，停车库宜设置在住宅北部，并设置通往室内的入口。

（6）门和交通空间：在住宅设计中，门厅是连接室内和室外的过渡空间，起到了联系室内室外的作用，村镇住宅的设计中入口是必不可少的一部分，它的形式直接关系到农村居民的直观感受。庭院入口尺寸视各户车辆停放情况而定，一般农机车辆及私家车辆停放在自家院落的入口尺寸相比无车辆的庭院入口要大一些，宽度在 3.0m 左右，住宅入口尺寸普遍在宽 1.5m 左右，高 2.5m 以下，一般连接客厅和门厅。交通空间是住宅设计中的骨架，交通空间的设计不但关系到主要功能空间的使用效率，还关系着各功能空间之间流动的合理性。

（7）老人房和儿童房：老年人和儿童在建筑设计中具有特殊性，在村镇住宅设计中不但要关注他们的物理环境，例如，老年人和儿童都需要温暖明亮的房间，这就需要考虑老人房和儿童房的位置，儿童需要父母的照顾，所以跟主卧室的位置不宜太远；还应该关注他们的身心健康，为达到互不干扰又方便照顾的效果，老人房应该设在住宅的一层南侧的位置，满足阳光充足的需求，远离主要交通流线，为老人提供安静舒适的休息环境。

3）其他方面的设计

村镇住宅设计中的很多设计要点会受到住宅场地的影响。例如，内陆平原地区的村镇住宅是由正屋、院落、偏房等组合而成的，这些空间的组合首先会受到场地选择的影响。

内陆平原地区住宅场地的选择要点有：第一，良好的周边环境和卫生条件，是村居场地选择的重要基础，要考虑风向问题，不应选取污染源附近或污染源下风向的位置，避免被污染源污染，造成不卫生的环境；第二，根据气候特点选择场地位置，如北方地区冬季寒冷，有较强的北部寒风影响，加上日照的影响因素，地区户型朝向应主要向南；第三，考虑农耕区和居住区之间的交通问题，村镇住宅场地的选择尽量安排在靠近耕地或被耕地区所包围；第四，尽量不选择耕地作为场地的坐落地址；第五，村镇住宅一般有良好的自然环境，在村镇住宅的场地选择时，不应破坏周边的自然环境，做到农村和自然环境的可持续发展。[①]

2. 流线设计合理

由于村民居住需求的复杂性与村镇产业的多样性，使村镇住宅的室内流线多样化。功能空间合理布局是组织流线的基础，合理的功能分区能使流线更加合理、适用，使住户使用更为舒适、方便。住宅流线的组织形式主要有平面上的水平流线组织与竖向的垂直流线组织。对于村镇住宅，流线不仅针对于家庭居住生活模式，还需考虑生产经营需要，划分好室内外流线、内部与外部的流线组织。制作、经营等流线与居住生活流线，工作人员与住户的流线，外来人员与使用者的流线，这些流线互不交叉、互不影响，才能使住宅更为舒适、便利。

1）水平流线组织

如果住宅中仅具有家庭居住生活空间，那么此住宅通常会使用发散式的流线模式，以客厅、餐厅等空间作为中心向周边发散。但这种模式影响了空间的使用感受，通常会出现卧室门朝向客厅，既影响客厅的空间布局，也影响卧室空间的私密性。

此类住宅的水平流线应分为客人动线、家人动线等形式，通过使用人群的不同或者使用者的活动行为进行划分。客人动线主要指接待来宾公共使用的空间，如客厅空间、餐厅空间、娱乐空间和公共卫生间等区域。在这些空间使用流线上与家人使用动线进行区分，如厨房空间、卧室空间、书房空间等。两者应建立各自的活动流线，减少不必要的交叉影响与交通空间。

在满足家庭居住生活的基础上，在平面中增加生产经营空间的住宅，在水平流线上的组织则以内部使用流线与外部使用流线区分。从入户处就对不同使用人群进行分流，针对家庭生活居住空间与生产经营空间设置两个出入口，不同的使用人群通过不同的入口进入住宅空间，减少了内部的交叉使用情况，同时通过内部的庭院、楼梯空间作为生产经营使用与居住生活使用空间分隔与联系的交接点，确保各自流线的顺畅使用也保证了相互间的联系（图3-53）。

① 齐彦波，徐飞鹏. 住宅空间适应性设计研究及实践[J]. 山西建筑，2007，33（28）：27-28.

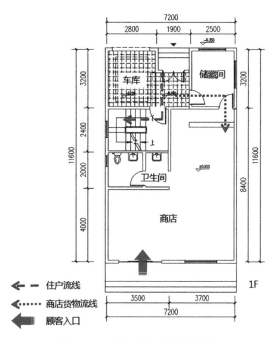

图 3-53　住宅空间流线分析图

2）垂直流线组织

垂直流线组织主要是通过竖向组织各功能空间的活动路线。仅满足家庭生活居住的住宅，其垂直流线根据"一宅一户"与"一宅多户"的不同居住模式进行相应组织，两者相同之处是将家庭生活公共空间设置于底层，而二层以上则根据不同的居住模式组织流线。一宅一户居住模式中，二层主要作为半公共、半私密的过渡空间，三层设置卧室、书房等封闭私密空间；一宅多户居住模式中主要需协调好多户居住的使用流线，二层以上则以每一户家庭为单位各占一层，每户家庭再进行水平流线组织。

对于生产经营性住宅，其平面除满足家庭生活居住需求之外，还要考虑生产经营空间的垂直流线组织。此类住宅也存在两种模式，一种是首层空间全部用于附加功能空间，二层以上则以生活居住的公共与私密空间依次布局；另一种是首层空间混合了居住公共空间与附加功能空间，二层以上为居住等私密的功能空间，这也要求了垂直流线与水平流线应同时考虑布置。

楼梯作为垂直流线组织的重要枢纽，楼梯的类型与位置二者对流线的组织具有决定作用，同时楼梯结构是整个住宅的核心结构，一旦建成难以再改造，因而应根据各种不同功能使用要求对楼梯的布局进行优化设置。对于平面除满足家庭生活居住需求之外，具有生产经营空间的住宅，在楼梯布局上主要从两方面考虑，一方面是首层只布置附加功能空间的格局时，楼梯应尽量在住宅的一侧布置，以减少流线干扰并提供更多的实用面积；另一方面是首层兼具居住与附加功能空间，楼梯设置在中间作为彼此分隔的区域较为合适。在一宅多户的居住型住宅中，楼梯可布置在住宅外侧减少占用户内面积，对每户的干扰性较低；一宅一户的居住模式中则适用的楼梯布局较多，应根据使用空间的需要精心布置（图3-54）。

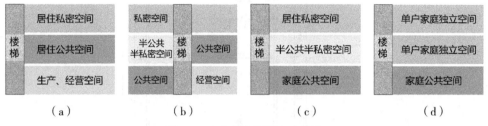

图 3-54　垂直流线组织示意图

（a）农业生产型、商业型住宅；（b）商业型住宅；（c）一宅一户格局；（d）一宅多户格局

3）不同功能流线组织

合理的流线组织是住宅空间布局的关键，动静分区、公私分明、避免交叉是流线设计的基本原则。村镇住宅的流线主要有家务、家人和访客三种流线。下厨流线是最主要的家务流线，一般依据储存、清洗、准备和烹饪等程序进行，流线围绕储藏柜、冰箱、水槽、炉具等设备开展，根据厨房形式的不同，常见线型或"L"形流线。家人流线主要是家庭成员的生活流线，一般存在于卧室、起居室、书房、卫生间等私密性较强的空间，如家庭成员的交流、就餐、就寝、洗浴、更衣、学习、工作等活动流线。访客流线主要指从入口进入客厅的行动路线，访客流线不应与家人流线和家务流线交叉，其活动空间主要在接待和客人休息区域。

3. 空间灵活布局

空间的形状、体积和相互联系直接影响到空间的功能，调整这三个因素可以让空间具有包容性和变化性。通过改变空间的形状、体积和相互联系以形成空间的中立、简单实用的效果实现过程性和多向性，达到空间适应性设计。

"空间中立"指空间不是固定功能的使用场所，而是能包容多种功能的客观存在，它使空间拥有多面性，能适应功能的改变而无需空间和结构本身的变化。"简单实用"强调减少空间形状、体积的杂乱，采用模数化、标准化的设计方式，对空间进行组织，尽量使多个单一空间通过空间体系的不同组合，产生出丰富的变化，增大功能置换的可能性，从而增加空间实用性。"过程性"是指适应性的设计是贯穿建筑全过程的，不只是关注前期空间的营造，还有对后期空间变化的考虑，其设计是一个动态完善的过程。前期设计中需要同时为后期设计作考虑。"多向性"强调空间之间的联系。绝对孤立的空间并不存在，空间都是相互联系的。改变空间的形、体能改变空间之间的联系，反之亦然，而多向性对功能的包容性则是建立在空间联系的变量基础上。

通过适应性设计，将各个功能空间标准化，模糊了各个房间的特定功能。实际上，住宅各个功能空间中存在一些共同尺寸，适应性设计正是通过重新拆分和组合变化出多样化的使用空间，调整这些功能房间在套型中的比例就可达到空间灵活使用的目的。[①]如起居室能调整为卧室或餐厅使用，卧室也能转变成起居室使用等。在加强主要功能空间相互联系的同时，可改变空间内部功能，实现不同的居住需求。

4. 分隔灵活可变

在保证村镇住宅主体结构安全的前提下，尽量减少墙体对空间的限制，为适应性设计提供了较大的自由度。在结构适应性设计中，将住宅结构分为"不变"和"可变"两部分。"不变"的结构为主要承重体系，"可变"结构为方便拆卸的轻质分隔墙体。合适的结构形式是实现村镇住宅空间灵活性的前提条件，如框架、框剪等强度较高的结构形式和轻质隔墙的应用，有利于进行空间的分隔和重组。[②]在低技术手段下，构建一个全面、多功能、包容性空间，即将不同的功能融入一个动态的空间中，而结构本身不需要做出相应的变化。

空间可变的具体设计方法有：

1）运用灵活可变的轻质隔墙

在可变性较强的结构体系中，可以根据空间功能而改变轻质隔墙的位置或尺寸，进而实现空间灵活可变。灵活隔断是指在空间格局可变的情况下，利用空间隔断及家具等偶尔或频繁的适应性改变，来满足同一住宅在不同时间针对不同功能的需求。以两室一厅一厨一卫的住宅为例，围绕用户需求可设计出如图 3-55 所示形态各异、千差万别的住户空间格局。[③]

---

① 罗意. 低生活成本下公租房选址与设计研究——以重庆主城区为例 [D]. 重庆：重庆大学，2013.

② 孙卓. 以百变空间适应百变生活——住宅空间可变性研究 [J]. 建筑工程技术与设计，2017（1）：917.

③ 张群，刘文金. 空间高效利用的住宅设计模式探析 [J]. 工业建筑，2022，52（3）：98-104.

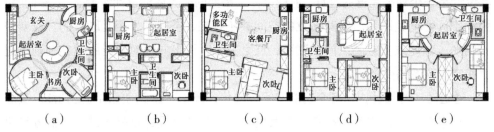

图 3-55 两居室户型隔断形态个性化设计

2）优化厨卫空间布局

居住者在厨房和卫生间里活动时间长、内容多，也反映了居民的生活水平和文明居住程度，需要重点布置。它们也往往是户型内最拥挤的空间，各种设备较多，且这些设备也需要不断地进行更换和改进，同时，厨房和卫生间相对而言不易改造。因此，厨卫空间应尽量集中布置，且要预留一定的空间以应对未来变化。[①]就厨房而言，可以通过与其他空间建立联系来共享，如厨房和餐厅可以用推拉门的隔断来进行分隔或共用。

总之，村镇住宅可以通过分离承重体系和非承重体系，有层次地考虑各个体系，在保证整体结构稳定的前提下，增大非承重体系的所占比例，来实现空间的灵活分隔；套型上通过增强各户的相互联系，以灵活的方式分隔空间，为未来不确定的空间功能预置可变余地；在内部空间中，合理设置和延伸过渡空间，提高相邻空间的舒适度和灵活度，并为后期变化埋下"伏笔"。

3.5.2 空间可变性设计策略

住宅空间的可变性是指居住空间具有灵活可变的特点，可根据居住者的需要变换使用功能，并具有动态发展的潜力以适应将来需求的变化。空间可变性不仅体现在某个特定空间具有灵活可变的可能，还体现在整个空间组织具有功能重组的能力，以适应居住者居住需求和生活方式的改变。[②]

① 万怡芳，祝静. 住宅空间的灵活性、可变性设计方法探讨 [J]. 民营科技，2011（4）：276.
② 侯博. 浅谈中小户型住宅的空间可变性设计 [J]. 后勤工程学院学报. 2009，25（2）：14-17.

居住空间的可变性主要表现为两方面：一方面是功能的变化，另一方面是空间的变化。首先，功能可变主要体现在可变居住空间通过内部构件或家具的变化使原有功能发生改变，打破了空间中固化功能属性的限定，从而在同一空间完成功能替换或者多种功能同时共存。在空间方面，则主要体现为空间边界的变化，通过橱柜、隔墙、楼板等内部构件或家具的变动，对空间进行灵活的切割与划分，模糊原有居住空间的边界，使空间更具弹性。"可变居住空间"与"动态适应性"两者相辅相成，可变居住空间主要表现为空间的动态变化，动态适应性设计则可以更好地促成可变空间的实现，使其更有科学性和条理性。[①]

1. 灵活分割

灵活隔墙是指通过非承重墙或家具等来划分空间，可以灵活处理空间隔断与联系，引起空间尺度的变化，进而适应新的功能需求。根据功能需求，两个相邻空间可彼此合并，也可灵活地组织多个功能空间，以此来营造不同的空间体验，满足不同的多样需求。[②]

2. 大空间

大空间同样是可变空间中的一种，而住宅结构为其提供了可能性。传统住宅结构一般被分为承重和非承重两部分，营造大空间的目的则是用尽可能少的承重体支撑最大的空间。针对住宅适应性的具体策略有：①厨房和卫生间尽量集中布置，便于其他空间灵活分隔；②使用大空间结构体系，且利用轻质隔墙对空间进行分隔和重组；③可以把小空间合并形成一个大的空间，以此来提升房屋空间的变化潜力，以满足适应性设计的要求。[③]

3. 预留弹性空间

预留弹性空间对住宅未来的更新和改造意义重大。预留的方法有底层扩建或改建、多层扩建、顶层扩建等几种方式。以 90m^2 户型为例，依据不同的家庭结构和生活方式进行布局，使相同建筑结构下的户型平面各具特性（图 3-56 ~ 图 3-59）。[④]

① 禹珊. 可变居住空间动态适应性设计研究 [D]. 济南：山东建筑大学，2022.
② 白亚娟. 基于 SI 体系的长沙地区廉租住宅室内空间适应性设计研究 [D]. 长沙：湖南大学，2020.
③ 侯博. 浅谈中小户型住宅的空间可变性设计 [J]. 后勤工程学院学报. 2009，25（2）：14-17.
④ 唐姝瑶. 工业化住宅空间可变性研究 [D]. 长沙：湖南大学，2017.

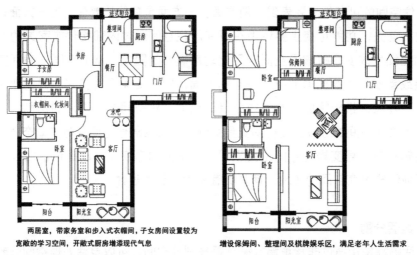

两居室，带家务室和步入式衣帽间，子女房间设置较为宽敞的学习空间，开敞式厨房增添现代气息

图 3-56　核心家庭住宅图

增设保姆间、整理间及棋牌娱乐区，满足老年人生活需求

图 3-57　养老型住宅图

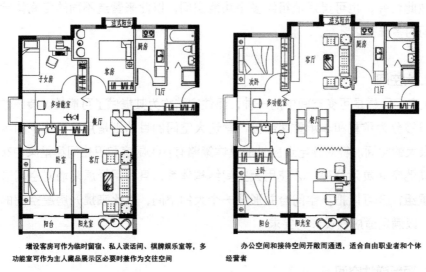

增设客房可作为临时留宿、私人谈话间、棋牌娱乐室等，多功能室可作为主人藏品展示区必要时兼作为交往空间

图 3-58　交际型住宅图

办公空间和接待空间开敞而通透，适合自由职业者和个体经营者

图 3-59　村镇 SOHO 型住宅图

　　总体而言，弹性空间是一种可变的空间，强调现存空间根据需求由现存功能向另一种功能转变，通过改变功能属性或扩大、缩小空间面积来满足新的需求。弹性空间一方面可适应家庭代际需求和家庭结构的变化，另一方面可适应养老需求发展变化，是实行适应性设计的一种重要方式。弹性空间设计包括复合空间设计、均质空间设计、可变空间设计、预留空间设计四种手段。复合空间能最大限度满足多种使用功能的需求；均质空间的各空间大小差别不大，不同空间之间可以相互转化；可变空间是通过高度集约化的设计使空间随使用需求的改变而改变。[①]

---

① 　王舒扬. 我国华北寒冷地区农村可持续住宅建设与设计研究 [D]. 天津：天津大学，2011.

城市住宅户型设计有"2+X"的设计方法，即两间卧室（一间主卧、一间次卧），加上一间相邻的未定义功能的空间，空间面积约占卧室面积的一半。该空间在不同的家庭中可以根据需求布置成不同的功能。[①] 村镇住宅设计可以从其中得到启发，可紧邻老年人的卧室或起居室附近预留小面积空间，随需求布置不同的功能。设计中为避免面积的浪费及造价的提升，预留空间的尺寸应保持在卧室面积的 $\frac{1}{3} \sim \frac{1}{2}$ 左右。

3.5.3 空间多适性设计策略

空间的多适性指一个空间或结构可以适应多种功能，而不是单一功能。即当需求出现变化时，空间可以适应新的功能，而无需改变空间或结构。

1. 空间轮廓

村镇住宅的空间轮廓包括平面和剖立面轮廓两部分。村镇住宅的平面轮廓设计：加大住宅进深。改变村镇住宅各房间并列布置、贯穿南北向的传统户型布置方式，采取主要房间并列置于南向，辅助房间并列置于北向的布局，不仅加大了住宅的进深，同时也使辅助房间成为住宅的防寒空间。[②]

村镇住宅的剖立面轮廓设计：需根据各地区村镇住宅自身特点，研究确定其影响因素，并从影响建筑剖面、立面、开窗和体形系数等几个方面进行分析，找出适合当地村镇住宅的最佳形态。

2. 空间尺寸

村镇住宅的空间尺寸主要与建筑底层周长、建筑长度（面宽）、建筑宽度（进深）、建筑层高，以及建筑的体形系数有关（表3–17）。

1）建筑底层周长 X

建筑底层周长对建筑体形系数影响较大，关系到建筑平面的设计，见式：

$$S=HX+F/HF=X/F+1/H \qquad （3-1）$$

式中　S ——为体形系数；

　　　X ——为建筑底层周长；

　　　H ——为建筑的高度；

　　　F ——为底层建筑面积。

---

① 高长征，胡云杰，刘熙倩. 中小户型住宅设计中的"2+X"可变模式探讨 [J]. 中外建筑，2008（7）：86-88.

② 葛翠玉，赵华 . 现代村镇住宅生态设计 [J]. 山西建筑，2008，34（36）：46-48.

由式可见，体形系数 S 与底层周长 X 呈线性关系。因此，在建筑高度 H 和底层建筑面积 S 不变的情况下，建筑平面布局不同，底层周长也不同，建筑的体形系数相差很大，进行住宅设计时应尽量缩小住宅的周长，进而减少体形系数。

2）建筑长度（面宽）与体形系数 S 的关系

根据调研和计算发现，当建筑长度大于 60m 以后，节能效果则不明显，独立式住宅要比联排式住宅耗能多。因此，村镇住宅宜选择 2 户、4 户，甚至 6 户联排布置，以 60m 为最佳面宽的院落式或联排式住宅。

3）建筑宽度（进深）与体形系数 S 的关系

建筑宽度对体形系数的影响很大，随着建筑宽度的增大，体形系数逐步减小，且减小的速度快、幅度大。如建筑进深每增加 2m，其体形系数可降低 1% ~ 2.5%。加大房屋的进深对减小建筑体形系数很有效，节能效果明显。因此，应扩大住宅进深，以 9 ~ 12m 为宜。

4）建筑层高 H 与体形系数 S 的关系

建筑层高 H 与体形系数 S 成反比，这是因为在层高增加过程中，外围面积（包括屋顶面积）的递增比不上其包围体积的增加。因此，村镇住宅宜建 2 层或多层住宅，外形为简单的矩形或 L 形时，建筑体形系数小。[①]

表 3-17 村镇住宅各常用空间尺寸表（单位：m）

房间名称	长度（进深）	宽度（开间）	常用尺寸	
厅堂	4.2 ~ 6.0	3.0 ~ 3.6	长为 4.8 或 5.2	宽为 3.3 或 3.6
卧室（大型）	4.2 ~ 6.0	2.8 ~ 3.3	长为 4.8	宽为 3.3
卧室（小型）	3.0 ~ 4.5	2.6 ~ 3.0	长为 3.6	宽为 3.0
厨房	3.0 ~ 4.2	2.2 ~ 3.0	长为 3.0	宽为 2.5
贮藏室	2.5 ~ 3.3	1.5 ~ 2.8	长为 3.0	宽为 1.8
厕所	1.4 ~ 2.2	1.4 ~ 2.2	长为 1.2	宽为 1.0

3. 多功能空间

空间的多功能性并非指在某一功能空间中混杂其他功能混合使用，而是在空间和结构无须改变的情况下，某一功能空间可以适应其他功能需求。如一个房间可以根据居民的需求用作起居室或卧房或书房等，居民就可以根据自己生活方式和需求的变化对空间功能进行调整，不过，房间的尺寸需要满足各种家具陈设的尺寸要求。

---

① 葛翠玉，赵华. 现代村镇住宅生态设计 [J]. 山西建筑，2008，34（36）：46-48.

住宅功能空间要根据家庭人口结构和生活生产模式来设置。随着家庭结构的不断变化，如子女成婚、外出打工、老人去世等，产生了大空间布局向小空间转变的需要；但子女生子、外出务工的子女回乡工作或创业等情况，又产生了小空间布局向大空间布局转变的需要，这时根据不同家庭结构，空间也需要相应地灵活使用。同时也包括附加功能空间转变为居住空间，或者居住空间转变为附加功能空间的情况。所以，住宅的功能空间的分配原则，是根据住户的生活、生产、工作、学习等实际行为所需要的空间来考虑，这些空间亦根据家庭结构的不断变化、家庭生活水平的提高、家庭产业的变更等因素随之改变。

◆ 思考题

1. 村镇住宅的生活需求有哪些？
2. 村镇住宅的生产需求有哪些？
3. 居住空间的适应性需求有哪些？
4. 基于居民行为的功能空间配置包括什么？
5. 不同类型村镇住宅空间组合模式是什么？
6. 村镇住宅平面设计的要点有哪些？
7. 村镇住宅剖面设计的要点有哪些？
8. 村镇住宅立面设计的要点有哪些？
9. 村镇住宅主要功能空间及其设计要点是什么？
10. 村镇住宅区别于城市住宅的主要特征有哪些？
11. 村镇住宅空间适应性设计原则是什么？
12. 村镇住宅空间可变性设计策略是什么？

第
4
章

村镇住宅的生
态适应性设计

4.1 生态住宅概述

生态住宅是根据当地的自然环境，运用生态学、建筑学的基本原理及现代科学手段，合理安排和实施住宅建筑与其他相关因素之间的关系，使住宅和环境等成为一个有机的结合体。它是既适应地方生态而又不破坏地方生态的建筑，具有节地、节水、节能，改善生态环境、减少环境污染、延长建筑物寿命等优点，并具有无废无污、高效和谐、开放式、闭合性良性循环的特征。[①]

生态住宅不仅要满足居住者安全性、耐久性、舒适性的需求，而且更注重营造健康、卫生、和谐、文明的居住环境与人文环境。生态住宅是在以人为本的基础上，利用自然条件和人工手段来创造一个健康舒适的生活环境，同时又要平衡自然资源的索取与回报，其目标是把住宅建造成一个微型生态系统。它对于提高我国住宅建设中的节能、节水、节地、环保、治污的总体水平，带动相关产业发展，拉动国民经济持续增长，实现社会、经济、环境效益的高度统一等方面，均具有重要的现实意义和深远的历史意义。[②]

生态住宅更加强调生态学原理，强调人与自然的协调、互惠互利及可持续发展，要求住宅住区形成一个相对稳定和健康的生态系统，该系统具有较完整的生态代谢过程，并能提供较为全面的生态服务功能。[③]生态住宅与生态系统相呼应。除了要求住宅住区建设的各个环节的节能与环保，还要求所建设的住宅区形成全新的生态系统，这个系统具有相对完整的生态代谢过程，包括物质循环和能量流动等过程，同时该系统能够为人类提供优质的生态系统服务功能。[④]

整体而言，生态住宅是基于可持续发展理念对良好生态关系的保护与修复。村镇生态住宅就是要尽可能利用当地的环境特色与相关的自然因子（如水、阳光、空气等），尊重当地的地域环境和历史文化，并且降低各种不利于人类身心的任何环境因素作用，使之适合村民居住；同时，尽可能不破坏当地环境因子循环，确保当地生态体系健全运作。[⑤]

4.1.1 生态住宅的演变与发展

1. 国外生态住宅的理论与实践
1980 年，世界自然保护联盟（IUCN）在《世界保护策略》中首次使用"可持

①② 孙敬水. 生态住宅的新理念 [J]. 生态经济，2002（11）：25-27.
③④ 陈宝明，陈伟彬，周婷，等. 生态文明建设背景下的生态住宅评价与住区绿化 [J]. 生态环境学报，2016，25（6）：1082-1087.
⑤ 李海英，白玉星，高建岭，等. 生态建筑节能技术及案例分析 [M]. 北京：中国电力出版社，2007：3, 4.

续发展"的概念，并呼吁全世界"必须研究自然的、社会的、生态的、经济的，以及利用自然资源过程中的基本关系，确保全球的可持续发展"。20世纪80年代J.拉乌洛克著作《盖娅：地球生命的新观点》的问世是盖娅运动的起因，D.皮尔森在《自然住宅手册》一书中进一步概述了盖娅住区宪章。[①]此时生态建筑设计不是设计主流，哲学家、作家、生物学家和生态学家提出了各种生态设计原则，具有相对较差的可操作性且过于庞杂和笼统，但这些为生态建筑设计提供了理论框架，为促进生态建筑设计的发展奠定了坚实的基础。

20世纪90年代以后，随着生态理论的不断完善和建筑实践活动的大量进行，许多团体、研究机构和个人提出一些指导生态建筑设计的原则。如1994年西姆·莱恩所在的伊莎莱研究所发表号召"生态革命"的"THE BIG SUR"宣言，1995年他又和S.考沃合著了《生态设计》一书；1996年欧洲的一些著名建筑师共同签署《建筑与城市规划中的太阳能》；此外，建筑仿生学专家J.文森特领导的"Biomimetics"研究小组持续进行有关生态建筑和城市规划方面的研究。[②]

从20世纪90年代开始，发达国家相继提出了绿色建筑评价体系，以定量客观地描述绿色建筑的节能效果、节水率等，以及3R材料的评价和经济性能等指标的建立，从而为决策者和规划者提供参考标准。国外评价体系主要有：美国LEED-NC绿色建筑评估体系，英国建筑研究组织的BREEAM评价体系和对住宅进行评估的Eco-homes评估体系，日本的CASBEE评价体系，加拿大的GBC评价体系等，这些绿色建筑的评价体系与方法是生态住宅评价体系的重要基础。[③]

2. 我国传统建筑的生态理念与技术

在我国传统建筑发展过程中，虽然《营造法式》《园冶》《工程做法条例》等著作大多集中在建筑施工、材料加工等方面，但其中所体现的传统价值观、哲学观与生态建筑的建筑设计思想和理念基本一致。

顺应自然、尊重自然、人与自然和谐共存，对自然资源既合理利用又积极保护是中国传统民居建筑的主要特征。传统民居的自然生态观有"天人合一"的整体观念、"师法自然"的营建思想、"中庸适度"的发展目标三个主要特征。[④]

首先，中国传统建筑文化十分提倡"天人合一"，注重人与自然和谐共处的思想意识，使得传统民居不论是在建筑选址、外观风格，还是在布局构造等方面，

---

①② 刘伟. 湖南中北部村镇住宅低技术生态设计研究 [D]. 长沙：湖南大学，2009.

③ 陈宝明，陈伟彬，周婷，等. 生态文明建设背景下的生态住宅评价与住区绿化 [J]. 生态环境学报，2016，25（6）：1082-1087.

④ 赵群. 传统民居生态建筑经验及其模式语言研究 [D]. 西安：西安建筑科技大学，2005.

均反映出人与建筑与环境的高度融合。①"天人合一"的自然观是古人在漫长的实践中逐渐形成的行为规范和道德标准，在传统民居营建的各个环节也体现了这种顺应自然规律、与自然和谐一体的具有生态特征的观念。②

其次，"整体"的设计思维将民居看作联系自然和人类的纽带，把民居、自然、人类视为一个相互制约、相互联系的和谐系统，系统中每个因素都影响着系统的变化，因此，民居与人、民居与自然、人与自然相互之间都呈现出密不可分的联系。③

再次，"应变"的设计思维是传统民居应对自然变化和人类需要而采取灵活应对措施的思维方式。这种设计思维根据人、民居、自然三者之间的复杂关系进行灵活地调节，使处于变化之中的三者能够和谐一体。④

最后，"适中"的设计思维把民居营建的物理环境看作一种可调控的动态过程，而不是一个固定的范围，这是与人们的生理、心理需求相一致的。同时，营建一个动态的可调控的物理环境既便于实际操作也在很大程度上节省资源。⑤

4.1.2　生态住宅的设计原则

生态建筑强调运用各种设计策略、技术手段，让生态的思想在建筑中体现出来。根据建筑所在地的自然环境，运用生态学的基本原理和建筑技术手段，合理地安排并组织建筑与其他相关因素之间的关系，使建筑与环境之间和谐有机地统一起来，即处理好人、建筑和自然环境三者之间的关系。⑥对于村镇住宅的生态性，村民、住宅和自然环境的有机共生是最主要的设计原则。

1. 宏观设计原则

从宏观的角度来看，第一，整体性是生态学的第一个原则，即自然界的任何一部分区域都是一个有机的统一体。在生态建筑体系中人是占主导地位的，建筑成为联系人与其他生物和环境的中介。生态建筑要全面分析建筑对环境产生的近距离和远距离的影响，要从生态环境出发，更好地利用和遵循自然规律，为人类创造更好的人居环境。第二，生态系统中的环境是一个立体的、有层次的、相互联系

①　汪艳荣. 传统民居建筑中的生态理念——评《生态景观与建筑艺术》[J]. 环境工程，2019，37（11）：205.
②③④⑤　李建斌. 传统民居生态经验及应用研究 [D]. 天津：天津大学，2008.
⑥　李海英，白玉星，高建岭，等. 生态建筑节能技术及案例分析 [M]. 北京：中国电力出版社，2007：3，4.

的整体，某一个层次的环境变化都会影响到其他层次的环境，生态建筑对于环境各层次间的关系必须完整、全面地理解和把握。第三，生态系统中物质不断循环，而能量单向流动。物质流动使各层次的能量需求均得到满足，且各层次之间也会相互调整，构成一种极为有序又很稳定的开放系统，具有较强的能力缓冲外来冲击。[①]

2. 微观设计原则

微观层次的生态建筑设计原则，主要是从建筑设计的角度出发，针对各个构成要素，研究具体的操作对象，阐述其设计目标和原则（表4-1）。[②]

表4-1　微观层次的生态建筑设计原则

基本原则	涉及内容	设计细则
尊重和保护自然环境	建筑场地设计	1. 为建筑物选取良好的朝向、定位、布局，考虑建筑周围热、光、水、视线、建筑风、阴影的影响；考虑可能的自然灾害，如洪水、台风、地震等，并考虑相应的对策； 2. 适度开发土地资源，节约建设用地，尊重当地的地形地貌； 3. 适应当地的地域性气候特点； 4. 考虑当地的生态系统，保护植被，保全建筑周边昆虫、小动物的生长繁育环境
	能源与资源	1. 节约能源，提高能源使用效率；减少二氧化碳排放；减少（或禁止）可能破坏臭氧层的化学物的使用； 2. 尽可能考虑利用可再生能源； 3. 保护场地周围的水、土地、空气等自然资源； 4. 尽可能利用当地技术、材料，降低建筑成本；使用生态建材。生态建材应指在材料的生产、使用、废弃和再生循环过程中以与生态环境相协调、满足使用性能、提高循环再利用率为要求设计生产的建筑材料；[③] 5. 转变传统的废弃物的概念，减少废弃物产生的概率；对废弃物进行分类回收，促进再生资源系统的形成；避免处理废弃物时再次污染环境；对建筑构件的组织采用生命周期的方法进行协同[④]

①② 刘伟. 湖南中北部村镇住宅低技术生态设计研究 [D]. 长沙：湖南大学，2009.
③ 吕游. 乡村住宅适宜生态技术应用研究 [D]. 长沙：湖南大学，2008.
④ 王益. 绿色建筑设计的公共交互系统初探 [D]. 合肥：合肥工业大学，2006.

基本原则	涉及内容	设计细则
尊重和保护自然环境	文脉主义	1. 对城市历史敏感地段的建筑及景观进行保护；与城市肌理相融合； 2. 对于传统街区、民居不仅应被继承和发展，还应通过现代技术对其进行适当改造以使其与环境相协调； 3. 对地方文化应持有尊重的态度，对地方传统的生产与施工技术应予以继承和发展； 4. 合理开发和利用当地的风景，并积极建造新景观；[①] 基于乡村自然环境资源及经济发展程度等诸多因素，对自然及人文环境进行合理规划和设计；[②] 强化乡村景观的可辨性、乡村性，发挥其乡土美学功能，保存乡村风土风貌的原真形象，强调公众的参与性，促进乡村景观深度开发；[③] 建立多层级的、完善的政策与规划体系，改变乡村景观的衰退现状和保护乡村景观的多重价值；[④] 5. 通过规划设计促进居民交往，并激发城市街区及社区生活的活力[⑤]
营造健康舒适的建筑室内环境	优良的声光热环境	1. 优良的湿度与温度环境尽可能利用自然方法去创造，使之既能减少能耗又能提高舒适性； 2. 创造良好的声环境氛围，给使用者一个宜人、安静、和谐的室内环境；[⑥] 包括防噪声干扰、吸声材料的运用等；在设计阶段通过综合运用规划布局、建筑设计和构造技术等手段，降低、隔绝住宅内外噪声，为城市居民创造一个安静、雅致的居住环境；[⑦] 3. 使照明系统良好，并使空间的自然采光系统具有高品质，创造优良的光、视线环境； 4. 对自然通风充分利用，创造出一个良好的通风对流环境
	空间设计	1. 空间布局合理，空间环境宜人； 2. 立体的、多层次的绿化系统应该被建立，以对小环境进行净化，对小气候进行改善； 3. 开敞的空间环境应该被创造，使使用者接近自然环境更加方便； 4. 对使用者的全面考虑，包括对残障人士的关心；[⑧] 5. 符合人体工程学的设计

① 张焕. 融合风水理论的生态建筑设计研究 [D]. 长沙：湖南大学，2009.

② 田韫智. 美丽乡村建设背景下乡村景观规划分析 [J]. 中国农业资源与区划，2016，37（9）：229-232.

③ 郑文俊. 旅游视角下乡村景观价值认知与功能重构——基于国内外研究文献的梳理 [J]. 地域研究与开发，2013，32（1）：102-106.

④ 鲍梓婷，周剑云. 当代乡村景观衰退的现象、动因及应对策略 [J]. 城市规划，2014，38（10）：75-83.

⑤⑥⑧ 同本页 ①。

⑦ 赵祥，梁爽. 生态住宅的声环境设计对策 [J]. 华侨大学学报（自然科学版），2008（4）：614-617.

基本原则	涉及内容	设计细则
面向未来发展的可能性	建筑安全	1. 高安全性的防火系统； 2. 防震、抗震构造的应用； 3. 使用对人体健康无害的材料，减少挥发性有机化合物的使用（VOC）；有效抑制危害人体健康的有害辐射、电磁波及气体； 4. 空气的除菌、除尘及除异处理； 5. 完善的通信系统，让使用者可以方便快捷地与外界沟通
	建筑灵活性	1. 建筑结构、服务系统、围护结构和室内分隔等设计应具有一定的灵活性； 2. 针对不同的设计问题具体分析灵活性的适应范围； 3. 设计中留有余地，例如基础的预留量、预留的管道空间； 4. 使用易于拆卸和组装的材料、设备，便于更新、回收和再利用

微观的生态建筑设计原则包括诸多因素，且每条均可无限展开。建筑理论与实践存在差距，很少有建筑能回应其所有方面，绝大多数的生态建筑都是根据其所在地域的经济条件、气候特征、文化传统等具体因素对不同方面有所强调和侧重。[①]

4.1.3 生态技术

1. 技术的层次

生态技术是利用生态学原理，从整体出发考虑问题，注意整个系统的优化，综合利用资源与能源，减少浪费和无谓的损耗，回报丰厚却消耗较小的一种技术手段。[②]生态建筑的分类有着不同的标准和方法，根据技术运作过程中能量利用的不同，以及技术复杂程度的差异，分为被动式和主动式技术。被动式技术是利用自然资源，如阳光、风力、气温、湿度等，来实现室内物理环境的建筑技术。与被动式技术相对应的是主动式技术，即利用机械设备来满足建筑物理环境的建筑技术。

以经济含量的多少及技术难度的高低为标准可分为高技术、中间技术和低技术。生态建筑三个技术层次的划分有助于理解技术的复杂性、经济性和可普及性之间的关系。

①② 刘伟. 湖南中北部村镇住宅低技术生态设计研究 [D]. 长沙：湖南大学，2009.

1）高技术

"高技术"是指在设计中积极地运用当代的新材料和新技术，以自动化和智能化为理念进行设计与建造，提高建筑综合效率，营造舒适的建筑环境，达到更有效地改善或保护生态环境。[①] 但由于成本高、投入高、技术导向性强，使得其多用于工业化程度高、建筑水平领先、经济基础雄厚的地区，在经济相对落后的村镇中的可行性不高。[②]

2）中间技术

中间技术是根据建筑所处的经济、环境条件适度地选择合适的技术形式。它强调利用现代技术的原理和设备，在低技术的基础上，提高资源的利用效率，减少对不可再生能源的消耗，保护生态环境。运用层面上，中间技术并不排斥传统低技术，但更倾向利用现代科技的工业产品和研究成果。[③]

3）低技术

低技术主要是在传统建筑营建中使用的技术，它偏重从地方建筑、乡土建筑中挖掘传统的通风、节能、利用生土材料等方面的经验和技术，并加以技术改良，不用或很少使用现代技术手段来达到建筑生态化的目的。低技术在形式上强调乡土、地方特征，与高技术和中间技术相比，低技术简单直观，其成本相对低廉，可普及性良好，且适应当地气候条件。[④]

2.技术的选择

村镇住宅的适宜技术需因地制宜地选择各种层次的、操作简单的生态技术。确定技术时应考虑：①经济因素，如市场需求、效益成本、技术能力等；②社会因素，如社会制度、文化传统、国家有关的政策法律等；③环境因素，针对特定的环境条件选择相应的技术，同时，此种技术的采用将不对自然环境和生态系统构成危害。[⑤]

村镇住宅在建筑材料的选择上不尽相同，可选土筑、木构、石构和竹构等，但在营建过程中需就地取材。这些材料均为当地自然环境中常见易得的，废弃后可回归自然，实现资源循环利用的同时节约了运输材料的成本。[⑥]

---

① C.Slessor, J.limden. Eco-Tech Sustainable Architecture and High Technology[M]. London：Thames and Hudson, 1997：18-2.

②③④ 刘伟.湖南中北部村镇住宅低技术生态设计研究[D].长沙：湖南大学，2009.

⑤ 汪芳.小城镇建设生态技术适宜性的探讨[J].城市规划，2004（2）：60-62.

⑥ 仝晓晓，熊兴耀.传统农宅生态理念视域中的新农村住宅设计[J].湖南科技大学学报（社会科学版），2016（6）：159-164.

4.2 村镇住宅生态适应性设计

根据我国现阶段的国情，村镇住宅的生态设计宜以低技术、中间技术为主，高技术为辅。第一，传统民居在长期的发展过程中，积累了大量的经验及技术，这成为住宅低技术生态设计的重要来源；第二，住宅需求量大，大量采用高技术生态设计受经济发展水平的限制而变得不切实际；第三，中间技术和低技术措施技术水平比较成熟，施工、维护和维修等方面经验丰富，选择中间技术、低技术对于住宅生态设计的推广无疑是更有力的。[①]

4.2.1 生态规划

生态规划中的所谓生态是指人与环境间协调健康的生态关系，包括物理环境（地理、水文、气候、景观、建筑、交通、基础设施）、生物环境（有益或有害植物、动物、微生物及其生境的多样性、适宜性与活力）、流通环境（物质流、能量流、信息流、资金流、人口流的源与汇）、社会环境（体制、政策、法规及服务设施与管理水平）、经济环境（就业机会、便利度、房产市场）和文化环境（居民的文化素质、历史文化的延续性、标识性）之间的相互关系，以及居息、代谢、调节、社会等功能相互联系、相生相克综合而成的生态功能（图4-1）。[②③]

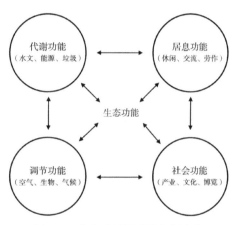

图4-1　生态建筑的功能规划内容

1. 村镇土地的集约利用

土地是村镇生态系统中的一个重要组成部分，土地资源是不能位移、不能创造、不能再生的自然资源，不同的土地利用方式和结构对乡村生态系统和生态景观有着重要的影响。[④]

在具体设计时，应根据土地特有的"适宜性"进行设计，这需要从地形地貌、

① 刘伟.湖南中北部村镇住宅低技术生态设计研究[D].长沙：湖南大学，2009.

②④ 吕游.乡村住宅适宜生态技术应用研究[D].长沙：湖南大学，2008.

③ 颜京松，王如松.生态住宅和生态住区（Ⅰ）背景、概念和要求[J].农村生态环境，2003（4）：1-4+22.

地表土层和地下空间这三个方面来考虑。[①]

地形地貌从形态上直观地影响着村镇的布局与建筑的形式，如有依坡就势、层层叠落的布局形式（图4-2），以及台地式、吊脚楼等建筑形式。住宅设计应遵循地形地貌，特别是生态敏感区尤为重要，要以保护多方生态因素。[②]

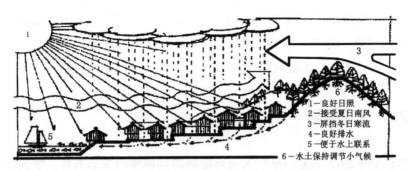

图4-2 乡村建设的布局

在地表土层方面，可根据土壤质地拟定开发强度，在非渗透性土壤上进行高密度开发，而在渗透性土壤上进行低密度开发。在地表，应加强地表土的绿化，削弱地表土的硬化，尽可能还原被人工构筑物所侵占的土地资源，降低人为对土地生态的影响。[③]

对于对地下空间的开发，应特别慎重，它是地下水的存储场，又蕴藏着丰富的地热能，在设计时，应保护渗透性大的区域，防止地下水的污染，并充分利用这一资源。[④]

2. 村镇道路的综合布置

一是村镇道路布尽量迎着夏季主导风向，避免冬季主导风向直接穿越村庄。二是应尽量减少外部机动车在村庄内部行驶的可能性，在村镇外围设立停车场，这样能尽可能地确保村镇内部环境的安静，避免生产生活受干扰。

3. 住宅布局的环境适应

村镇住宅布局应充分考虑当地的气候特点，力争采用最佳朝向，住宅间留有足够的间距，并适当遮挡冬季主导风向直吹进村镇里，总体上实现每家每户通过自然通风、采光，以及其他生态设计方法而形成良好的空间环境，尽量减少对外界能源的利用，从而降低整个村镇的能源消耗，达到节能的目的。

---

①②③④ 吕游. 乡村住宅适宜生态技术应用研究 [D]. 长沙：湖南大学，2008.

村镇住宅适应性设计

在选址上，住宅应选在向阳地段，以最佳的建筑朝向、间距等争取更多的日照，应避风建宅，减少热量损失（图4-3、图4-4），避免"霜洞"效应。[①]

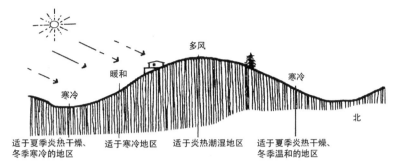

图4-3　气候条件下的不同对场地选择的影响

在布局上，利用住宅的布局，形成微气候的良好界面，建立气候防护单元，以达到节能的目的（图4-5）。[②]

在形态上，不仅要求体形系数小，而且要求冬日辐射多、避风有利。[③]

在间距上，阳光不仅是热源、光源，还对人的健康、精神心理都有影响。必须保证室内一定的日照量，从而确定住宅间距的最小间距。[④]

建筑朝向：冬季应有适量并有一定质量的阳光射入室内；炎热季节尽量减少太阳直射室内；夏季有良好通风，冬季避开冷风；充分利用地形、节约用地。[⑤]

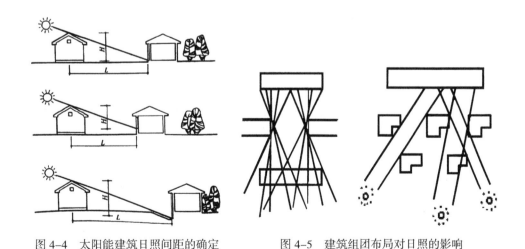

图4-4　太阳能建筑日照间距的确定　　　图4-5　建筑组团布局对日照的影响

---

①～⑤　严丹. 建筑的生态化技术策略研究——对我国住宅适用技术的探索 [D]. 武汉：华中科技大学，2003.

4. 村镇绿化的系统设计

村镇绿化的规划设计，应该尽量提高绿地面积，注重发挥绿色植物净化大气、防风、防尘、防噪的作用，绿地内不仅要有草地，更应该有乔灌树木，尤其是对本地树种的应用。充分运用生态位、互利共生、生物多样性等一系列生态理论来研究植物的合理配置，既充分发挥植物的生态效益，又尽量减少养护与管理费用。力争形成一个稳定的生态结构，使之既有时间的长久性，又能逐步展现其应有的风采，避免因群落不稳定而造成的经济损失。[①]

5. 水体的节约利用与污水处理

水体是村镇发展的一个极其重要的生态因素，维护水资源的良性循环，防止水污染，是当前我国村镇在发展过程中维持生态平衡的一个重要内容。[②]

1）保护村镇已有的湿地和水体，储存雨水。同时，为野生动物提供生境、保持土壤、抑制地面径流与侵蚀、促进水文循环、疏导洪水。[③]

2）阻止与减缓地表水径流。可以利用开发后的洼地设计成永久性水体或湿地。

3）重视地下水的恢复与补充。保护渗透性土壤，同时对硬质地面进行软化处理，增加吸水空隙，使大部分降水渗入地下，补充地下水，对地下水的开采也应合理控制。[④]

4）保护和提高水质。由于水质局部的污染经常会扩散为广泛而严重的后果，危害极大，为此，除了涵养水源外还应将生产与生活的废水进行净化处理，充分利用自然生态环节的分解功能，对处理后的水可再利用或归还水体。[⑤]

5）采取多渠道的节水设计，在村镇建设中，采用节水设计，把生活污水与雨水分开排放，有条件的村镇可采用管道收集污水，污水经处理达标后排放或进行农业灌溉，污水处理设施可根据当地实际情况选择集中式或分散式。雨水可根据地方实际采用明沟、暗渠或管道方式排放，就近排入周边自然水体、灌溉水田或再利用。[⑥]

6. 废弃物的分类处理

在村镇应设置专门的废弃物收集点，对废弃物采取分类收集方式，以便废弃物的循环综合利用，无法循环利用的废弃物则需在垃圾场进行集中性处理。

①②⑥　吕游. 乡村住宅适宜生态技术应用研究 [D]. 长沙：湖南大学，2008.
③④⑤　刘伟. 湖南中北部村镇住宅低技术生态设计研究 [D]. 长沙：湖南大学，2009.

垃圾收集，收集采用"每户分类—村集中—镇中转—县处理"的模式。村庄内设置垃圾收集点，镇（乡）和较大村庄可考虑设置垃圾转运站，垃圾分类密闭集存、密闭转运至城镇垃圾处理场，统一进行无害化处理。厂区、养殖区及卫生站等可设置独立垃圾收集点。医疗废弃物应另行处理，以杜绝流行性传染疾病的传播。

建筑及家庭固体垃圾是村镇中两种产量最大的垃圾。再生垃圾的利用应注意如下三点：①在建筑建造、维护和拆除的各个阶段都会产生垃圾，应采用对环境更为有利的施工管理方式；②在建筑设计中注重尺度的推敲和材料的选择，并尽量选择可循环利用材料，以减少建筑垃圾的产生；③村镇住宅中应在适当位置提供垃圾再生处理所需的空间，便于就近利用。[①]

7. 能源的高效利用

在广大村镇地区，供暖及炊事所用燃料主要是煤及燃烧薪材秸秆等植物能源。我国一年要烧掉薪材秸秆折合标准煤 216 亿 t，约占农业能耗的 60%，致使水土流失加剧，秸秆不能还田，土壤肥力下降，生态环境遭到破坏。[②] 因此，村镇住宅中尽量利用风能、太阳能、地热能等可再生能源，减少秸秆等植物能源的利用。

村镇常见的能源利用方式有用多种作物如秸秆、人、畜、禽粪便、有机垃圾，以及农业有机废弃物在一定温度、湿度和厌氧条件下通过沼气微生物（产甲烷菌群）的作用转换为沼气。沼气是种方便、清洁的高品位气体燃料，可用于炊事、照明、农副产品烘干，还可代替柴油作为动力发电或发动机燃料等。沼气发酵后的剩余物是具有改良土壤功能的优质肥料，养分全面的养殖物质，可培育蘑菇、养殖虹蚓、养鱼、浸种、育秧、作为家禽饲料添加剂及生产菌类蛋白等。沼气亦能改善卫生，不仅使垃圾、粪便等有效利用，还能杀死病虫。使用沼气可以节约大量植物能源，原材料丰富，适合乡村地区推广。[③]

8. 地方特色的充分运用

结合地方特色的设计需要从当地自然生态环境出发，创造自然生态与人工建造相融合的人居环境。自然生态资源是建构和维护乡村特色的极为重要的组成部分，在设计中不仅要处理好乡村物质空间和自然生态的关系，还要强调自然要素和空

---

①② 吕游. 乡村住宅适宜生态技术应用研究 [D]. 长沙：湖南大学，2008.

③ 李捷. 浅议住宅建筑生态技术的应用 [J]. 科技资讯，2007，118（13）：61-62.

间感知的关系。特色与当地的自然条件和由此衍生的生存条件密切相关，如水网密集地区总是表现出结构空间与河流的密切关系，在关注水上交通的前提下，表现为沿河生长的态势；而在山区的空间特色则与山地、丘陵赋予的立体自然景观效果，山地特有的交通、文化氛围息息相关。同时，乡村特色也并非一蹴而就，与自然生态要素相互依存的关系是长时间磨合互动的结果。[①]

针对村镇地方特色中的生态要素所处的地位和作用，第一，在设计中要辨析与村镇特点紧密相关的自然生态要素及其生态格局，从众多要素中选取、保护与开发的界限；第二，强调在维护与村镇特色紧密相关的生态格局的基础上遵循相关生态准则，进行相应的空间布局；第三，就是重视建筑实体，建筑作为文化的载体，是一种特殊的"文化"，建筑及其环境作为人工环境的重要组成部分，受制于后者，建筑单体要有整体的观念，与乡村的轮廓线、景观风貌相协调，使之融入乡村肌理之中。[②]

4.2.2 生态空间

生态空间主要体现在住宅环境的设计理念中，主要包括合理的功能分区、适宜的尺度空间、合适的附属空间，以及舒适的住宅室内环境四个方面内容。[③]

1. 合理的功能分区

村镇住宅需要安排清晰明确的功能分区，将公共空间与私密空间、洁净空间与污浊空间合理有效地组织在一起，相互联系又互不干扰，最终达到住宅空间的舒适性。[④]

合理功能分区的典型村镇住宅空间形式是合院式，庭院不仅是连接生活空间与自然环境的重要载体，也是村民日常生活生产的必要场所。[⑤] 庭院或天井作为传统住宅布局的核心空间，从建筑形态上看，这种外面封闭而内向开放的半私密空间是传统建筑原型的灵魂元素。从建筑功能的角度分析，院落作为家庭生活在户外的延伸，用以联系室内外、建筑与自然、开敞与私密空间。[⑥]

①② 邓梦. 小城镇建设的生态理念及其对策研究 [D]. 重庆：重庆大学，2005.

③ 刘丹. 西北地区乡村节能住宅空间形态研究 [D]. 西安：西安建筑科技大学，2010.

④ 王群. 建筑空间解析 [M]. 北京：中国轻工业出版社，2003.

⑤⑥ 仝晓晓，熊兴耀. 传统农宅生态理念视域中的新农村住宅设计 [J]. 湖南科技大学学报（社会科学版），2016（6）：159-164.

2. 适宜的空间尺度

住宅空间面积过大，既浪费资源和能源，又不能提高住宅的舒适度，而且可能导致家庭失去温馨的感觉；住宅空间面积过小，不仅限制人体基本活动范围，而且会降低居民的舒适度。[①]

合院式民居也被称为"巨型人居空调"，各地区传统农宅院落在体量和尺度上的多样变化均体现出庭院空间生态功能的地方特色，良好的院落生态环境体系可以在农宅内形成相对稳定的小气候区，将阳光、空气、水体和植物等生态要素合理配置，一个小院就可以为一户住宅创造出相对独立的生态环境体系，既可以院中绿化和纳凉，又能保证良好的生态循环，延长建筑的使用寿命，让居住者能够代以为继。[②]

3. 合适的附属空间

根据农村生产生活的现实情况，村镇住宅需要满足居民对储存农具、储存粮食及储存木柴等空间的需求，以及对家务、休闲等空间的需求。除了设置一定面积的储存用房外，还可以将吊顶以上的阁楼空间作为储存空间使用，使空余空间得以充分利用。[③]

4. 舒适的室内环境

室内环境主要包括室内热湿环境、光环境、风环境和卫生环境等，室内环境状况的好坏直接影响到居民的健康。[④]

1）室内热湿环境状况

建筑室内热湿环境由室内空气温度、湿度、风速和室内热辐射等众多因素综合形成，以人的热舒适程度作为评价标准。[⑤]室内热湿环境质量的高低影响人们的身体健康、生活水平及工作学习效率。[⑥]其主要指标包括空气温度、空气相对湿度、平均辐射温度、气流速度等。

① 王群. 建筑空间解析 [M]. 北京：中国轻工业出版社，2003.

② 仝晓晓，熊兴耀. 传统农宅生态理念视域中的新农村住宅设计 [J]. 湖南科技大学学报（社会科学版），2016（6）：159-164.

③④⑥ 刘丹. 西北地区乡村节能住宅空间形态研究 [D]. 西安：西安建筑科技大学，2010.

⑤ 郑洁，黄炜，赵声萍. 绿色建筑热湿环境及保障技术 [M]. 北京：化学工业出版社，2007.

2）室内采光通风状况

为了保证人们日常工作和生活得以正常进行，建筑光环境与风环境的好坏是评价建筑室内环境质量的重要指标。人们只有在良好的采光与通风下，才可以进行正常工作和生活，才能够减少人的视觉疲劳，保证人们身体健康，降低建筑能耗。

3）室内卫生环境状况

厨房和厕所是住宅能源中心和污染源，传统柴灶或蜂窝煤炉不完全燃烧时产生大量的一氧化碳、二氧化硫等，由此在住宅中产生的余热余湿和有害气体。而厕所中的粪尿可挥发出发氨气，对人体口、鼻黏膜及上呼吸道有很强的刺激作用，可引发鼻炎、咽炎、气管炎、支气管炎等疾病。另外一些村民习惯于把猪舍与厨房或其他生活区相连而建，在主房后面直接搭建畜禽棚，主房后墙不开设窗口，这种建房方式则造成畜禽棚内的氨气及其他污染物交易聚集到相连的生活区内，直接威胁着居室内村民的健康。因此，合理设计厨房、厕所和畜禽棚等空间，并保证其卫生，对村民的健康十分重要。

4.2.3 生态形体

体形系数是建筑与室外大气接触的外表面积与其所包围的体积的比值，它是从减少热损失的角度衡量建筑体形的一个重要参数。体形系数越小，外围护结构的传热损失越小，相反体形系数越大，建筑热损失越大，建筑能耗就越高，建筑的碳排放也会增加，对建筑节能越不利。[①②]

《建筑节能与可再生能源利用通用规范》GB 55015—2021 中也对居住建筑体形系数做了严格要求。为降低建筑供暖能耗，严寒、寒冷、干热地区居住建筑设计仍需限制建筑体形系数。夏热冬冷地区与湿热地区室内外温差远不如严寒和寒冷地区，相反，通过增大体形系数可以有效增加通风面积，加强散热或得热效率，因此可以适当放大体形系数以充分利用自然能量，降低建筑能源需求。[③]

1）住宅平面应尽量规整。避免不必要的凹凸，这样不仅可减少体形系数，也使得结构简单清晰，增加整体性和稳固性并降低造价。住宅普遍所采用的平面形状有 U 字形和 L 形，都是能耗较高的平面形状，建议采用长方形平面，尽可能减小

---

① 刘丹. 西北地区乡村节能住宅空间形态研究 [D]. 西安：西安建筑科技大学，2010.

② 汪涟涟. 以建筑减碳为目标的长株潭地区新农村住宅设计策略研究 [D]. 长沙：湖南大学，2021.

③ 仲文洲. 形式与能量环境调控的建筑学模型研究 [D]. 南京：东南大学，2021.

体形系数。[①]

2）减小建筑外表面积和住宅的周长。当住宅底层面积一定时，减小周长可以减小体形系数。[②]

3）增加住宅的联列数。现有村镇住宅多为独院式，建议村镇住宅在地势较为平坦的地区，采用多户联排形式；在地势较不利的地区，采用两户联建形式。相邻农宅尽可能多地进行山墙面合并，在相同体积情况下可以减少暴露于空气中的建筑外表面积，降低体形系数。如果必须建独立式住宅，可以将储藏间等次要房间放在端部，减少冷山墙的散热量。[③]

4.3 村镇住宅生态技术适应性设计

4.3.1 被动式生态技术

1. 严寒与寒冷气候区
1）围护结构保温设计
（1）墙体保温

外墙保温形式按其保温层所在位置，可分为自保温外墙系统、外墙外保温系统、外墙内保温系统和外墙夹芯保温系统4种类型。在这4种类型中，外墙外保温系统和外墙内保温系统是目前应用最普遍也是相对比较成熟的外墙保温形式。[④]

外墙外保温节能优势十分明显，具体体现在：①保温性能更佳；保温材料包裹在墙体在外侧，能够覆盖全部建筑外墙的表面，有效减少热桥的产生，减少建筑的热交换，在相同条件下相比内保温，能够减少1/5的热损失；②延长建筑使用寿命；外保温保护了建筑的主体结构，避免因外界气温变动引起的外墙的温度波动，从而延长墙体寿命；③经济节能；有利于维持室内温度的稳定，减少外墙的热传递，更有利于节能，同时外保温不占用室内空间，能够比内保温增加近2%的室内使用面积，从而使单位面积造价相对较低，因此相对于内保温，外保温的经济效益更显著。[⑤]

将保温材料如保温砂浆、聚苯板等设置在外墙的内侧以使建筑达到保温节能的

---

①②③ 刘京华. 陇东地区生态农宅适宜营建策略及设计模式研究 [D]. 西安：西安建筑科技大学，2013.

④ 程飞，张旭，苏醒. 空调间歇运行模式下外墙内外保温的能耗特性对比 [J]. 同济大学学报（自然科学版），2019，47（2）：269-274.

⑤ 赵欣悦. 寒冷地区住宅生态化表皮设计研究 [D]. 大连：大连理工大学，2016.

施工方法被称为外墙内保温。但由于其有以下缺点，其正在逐步被外墙外保温系统所取代：①由于内保温体系仅在建筑内墙和梁的内侧，保温材料保护不到内墙及板对应的外墙部分，因而容易形成冷热桥；②在热桥部位如钢筋混凝土柱、构造柱、梁等的外墙内表面，由于冬季室内墙体温度与室温的差值可达到15℃以上，常出现结露，当结露比较严重时，会形成流水导致保温材料受潮、发霉、开裂，对居住卫生和室内美观造成不好的影响；③主体结构直接暴露在干湿变化大、温差变化大的大气环境中，从而导致内保温层或墙体容易受墙体变形及变形应力对结构产生的影响而开裂。

（2）外窗保温

外窗除需满足视觉的联系、采光、通风、日照及建筑造型等功能要求外，作为围护结构的一部分同样应具有保温或隔热、得热或散热的作用。从围护结构的保温性能来看，窗是保温能力最差的部件。主要原因是外窗热阻太小，还有经缝隙渗透的冷风和窗洞口本身的附加热损失。

为了既保证各项使用功能，又改善窗的保温性能、减少能源损耗，必须采用以下措施：①提高窗的保温性能，主要通过改善玻璃部分的保温性能和提高窗框的保温性能两个途径；②控制各向墙面的开窗面积；③提高窗的气密性，减少冷风渗透；④提高窗户冬季太阳辐射得热。[①]

（3）减少热桥，控制热量损失

在建筑表皮中有不少传热较为特殊的构件和部分，在室内外温差的作用下，形成热流相对密集、内表面温度较低的区域，被称为热桥。热桥多出现在外墙与外墙、外墙与内墙、外墙与屋顶、外墙与门窗阳台等交角部位，结构内部导热系数较大的构件（钢或钢筋混凝土骨架、圈梁、过梁和板材肋条），以及金属玻璃幕墙和金属窗中的金属框等。

在具体的结构构造措施中，应该尽量减少热桥的影响，具体方法如下：①采用木龙骨、塑料龙骨代替传热大的金属龙骨；②尽量避免贯通式的龙骨，热桥部分加强保温措施；采用连续的外墙外保温（包括基础部分）；③非供暖部分结构脱离（如阳台等）；④附加功能构件（如外遮阳、空调板等），置于保温层外侧，热工上完全分离等措施，可以很好地解决墙角和结构搭接点的热桥问题，获得良好的保温效果。[②]

2）材料运用

传统地方性材料的再利用：地方性材料经历了长期的气候和环境检验，具有更

---

① 柳孝图. 建筑物理 [M].3 版. 北京：中国建筑工业出版社，2010.

② 赵欣悦. 寒冷地区住宅生态化表皮设计研究 [D]. 大连：大连理工大学，2016.

强的地域适应性，对传统地方性生态材料的再利用也可以大大降低对不可循环材料的依赖，减少住宅全生命周期内的能源浪费和建筑垃圾的产生，达到节能环保的目标。原生态材料例如竹、木、土坯材料，是典型的生态材料，他们可以从自然中直接获取，加工和运输过程对环境的影响都较小，与其他常规材料相比，具有良好的热工性能，对环境友善，且可循环利用价值高，是生态住宅首选的材料。[①]

可回收再利用材料：对建筑废弃物的循环再利用，也是生态材料的重要选择。建筑在被拆除之后，损毁之后会产生大量的固体垃圾，如果不加处理地随意堆砌，会对环境造成严重污染。我国对建筑垃圾的回收利用率比较低，与西方发达国家相比还有很大差距，在这方面的发展潜力巨大。[②]

3）阳台节能

住宅的阳台是住宅内部使用空间与外部环境之间的缓冲空间，可以调节室外环境对住宅内部的影响。在寒冷地区，这种调节作用的主要方式是将阳台封闭之后形成一个阳光间，这个空间介于室内和室外之间，充当着"气候缓冲层"的作用。冬季，使得外界中的冷空气不会直接影响室内，增强寒冷地区住宅的室内热舒适度。[③]夏季，可开启阳台的窗户，通过对流作用减少进入房间的太阳辐射热。[④]

2. 夏热冬冷与夏热冬暖气候区
1）围护结构隔热
（1）围护结构保温与隔热

在夏热冬冷地区，围护结构材料常常需要同时考虑保温性能和隔热性能，材料在实际使用中并不能兼顾两者，这是因为围护结构的保温与隔热存在一定的区别和联系。

①冬季室内外温差较大，波动小，稳定传热的部分相对较多，夏季室内外温差小，波动大，非稳定传热的部分相对较多；

②冬季保温所要解决的主要问题是如何有效地抵御稳定温差下的围护结构传热；而夏季隔热所要解决的主要问题是如何有效抵御非稳定温差下的围护结构传热；

③围护结构材料的保温性能由材料的导热系数决定，厚度一定的情况下，导热系数越大，保温性能越差，反之则相反；而围护结构材料的隔热性能由材料的导热系数，以及热容（密度比热）的乘积决定，导热系数越小，隔热性能越好，密

---

①②③ 赵欣悦. 寒冷地区住宅生态化表皮设计研究 [D]. 大连：大连理工大学，2016.

④ 李刚，冯国会，王丽，等. 严寒地区农村住宅节能改造能耗模拟 [J]. 沈阳建筑大学学报（自然科学版），2012，28（5）：884-890.

度比热的乘积越大，隔热性能越好。[①]

（2）朝向

一方面，朝向与自然采光相关。为了使住宅能够最大限度地接受太阳光的照射，建筑朝向一般采取正南方向，不同地区根据当地的日照条件，可以采取正南偏东及正南偏西 15° 的朝向角度，最大可偏 30° 角布置。另一方面，朝向与通风有关，住宅周边要保持良好的通风状态，既能吹进夏季的凉风，也能对冬季的寒风进行有效遮挡。

2）自然采光与遮阳

（1）自然采光技术

村镇传统住宅常用开窗的方式进行采光，开窗少且面积小。若在房间的外墙开窗采光，其窗户附近具有较充足的照度，但房间最里面的照度会急剧下降。若有大量传统民居群体，设置天井或庭院则是解决住宅腹部采光的最重要手段。

村镇传统住宅很注重采光，自然采光的方法大致可以分为利用直射光和反射光的方法。直射光采光是利用建筑的侧窗、天窗和天井的采光把阳光纳入室内。反射光采光一般是利用遮帘、反光板或地面反射等方法进行采光，用顶棚或者墙壁表面进行光的反射。

自然采光的基本设计原则包括充足的光线、宜人的照度、日光控制。通过开窗采光的主要策略有：

①增加开窗的数量，尽可能在两面以上的墙体开窗；[②]

②增加窗户的面积；在房间的一侧或两侧开设采光口即为侧面开窗；光线具有明确的方向性，但照度分布不均匀；尤其在同时考虑房间内部的得热和失热时，窗地面积比也很重要；[③]

③若外部遮挡物的高度超过水平向上一定的角度，应减少房间的进深或者增加间距；[④]

④尽量南向开窗；此外，若窗户朝北使房间采光不足时，相邻建筑宜采用浅色外墙面，利用反射光源，增加北向房间的采光量；[⑤]

⑤窗户宜为正方形或长方形；不同形状的窗户采光量是不同的，竖长方形窗宜被设置在窄而深的房间，横长方形窗宜被设置在宽而浅的房间；[⑥]

⑥窗户采光质量可通过室内装饰处理来提高，比如选择扩散透光材料的玻璃能使房间深处的照度得到提高；侧向开窗易造成眩光，因而可设置遮阳的构件，如

① 周军莉. 建筑蓄热与自然通风耦合作用下室内温度计算及影响因素分析 [D]. 长沙：湖南大学，2009.

②～⑥ 王医. 湘中北地区传统民居建筑形式的气候适应性研究 [D]. 长沙：湖南大学，2012.

窗帘、百叶等；[①]

⑦除了外墙开窗外，还可以采用天窗（图4-6）；因天窗位于屋顶或侧墙面较高位置，将其纳入的光线照度级别很高。但因太阳光直接射入天窗，需经处理使光线成为漫射光，避免眩光，使人们具有更舒适的体验。[②]

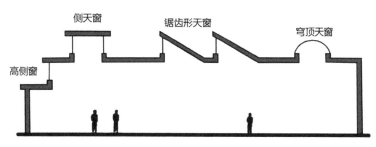

图 4-6 天窗的形式

（2）外墙遮阳技术

暴露在阳光下的外墙需要设置一定的外遮阳措施，以减少墙体得热，达到降温的效果，尤其的西侧墙体。主要的方法有三种：①利用构件遮阳，构件与外墙主体间形成空气间层，遮挡热辐射的同时，利用自然通风带走热量；②利用墙体攀爬植物进行垂直绿化实行生态遮阳与隔热；③结合构件和攀爬植物的综合遮阳（图4-7）。[③]

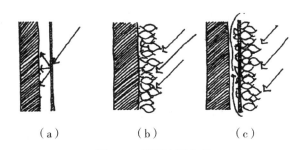

（a）　　　　　（b）　　　　　（c）

图 4-7 外墙遮阳方式

（a）构件遮阳；（b）绿化遮阳；（c）构件＋绿化综合遮阳

构件遮阳：外墙的遮阳构件能够保护住宅墙体不受阳光照射，但各种遮阳构件在遮挡阳光的同时也成为太阳能集热器，吸收了大量的太阳辐射，使得构件本身的外表面温度大大高于空气温度，进而形成对环境空气较强的热作用，会继续向

①② 王医. 湘中北地区传统民居建筑形式的气候适应性研究 [D]. 长沙：湖南大学，2012.
③ 赵欣悦. 寒冷地区住宅生态化表皮设计研究 [D]. 大连：大连理工大学，2016.

其后的外墙表面和空间环境辐射热量。[①] 因此，构件与墙体间需留有空隙，便于通风散热，防止热量聚集在墙体和构件之间。

绿化遮阳：与构件遮阳相比，绿化遮阳的效果更好，植物具有温度调节，自我保护等功能。利用植物遮阳的外墙，其表面温度与空气温度相近，而直接暴露在阳光下的外墙，其表面温度最高可比空气温度高 15℃。植物覆盖层之所以具有的良好的生态隔热性能源自它的热反应机理。太阳辐射投射到植被表面后，约有 20% 被反射，80% 被吸收。[②] 当夏季太阳辐射很强时，覆盖有绿色植被的建筑外墙平均温度可以比无植被的外墙平均温度低 3℃左右。采用绿化覆盖建筑表皮进行遮阳，其外墙表面温度远低于利用构件遮阳的墙面，是一种更加生态的隔热方式，能够达到良好的隔热效果，具有隔热和改善室外热环境双重的热效应。为不影响冬季争取日照的需求，应采用落叶植物，冬季叶片脱落，将墙面暴露在阳光下，有利于太阳能的吸收。[③]

构件 + 绿化遮阳：利用墙体上直接攀爬植物进行垂直绿化其遮阳隔热的效果与植物对墙面覆盖的疏密程度有关，覆盖越密，遮阳效果越好。但是植物覆层在一定程度上会妨碍墙面的通风散热，也会对墙体的保温层带来一定的破坏。而将构件与绿化遮阳结合的组织方式，具有更好的外墙遮阳方式，比墙面直接攀爬植物的通风情况更好，是生态效率更高的外墙遮阳方式。[④]

（3）遮阳方式

①固定式遮阳

固定式遮阳的方式主要有水平遮阳、垂直遮阳、综合遮阳和挡板遮阳等（图 4-8）。水平式遮阳能够有效地遮挡太阳高度角较大的、从窗口上方投射下来的阳光。故它适用于接近南向的窗口，或北回归线以南低纬度地区的北向附近的窗口。垂直式遮阳能够有效地遮挡太阳高度角较大的、从窗侧斜射过来的阳光。但对于太阳高度角较大的、从窗口上方投射下来的阳光，或接近日出、日落时平射窗口的阳光，它不起遮挡作用。故垂直式遮阳主要适用于东北、北和西北向附近的窗口。综合式遮阳能够有效地遮挡太阳高度角中等的从窗前斜射下来的阳光，遮阳效果比较均匀。故它主要适用于东南或西南向附近的窗口。挡板式遮阳能够有效地遮挡太阳高度角较小的、正射窗口的阳光，故它主要适用于东、西向附近的窗口。[⑤]

---

①③④ 赵欣悦. 寒冷地区住宅生态化表皮设计研究 [D]. 大连：大连理工大学，2016.

② 杨京平，田光明. 生态设计与技术 [M]. 北京：化学工业出版社，2006.

⑤ 刘加平. 建筑物理 [M].4 版. 北京：中国建筑工业出版社，2009.

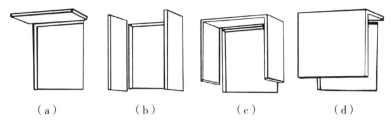

（a）　　　　　（b）　　　　　（c）　　　　　（d）

图 4-8　固定遮阳基本方式

（a）水平式遮阳；（b）垂直式遮阳；（c）综合式遮阳；（d）挡板式遮阳

②活动式遮阳

活动式建筑外遮阳可视一年中季节的变化，一天中时间的变化和天空的晴朗情况，任意调节遮阳板的角度。[①]在寒冷的冬季，为了避免遮挡阳光，争取日照，还可以拆除，这种遮阳设施灵活性大，使用合理，因此近年来在国内外建筑中应用广泛。[②]

3）被动式降温技术

（1）自然通风技术

风环境主要包含空气品质、气温、风压、风向、风速等指标。通风设计的首选方式是自然通风，因其具有节能生态的特点，而在自然通风中，主要又分为风压通风、热压通风和夜间通风三种类型。[③]

①风压通风

当风吹向建筑物时，因受到建筑物阻挡，在迎风面上的压力大于大气压产生正压区，气流绕过建筑物屋顶、侧面及背面，在这些区域的压力小于大气压产生负压区，压力差的存在导致了空气的流动，即为风压通风（图 4-9）。[④]

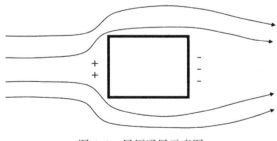

图 4-9　风压通风示意图

---

① 中国工程建设标准协会 . 村镇传统住宅设计规范：CECS 360—2013[S]. 北京：中国计划出版社，2014.

② 刘加平 . 建筑物理 [M].4 版 . 北京：中国建筑工业出版社，2009：123.

③ 涂全 . 湘北小城镇大进深联排住宅被动式节能设计研究 [D]. 长沙：湖南大学，2019.

④ 柳孝图 . 建筑物理 [M].3 版 . 北京：中国建筑工业出版社，2010.

风压通风在通风效率方面有较大优势，但是受外部风环境制约较大，不是很稳定，需要以热压通风为辅助。利用风压通风最优先考虑的是穿堂风。进深较小的建筑一般只要有开口就能组织穿堂风。体量较大的建筑则是难点，可以通过设置内部贯穿腔体来获得穿堂风。贯穿建筑的横向腔体（如贯通的廊道）最易获得穿堂风。有时横向腔体和竖向腔体（如天井）结合，更能充分利用风压通风，传统民居建筑中普遍采取这种方式，内部弄堂与天井连通房间通风是依靠表皮开口与面向内部腔体开口之间的压力差获得。[①]

②热压通风

当室外风速较小而室内外温差大时，可以考虑通过热压作用产生通风。室内温度高、密度低的空气向上运动，底部形成负压区，室外温度较低、密度较大的空气则源源不断地补充进来，形成自然通风。热压作用的大小取决于室内外空气温差导致的空气密度差和进气口的高度差，它主要解决竖向通风问题（图 4-10）。[②]其效果亦受建筑进深影响，进深小时，其效果更为明显，进深很大时，能使空气得到更有效的流通。[③]

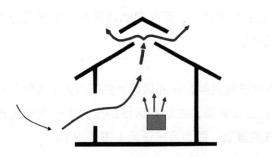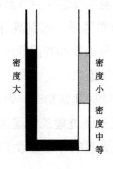

图 4-10 热压通风示意图

③夜间通风

夜间通风，它是利用夜间室外温度较低的空气，通过自然通风或者机械通风的方式将其引入室内，从而达到降低房间空气温度的效果，并将一部分的冷量蓄存在房间蓄热体之中，达到将房间的蓄热带到外部环境的目的。[④]

① 陈晓扬，仲德崑. 被动节能自然通风策略 [J]. 建筑学报，2011（9）：34-37.
② 柳孝图. 建筑物理 [M].3 版. 北京：中国建筑工业出版社，2010.
③ 涂全. 湘北小城镇大进深联排住宅被动式节能设计研究 [D]. 长沙：湖南大学，2019.
④ 龙展图. 夏热冬冷地区夜间通风降温特性及优化控制方法研究 [D]. 长沙：湖南大学，2016.

（2）蒸发冷却技术

蒸发冷却技术是改善室内热环境的一种热工手段，也是一种低价、高效、无害、节能的技术措施。按蒸发机理可分为两类：一类是自由水表面的蒸发冷却，包括蓄水屋面、蓄水漂浮物、浅层蓄水、流动水膜及复杂的喷雾措施等；另一类则是多孔材料蓄水蒸发冷却，这类机理十分复杂，一般认为是在以毛细作用为主的热湿耦合迁移机理作用下所完成的热质交换过程。[①] 因具有独特的节能技术手段，蒸发冷却技术在我国夏季炎热干燥地区如新疆、甘肃、青海、陕西、山西、内蒙古等西北和华北等地区已得到很好地使用。

（3）地道风降温技术

近十几年来，地道风降温技术在我国逐渐发展起来并受到人们的重视，因其具有以下特点：节能、造价低廉、系统简单。地下构筑物随社会发展而普遍增加，通过实践，人们认识到了地层不仅可以作为建筑空间，还具备高效的热工性能。地道风降温就是指利用地下空间较好的保温隔热性能而冷却的空气通过热压作用而被输送至地面建筑中的一种被动技术。[②] 其实利用地道风系统的历史久远，我国有很多山洞、隧道、暗河等，都使得地道风能被更广泛地应用，尤其是在20世纪60—70年代修建的大量的防空洞和地道。相对室外空气而言，地道中之所以夏季空气温度低、冬季空气温度高是因为土壤蓄热能力使得温度波传递出现延迟和衰减，且地道均在地表以下一定距离处，同时地层蓄热（冷）能力由于其体积很大而很好。

4.3.2　可再生能源利用技术

1. 可再生能源种类及特点

可再生能源包括太阳能、风力能、水力能、生物质能、海洋能、地热能、氢能。其中太阳能约占可再生能源总量的99%，也可以说太阳能是可再生能源的主体。人类利用太阳能的方式主要有光—热转换、光—电转换、光化学利用和光生物利用。其中光热转换是通过物体把吸收的太阳辐射能直接转换为热能，然后输送到某一场所加以利用。这种方式的历史最为古老，技术水平相当成熟、成本低廉、普及性广，工业化程度较高，且能源品位较低，适合直接利用。光电转换是基于"光伏效应"，亦称为"光电转换"原理，利用某些器件把收集到的太阳辐

---

① 刘加平，罗戴维，刘大龙. 湿热气候区建筑防热研究进展 [J]. 西安建筑科技大学学报（自然科学版），2016，48（1）：1-9+17.
② 牟灵泉. 地道风降温计算与应用 [M]. 北京：中国建筑工业出版社，1982.

射能直接转换为电能再加以利用。光化反应包括光解反应、光合反应、光敏反应，有时也包括由太阳能提供化学反应所需要的热量。通过光化学作用转换成电能或制氢也是利用太阳能的一条途径。光生物利用是通过光合作用收集与储存太阳能。近来在这方面的研究有所增加，人们期盼着出现突破性的进展。[①]

地热能是指地壳内能够合理、科学地开发出地热流体中的热量和岩石中的热量。地热能按其储存形式可分为干热岩型、岩浆型、地压型和水热型（又分为热水型、湿蒸汽型和蒸汽型）四类；按温度高低，水热型又可分为低温型（低于89℃）、中温型（90～149℃）和高温型（高于150℃）。地热直接利用和地热发电是地热能的两种利用方式。品质不同的地热能，其应用目的也不同。流体温度为200～400℃的地热能一般用于综合利用和发电；150～200℃的地热能一般用于干燥、制冷、发电和工业热加工；100～150℃的地热能一般用于双循环发电、脱水加工、回收盐类、供暖和干燥；50～100℃的地热能一般用于家用热水、温室、供暖、工业干燥和制冷；20～50℃的地热能一般用于种植、洗浴、养殖和医疗等。

风能是太阳辐射造成地球各部分受热不均匀，引起各地温差和气压不同，导致空气运动而产生的能量。利用风力机械可将风能转换成电能、机械能和热能等。风能利用的主要形式有风力发电、风力提水、风力制热及风帆助航等。[②]

绿色植物将太阳能通过光合作用转化为化学能，并且将其储存在生物质内部，该能量即为生物质能。有机物中所有源于动植物的能源物质除矿物燃料以外均属于生物质能，通常包括农业废弃物、木材及森林废弃物、水生植物、油料植物、动物粪便、工业有机废弃物和城市有机废弃物等。[③]通过燃烧、热化学法、生化法、化学法和物理化学法等利用技术，生物质能可转化为二次能源，分别为热量或电力、固体燃料（木炭或成型燃料）、液体燃料（生物柴油、生物原油、甲醇、乙醇和植物油等）和气体燃料（沼气、生物质燃气和氢气等）。[④]

① 施钰川. 太阳能原理与技术 [M]. 成都：西安交通大学出版社，2009.

② 卫银忠. 新能源发电技术一瞥 [C]// 中国电机工程学会. 江苏省电机工程学会 2009 年新能源与可再生能源发电学术研讨会论文集. 南京：江苏省电机工程学会，2009：19-22.

③ 王长贵. 新能源和可再生能源的分类 [J]. 太阳能，2003（1）：14-15.

④ 王久臣，戴林，田宜水，等. 中国生物质能产业发展现状及趋势分析 [J]. 农业工程学报，2007（9）：276-282.

和化石能源相比，可再生能源虽然资源丰富、环境污染少且可再生，但能量密度较低并且较为分散。太阳能、风能、潮汐能等具有随机性和间歇性，开发利用具有一定的技术难度。根据各类可再生能源的特点和经济性能，目前在住宅中直接应用的以太阳能、地热能为主，风能、生物质能相对较少。

2. 村镇住宅中太阳能的利用

太阳能是村镇地区一种可以广泛采用的清洁能源形式。我国大部分地区具有良好的太阳能使用条件，北方地区和西部地区大多属于太阳能利用三类以上地区，年太阳辐射总量可达 5000MJ/m² 以上，其中尤以宁夏北部、甘肃北部、新疆东部、青海西部和西藏西部等地太阳能资源最为丰富，平均日辐射量最高可达 6kW·h/m²，而我国北方地区和西部地区普遍属于寒冷和严寒地区，丰富的太阳能资源，恰好可用来满足住宅供暖、生活热水甚至炊事等多项需求。

太阳能利用的方式和设备众多，根据有无外加辅助设备，可以分为太阳能被动式利用和主动式利用。根据能源转化形式，可分为光热系统和光电系统；根据使用目标，可分为太阳能照明、太阳能炊事、太阳能生活热水和太阳能供暖；根据传热介质，又可分为太阳能热水集热系统和太阳能空气集热系统。因此，需要根据资源条件和功能需求，选择合理的太阳能利用方式和设备。

1）被动式太阳能技术
被动式太阳能利用形式

村镇住宅建筑通过合理利用被动式太阳能技术，从而使得其自身不需要其他设备就能达到有效供暖的作用。从对太阳能利用的形式上可以分为直接受益式、集热蓄热墙式、附加阳光间式以及组合式四种。

①直接受益式

在被动式供暖技术中，最简单也最接近普通房屋形式即为直接受益式太阳房，其示意图见图 4-11。南立面是单层或多层玻璃的直接受益窗，利用房间本身的集热蓄热能力，而使室内空气升温。在日照阶段，太阳光透过南向玻璃窗进入室内，地面和墙体吸收热量，表面温度升高，所吸收的热量一部分以对流的方式供给室内空气，另一部分以辐射的方式与其他围护结构内表面进行热交换。还有一部分则由地板和墙体的导热作用把热量传入内部蓄存起来。当没有日照时，被吸收的热量释放出来，主要用于加热室内空气，维持室温，其余则传递到室外。[①]

---

① 付祥钊，等 . 可再生能源在建筑中的应用 [M]. 北京：中国建筑工业出版社，2009.

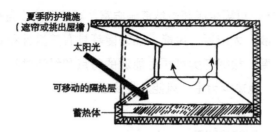

图 4-11 直接受益式原理图

②集热储热墙式

最早著名的集热蓄热墙是1956年法国学者特朗勃等提出的一种集热蓄热方案，即在直接受益式太阳窗的后面筑起一道重型结构墙，利用重型结构墙的蓄热能力和延迟传热的特性获取太阳的辐射热。此种形式在供热机理上不同于直接受益式，属于间接收益式太阳能供暖系统。阳光透过玻璃照射在集热墙上，集热墙外表面涂有吸收涂层，以增强吸热能力，其顶部和底部分别开有通风孔，并设有可开启活门。阳光透过透明盖板照射在重型集热墙上，墙的外表面温度升高，墙体吸收太阳辐射热，一部分通过透明盖层向室外损失，另一部分加热夹层内的空气，从而使夹层内空气与室内空气密度不同，通过上下通风口而形成自然对流，由上通风孔将热空气送进室内，还有一部分则通过集热蓄热墙体向室内辐射热量，同时加热墙体内表面空气，通过对流使室内升温，[①] 其原理如图 4-12 所示。

③附加阳光间式

附加阳光间就是在房屋的南侧加一个玻璃温室，它具有直接受益式及集热储热式两种形式的优点。寒冷地区村镇住宅多采用附加阳光间进行防风保温。研究表明，阳光间在阳光照射充足的正午时分能够为室内提供能量，进一步降低供暖能耗。[②] 阳光间是在南墙外设有一个阳光空间，南墙上开有通气孔或开设门窗使阳光空间和供暖居室形成气流循环通路，南墙本身也是集热蓄热墙体。这样，太阳能可同时对附加阳光间和居室供热。阳光间作为集热蓄热部分所收集的热量，在供暖期起到了一定的供暖作用，具有明显的节能效果。因此，阳光间不仅可以节省常规能源的消耗，对严重的环境压力也起到了极大的缓解作用。从经济成本角度来看，在太阳能丰富的寒冷地区，大力地发展附加阳光间式太阳房是可行的。[③] 附加阳光间原理如图 4-13 所示。

① 付祥钊，等 . 可再生能源在建筑中的应用 [M]. 北京：中国建筑工业出版社，2009.
② 甄蒙，孙澄，董琪 . 东北严寒地区农村住宅热环境优化设计 [J]. 哈尔滨工业大学学报，2016，48（10）：183-188.
③ 张国艳，丁昀，杨庆，等 . 基于 Energyplus 的附加阳光间式太阳房节能分析 [J]. 土木建筑与环境工程，2015，37（S1）：32-35.

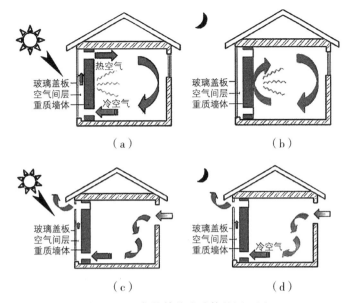

图 4-12　集热储热式墙体的原理图

（a）冬季白天；（b）冬季夜间；（c）夏季白天；（d）夏季夜间

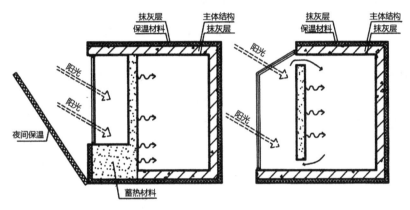

图 4-13　附加阳光间原理图

④组合式

组合式的被动式太阳能技术就是对上述三种形式的综合利用，根据不同的地区以及不同温度要求来进行合理的组合应用。

太阳能热水器和被动式太阳房是目前我国太阳能热利用的成熟形式，也是最为简单的使用方式。由于北方农宅的主要用能需求是冬季供暖，因此如何在上述的基础上，进一步合理利用太阳能来满足农宅冬季供暖需求，减少煤炭使用量，是最需要解决的迫切问题。

2）主动式太阳能技术

除了西藏等冬季太阳能资源特别丰富的地区之外，仅通过加强建筑围护结构保温和被动式太阳能技术尚不足以满足村镇住宅的全部供暖需求，因此需要主动式太阳能供暖技术作为补充。主动式太阳能供暖包括热水集热供暖系统和空气集热供暖系统两种主要形式。

主动式太阳能技术是建筑利用集热器、蓄热器、管道、风机及泵等设备来收集、蓄存及输配太阳能的系统，系统中的各部分均可控制而达到需要的室温。空气系统主动式太阳能供暖是由太阳能集热器加热空气直接被用来供暖，要求热源的温度比较低，50℃左右，集热器具有较高的效率。

因为太阳辐射受天气影响很大，为保证室内能稳定供暖，因此通常还需配备辅助热水锅炉。来自太阳能集热器的热水先送至蓄热槽中，再经三通阀将蓄热槽和锅炉的热水混合，然后送到室内暖风机组给房间供热（图4-14）。

太阳能空气集热器在建筑的向阳面设置，用风机将空气通过碎石储热层送入住宅内，并与辅助热源配合（图4-15）。由于空气的比热小，从集热器内表面传给空气的传热系数低，所以需要大面积的集热器，而且该形式热效率较低。

尽管太阳能空气集热太阳能利用率低，集热器需要的空间大，但对于仅为1层或2层的北方农宅来说，提供足够的空间进行太阳能采集不存在任何问题，因此太阳能热风供暖系统更适用于北方住宅作为冬季供暖。但是，太阳能热风供暖目前也存在一些问题，包括没有形成规模化的产品生产流程及技术标准，室外风管及安装会增加整体造价，对系统的施工要求较高等。

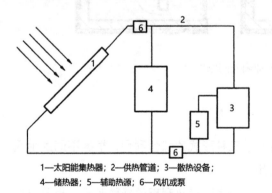

1—太阳能集热器；2—供热管道；3—散热设备；
4—储热器；5—辅助热源；6—风机或泵

图4-14　主动式太阳能供暖系统图

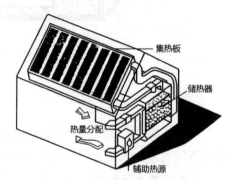

图4-15　空气集热器传统形式

3）分布式太阳能光伏发电

太阳能光伏发电是将太阳能直接转换成电能，再将其直接利用或者与供电网连接的形式。由于其在使用过程中没有污染排放，长期以来，欧美发达国家都将光伏发电作为实现能源环境可持续发展的重要方向。

村镇地区的分布式太阳能光伏包含多种形式。在我国一些边远无电地区（如高原、海岛、牧区等），用户远离电网，而架设供电线路投资及维护费用都很高或者根本无法实施，农村用电主要满足照明、小型家电、小型取水泵用电需求。这些地区应该是最适合使用太阳能光伏供电的场所。随着光伏发电的技术进步和规模化生产，其成本应能持续大幅度下降。

3. 村镇住宅中生物质能的利用

生物质资源主要包括农作物秸秆、畜牧粪便和林业薪柴，它是我国农村最丰富、最容易被应用的可再生能源形式。要实现生物质能源的合理利用，首先要确定不同地区的生物质资源分布情况，再根据生物质利用的特点，确定合理的利用方式。

1）农村地区生物质资源及其分布情况

由于生物质资源具有很大的地域性，因此除了核算总量，还要考虑到各地区生物质资源分布以及能源需求不均匀等多方面状况。我国生物质资源主要集中在东北、华北和长江流域中上游地区。北方的黑龙江、山东、河北、内蒙古、辽宁，南方的四川、湖南、安徽、云南、江苏、江西、贵州等农牧业发达的省份及自治区，资源富余量远大于农村能源需求量。即使在生物质总体富余量不是很大的省份，例如甘肃、青海、福建等地区，户均生物质富余量也较多，完全可以满足村民的实际需求。

2）农村生物质的传统利用方式

生物质资源的利用主要包括两种方式：分散利用和集中利用。为解决生物质使用过程中出现的低效率、高污染问题，在我国某些地区开始出现将生物质资源集中起来进行大规模转化利用的方式。传统生物质能利用示意如图4-16所示。也就是目前最为普遍的"小规模沼气、大规模生物质秸秆燃料"的模式。

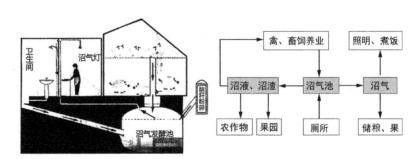

图4-16 传统生物质能利用示意

3）农村生物质的新型利用方式

对于秸秆、薪柴等生物质的清洁转化利用方式，目前已经或正在尝试的主要技术包括生物质固体压缩成型技术、生物质气化和半气化技术、生物质生产液体燃料技术、生物质发电等。

生物质固体压缩成型技术是通过专用的加工设备，将松散的生物质通过外力挤压成为密实的固体成型燃料。这种技术克服了生物质自身密度低、体积大的问题，解决了生物质存储时间短、空间浪费大等诸多问题。[①]

对固体生物质加热，使其不完全燃烧或热解，以使其形成可用于炊事或供暖的可燃性气体即为生物质气化技术。其根据系统设备规模可被分为小规模集中生物质气化系统和户用生物质气化炉。对于小规模集中生物质气化系统，要建立集中气化站，通过管道将气化产生的燃气输送到各家各户；而后者通过气化炉使得生物质的气化和燃烧同时实现。将固体燃料通过该技术，转化为气体再进行燃烧，能够使燃烧效率提高且能对燃烧造成的室内污染有所改善是该技术的另一优点。[②]

生物质发电是利用生物质燃烧产生的热能进行发电，包括直接燃烧发电技术和气化发电技术两种形式。

4）农村生物质的合理利用方式

生物质利用应充分考虑其资源能量密度低和分布分散两个特点，以分散利用为主，并优先满足家庭的炊事、供暖或生活热水等需求。只有在一些生物质资源极为丰富的地区，在解决了收集、运输和储存等问题后，才考虑生物质集中利用。

我国农村的生物质资源合理利用应该以优先满足农村生活用能为主要目标，秸秆利用应该以生物质固体压缩成型技术为主，在加工规模和管理上发展以村为单位的小规模代加工模式。目前农村家户式禽畜养殖已经逐渐被集中型养殖所替代，因此，小型家户式沼气也会逐步退出，代之以更为集中、高效的大中型沼气或生物质燃气系统。

4. 村镇住宅中地热能的利用

地热能因具有稳定、储量大、分布广泛等特点，在建筑供热领域受到广泛关注。[③] 根据地热能的埋深，通常将其分为浅层（0 ～ 200m）、中深层（200 ～ 3000m）和超深层（超过3000m），相应的采热技术分别为地源热泵技术、回灌式水热开采技术和以人工造储为特征的干热岩开采技术。近年来，国内地热供暖主要采用

①② 周灿. 美丽乡村建设背景下湘西农村民居生态设计策略研究 [D]. 长沙：湖南大学，2018.

③ 王沣浩，蔡皖龙，王铭，等. 地热能供热技术研究现状及展望 [J]. 制冷学报，2021，42（1）：14-22.

的前两类技术。①

1）中深层地热能利用技术

目前，对于中深层地热能的利用技术主要包括以下几个方面：

（1）"保水取热"换热技术。该项技术是一种封闭式循环换热技术，具有只取热不取水的特点，能够有效地保护地下水资源，减少地下水资源的浪费。②

（2）水热型地热换热技术。该项技术以直接抽取地下水为目的，通过换热器将地下水中的热量传给所需侧，大大提高了换热效率。③

（3）废弃油田井改造地热井换热技术。通过废井改造为地热井，达到一个"变废为宝"的目的，节省了钻井的人力、物力等，为提取中深层地热能提供了便利条件。④

（4）中深层地热能热管换热技术。⑤

（5）增强型地热换热技术。该项技术在国外应用较为普遍。⑥

其中前三种中深层地热能利用技术在实际应用最为广泛。⑦

2）浅层地热能利用技术

传统浅层地源热泵技术以浅层岩土体、地下水或地表水作为低位热源，通过付出少量的电能代价将无法直接利用的低品位热能转化为高品位热能，从而为建筑提供所需的冷、热负荷。根据地热能交换系统的形式及所利用的低位热源不同，可以将浅层地源热泵系统分为地埋管地源热泵系统、地下水地源热泵系统及地表水地源热泵系统，行业内一般分别简称为土壤源热泵、地下水源热泵及地表水源热泵。近年还出现了以城市污水为热源的污水源热泵，原则上也可划分在广义浅层地源热泵范围内。⑧

（1）土壤源热泵

如图 4-17 所示为土壤源热泵系统原理图。夏季制冷时，土壤是热泵机组的低温热源，热泵机组将室内冷媒的热量输送到地源侧循环介质，地源侧循环介质（水或与其他液体的混合物）在封闭的地下埋管中流动，热量从温度相对较高的地源侧循环介质传递到温度相对较低的土壤。与夏季相反，冬季供热时，循环介质从地下提取热量，由末端系统把热量带到室内。

---

① 孔彦龙，陈超凡，邵亥冰，等.深井换热技术原理及其换热量评估 [J].地球物理学报，2017，60（12）：4741-4752.

②～⑦ 李文静，姚海清，张文科，等.中深层地热能利用技术的研究与发展 [J].区域供热，2021（4）：50-59.

⑧ 王沣浩，蔡皖龙，王铭，等.地热能供热技术研究现状及展望 [J].制冷学报，2021，42（1）：14-22.

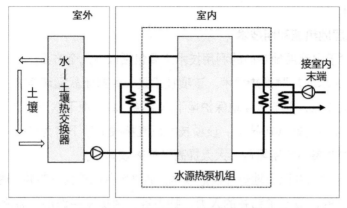

图 4-17　土壤源热泵空调系统原理图

（2）地下水源热泵

地下水源热泵原理如图 4-18 所示，通过输入少量的高品位能源，热泵机组实现低温位热能向高温位转移。地能作为夏季空调的冷源和冬季供暖的热源，即在夏季，取出室内的热量释放到地能中去；在冬季，取出地能中的热量，提高温度后，供暖室内。

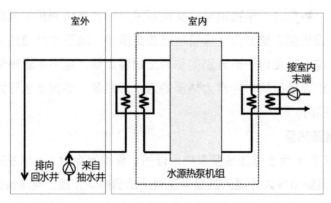

图 4-18　地下水源热泵空调系统原理图

（3）地表水源热泵

地表水源热泵是以流经城市的江河水，城市附近的湖泊水、水库水、工业废水、热电厂冷却水等和沿海城市的海水作为热泵装置的冷热源，冬天从水中取热向建筑物供暖，夏季用地表水源与换热器进行热交换为热泵机组供应冷却水向建筑物供冷的能源系统。根据传热介质是否与大气相通，地表水源热泵系统可以分为开式与闭式系统（图 4-19）。开式系统是指在循环泵的驱动下，地表水经过处理直接流经水源热泵机组或者通过中间换热器进行热交换的系统；闭式系统则是将封闭的换热盘管按照特定的排列方法放入具有一定深度的地表水体中，传热介质（通常为水或以水为主要成分的防冻剂）通过换热器管壁与地表水进行热交换的系统。[①②]

如果建筑附近有可利用的海、河流、湖泊或水池等水体，地表水源热泵系统可能是最具有节能优点而又最经济的系统。[③]地表水源热泵不仅可以对建筑供热和供冷，在冬季热负荷较小或不需要供热的地方，还可以供应生活热水。一套系统可以代替原来的锅炉和制冷机两套系统，没有锅炉房、冷却塔和空调室外机，节省建筑空间，也有利于建筑美观。[④]

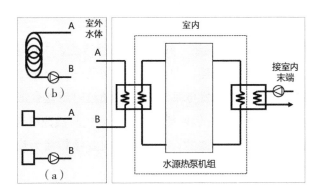

图 4-19　地表水源热泵空调系统原理图
（a）开式系统；（b）闭式系统

5. 村镇住宅中风能的利用

风能作为可再生能源的重要类别，具有蕴藏量巨大、可再生、分布广、无污染等特点，风力发电已成为世界可再生能源发展的重要方向。

1）风力提水

风力提水从古至今一直得到较普遍的应用。现代风力提水机根据其用途可以分为两类：一类是高扬程小流量的风力提水机，它与活塞泵相配汲取深井地下水，主要用于草原、牧区，为人畜提供饮水；另一类是低扬程大流量的风力提水机，它与水泵相配，汲取河水、湖水或海水，主要用于农田灌溉、水产养殖或制盐。

① 宋应乾，马宏权，范蕊，等.闭式地表水源热泵系统的应用与分析 [J].建筑科学，2016，26（12）：54-58+63.

②③ 徐伟.中国地源热泵发展研究报告 [M].北京：中国建筑工业出版社，2019.

④ 陈晓.地表水源热泵理论及应用 [M].北京：中国建筑工业出版社，2011.

2）风力发电

全国风能资源丰富的地区主要分布在东南沿海及附近岛屿，内蒙古、新疆和甘肃河西走廊，东北、西北、华北和青藏高原的部分地区。而利用风力发电已越来越成为风能利用的主要形式，受到各国的高度重视，而且发展速度最快。风力发电通常有三种运行方式：①独立运行方式，通常是一台小型风力发电机向一户或几户提供电力，它用蓄电池蓄能，以保证无风时的用电；②风力发电与其他发电方式（如柴油机发电）相结合，向一个单位或一个村庄或一个海岛供电；③风力发电并入常规电网运行，向大电网提供电力。常常是一处风场安装几十台甚至几百台风力发电机，这是风力发电的主要发展方向。[①]

3）风力制热

将风能转换成热能即为风力制热，共有三种转换方法，①将风能通过风力机转换成空气压缩能，然后转换成热能，即由风力机带动一离心压缩机，对空气进行绝热压缩而放出热能；②风力机发电后，将电能通过电阻丝变成热能。虽然电能与热能之间的转换效率是100%，但风能与电能之间的转换效率却很低，因此这种方法从能量利用角度来看是不可取的；③将风力机直接转换为热能。在这三种方法中，显然第三种的制热效率最高。

4.3.3　资源循环利用

1. 秸秆墙体材料

作为废弃物，秸秆就地焚烧或闲置在农田，不仅带来火灾隐患、环境污染、威胁交通运输安全等问题，而且也极大浪费了资源。农村生活方式、消费结构随农场主劳力转移和城市化进程的加速，发生了根本性变化，生物质作为牲畜家庭养殖、薪柴、农家肥消耗大幅降低，结构性、地区性、季节性的秸秆过剩问题日益严重，秸秆进行违规焚烧的现象屡禁不止。将秸秆材料应用在建筑中，符合建筑全寿命周期节能的要求和可持续发展理念，同时也是对国家生态文明建设理念进行落实的重要发展思路。[②]

早在古代，我国已有关于利用秸秆制备草泥进而作为建筑墙体材料的记载。对

---

① 王崇杰，蔡洪彬，薛一冰，等 . 可再生能源利用技术 [M]. 北京：中国建材工业出版社，2014.
② 罗清海，张红艳，刘秋菊，等 . 秸秆作为建筑墙体材料的应用与发展 [J]. 低温建筑技术，2020，42（1）：19-22.

秸秆进行简单地切割处理之后，^①作为原料掺入泥土中制成的草泥使得泥墙的物理力学性能得到了较好地改善，^②使其能适应使用需求。墙体结构主材、屋顶材料、墙体保温材料及墙体粉刷灰泥添加料等均为其在我国古代建筑中的应用形式。

南方传统建筑墙体材料大多为晒干砖、青砖，少量为夯土。生物质材料在晒干砖、夯土墙的抗折、抗剪等力学性能方面的改善及防止墙体开裂方面起了关键作用。晒干砖的原材料有刚收割水田淤泥和旱土两种，采用第一种材料做成的砖坯，经过自然晒干并简单修整即可成型，这种晒干砖的力学性能因为其原材料中具有大量的水稻根须、秸秆而得到改善；而采用后一种作为原材料做成的晒干砖或捣建夯土墙，夯土墙与晒干砖的力学性能和热工性能与制作工艺、泥土特性、秸秆添加量等因素相关。^③

将秸秆材料放入传统空斗墙或者混凝土空心砌块中形成的，其弥补了空斗墙、混凝土空心砌块热惰性指标差、蓄热能力差的不足，对于室内热湿环境的改善非常有利。有两种方式可将墙体内部空间填入秸秆材料：第一种是填入破碎秸秆材料；第二种是插入压缩成型的秸秆块状材料。秸秆自保温墙体比直接使用秸秆材料作为墙体材料的防火性能好且其工程施工和材料加工技术要求低，但其也有缺点。在其使用过程中需要解决霉变、防腐、防虫问题。在秸秆自保温墙体中，破碎秸秆材料添加一定比例的黏土、石灰作为填充材料，对生态型农宅建设具有现实开发价值。^④

在经济落后、物资匮乏条件下，农村住宅建设普遍采用秸秆作为屋顶材料。北方地区由于雨水相对稀少，因而屋顶的坡度相对较小，在秸秆屋顶外层涂抹一层黏土＋石灰组成的粉刷层，可以提高屋顶耐候性，延长屋顶使用寿命，对屋顶隔热性能的提高更加明显，对于适应北方的气候环境更加有利。南方地区由于雨水量较大，因而屋顶的坡度相对较大，秸秆屋顶吸湿性强，对于保持室内相对湿度水平的稳定是有利的；同时其通风换气功能也较好。但因其耐候性差，不具备防火能力，不具备防腐、防虫、防鼠能力，因而需要每年更换。^⑤

随着国家近年来贯彻实施可持续发展理念，日益健全利用秸秆资源的鼓励政策，使得秸秆建材的发展和应用方兴未艾。从物理形态来看，国内秸秆建材主要有秸秆砖、稻草板、秸秆加筋土、秸秆—水泥复合板材、复合保温砂浆以及秸秆人造

---

①③④⑤ 罗清海，张红艳，刘秋菊，等.秸秆作为建筑墙体材料的应用与发展 [J]. 低温建筑技术，2020，42（1）：19-22.

② 马炎，殷会玲，张春光，等.秸秆在我国建材中的应用与发展现状 [J]. 河南建材，2018（5）：379-380.

板材等。[①]

1）秸秆加筋土

秸秆加筋土是在土体中添加作为筋材的竹条、柳条、秸秆等生物质材料，这能使墙体的整体强度得到提高。在农宅建设中，加筋土墙体有其特殊优势。加筋土是传统夯土墙的推陈出新，就地取材、技术要求低、经济适用等要求使得其被越来越广泛地应用，如各种加筋地基、边坡、路堤、土垫层、挡墙等。加筋土墙体的水稳性和抗变形、抗压、抗剪能力均优于石灰土、盐渍土和传统黏土夯土墙。除此之外，其力学性能也与生物质筋材的比例、种类、形态等因素关联密切，但筋材防腐处理还有待继续被深入研究以使加筋土的强度、耐久性得到提高。[②~⑤]

2）秸秆砖

秸秆砖又名草砖，压实秸秆并将其切割成一定尺寸以此代替传统的黏土砖充当建筑的填充围护材料。在严寒、寒冷地区使用秸秆砖，有望实现墙体节能75%的目标，因为秸秆砖保温性能好，导热系数基本等同于建筑外墙保温材料聚苯板。秸秆砖若单纯依靠物理压缩捆扎的方法制备，其会有易被真菌或昆虫腐蚀、发霉变质、吸水膨胀等缺点。[⑥] 而更好的方法是将一定比例的胶凝材料与秸秆粉进行混合，待胶凝材料固化后形成抗压、抗剪并具有较好泊松比与弹性模量的基本力学性能。热惰性、导热系数等热工性能及防腐、耐火、防潮能力，与成分种类和配比，粉碎尺寸和含水率等物理指标及压缩成型工艺相关。目前，在秸秆砖的产品质量和生产工艺方面，尚无标准体系，且其工程应用也基本处在试验、推广阶段。[⑦]

3）稻草板

稻草板直接热挤压秸秆形成板材，并粘一层"护面纸"在其表面。[⑧] 稻草板因其可再生，原料丰富，无添加成分，生产工程对环境没有负担，废弃材料可直接降解等特征而生态优势突出。稻草板的热工和力学性能主要取决于生产工艺和秸秆种类。[⑨]

---

① ② ⑦ ⑨ 罗清海，张红艳，刘秋菊，等.秸秆作为建筑墙体材料的应用与发展[J].低温建筑技术，2020，42（1）：19-22.

③ 李陈财，璩继立，李贝贝，等.含水率对麦秸秆加筋土强度影响的试验研究[J].水资源与水工程学报，2014，25（6）：203-206.

④ 杨继位，柴寿喜，王晓燕，等.以抗压强度确定麦秸秆加筋盐渍土的加筋条件[J].岩土力学，2010，31（10）：3260-3264.

⑤ 柴寿喜，王沛，王晓燕.麦秸秆布筋区域与截面形状下的加筋土抗剪强度[J].岩土力学，2013，34（1）：123-127.

⑥ 傅志前.不同密度的麦秸砖墙导热系数试验研究[J].建筑材料学报，2012，15（2）：289-292.

⑧ 裴骏.钢—稻草板组合楼板受力性能研究[D].哈尔滨：东北林业大学，2016.

182   村镇住宅适应性设计

4）秸秆人造板

与稻草板不同的是，秸秆人造板需要破碎处理秸秆，然后添加脲醛树脂、硅烷偶联剂、异氰酸酯树脂、酚醛树脂等有机化学类胶粘剂，或使用无机胶粘剂。竹木质材料贴面的人造板，其既有木、竹材质优美的花纹与颜色，又有稻草刨花板优异的热工性能、物理力学性能，能够作为墙体室内装饰材料、非承重包装材料及保温材料使用。[①②] 秸秆人造板具有优良的声学、力学、热工综合性能，并与胶粘剂作用、材料配比、表面蜡质去除工艺、热轧成型工艺等因素有关。[③]

5）秸秆—水泥复合板材

使用镁水泥（硫氧镁、氯氧镁水泥等）无机碱性胶凝材料，粉碎秸秆后加入混凝土预制件构件中，可使复合制品的密度降低，质量减轻，也可能对复合制品的声学、力学及热工性能有所改善。可使用一定比例的建筑混凝土垃圾作为秸秆—水泥复合板材的再生骨料，胶凝材料种类、秸秆纤维种类、各材料的配比，预制件养护条件，秸秆材料的去蜡、糖、脂工艺等因素决定了其综合性能。[④⑤⑥]

6）复合保温砂浆

小麦秸秆—镁水泥复合保温砂浆的胶凝材料为镁水泥（MOC），轻骨料为玻化微珠，掺和料为粉煤灰。镁水泥的脆性因稻草纤维的掺入而得到改善，镁水泥的干燥收缩率也因此得到降低。对稻草纤维使用浓度 1% 的氢氧化钠（NaOH）溶液进行处理，可对镁水泥和稻草纤维的界面结构有所改善，提高镁水泥与稻草纤维的黏结。复合保温砂浆的防潮、隔热等热工性能，防裂、抗压等力学性能，以及工程经济性、施工和易性与生产工艺及材料配比相关。[⑦⑧] 此外，关于在复合保温砂浆中掺加秸秆材料是否能对镁水泥制品易变形翘曲的问题有所改善，需在更多的实际工程中进行检验。[⑨]

① 任丽敏. 稻草基复合材料成型工艺与包装造型研究 [D]. 哈尔滨：东北林业大学，2014.

② 左迎峰，吴义强，吕建雄，等. 工艺参数对无机胶粘剂稻草板性能的影响 [J]. 林业工程学报，2016，1（4）：25-32.

③④⑨ 罗清海，张红艳，刘秋菊，等. 秸秆作为建筑墙体材料的应用与发展 [J]. 低温建筑技术，2020，42（1）：19-22.

⑤ 伍圣超，郑开丽，龚煜廉，等. 绿色建材麦秸板及其复合墙体声学性能试验研究 [J]. 建筑科学，2016，32（8）：127-132.

⑥ 王晓燕，吕朝霞，阚欣荣. 稻草纤维复合水泥制备墙体保温材料的研究 [J]. 混凝土与水泥制品，2015（9）：72-75.

⑦ 金开锋，张秋平，张润芳，徐明. 不同秸秆填料对镁质水泥轻质砌块性能的影响 [J]. 混凝土与水泥制品，2014（4）：71-73.

⑧ 王建恒，田英良，徐长伟，等. 玉米秸秆掺量对氯氧镁水泥复合保温材料性能的影响 [J]. 新型建筑材料，2016，43（5）：87-90.

2. 建筑废弃物

传统民居和生土住宅中使用的绝大部分材料都可以直接回归自然，不需要额外的处理，如生土墙、木材等可以缓慢地自然分解，石材、青砖、青瓦在自然界中可以缓慢地风化，也可以重复利用——如铺路、铺地等。[①]

新建的村镇住宅中传统材料所占的比例很少，使用了很多难以自然分解的建筑材料，如钢材、混凝土、玻璃、铝合金等，其产生的建筑废弃物必须引起足够的重视。[②]首先在住宅设计阶段就应注重尺度的推敲，[③]减少材料的浪费，并选择易于处理或回收利用的建筑材料，以减少建筑废弃物的产生。其次，对建筑废弃物进行集中处理：[④]

（1）钢材具有持久耐用、环境友好、可重复使用的特性，也能集中熔化再进行循环利用；

（2）铝虽然生产时会大量耗能、污染环境，但其能有效抵御外界气候因素，且维护费用较低，重复使用是其最好的处理办法；

（3）高分子聚合体材料从石化产品中进行提炼，乱丢会对环境造成较大影响，也应集中进行循环利用，例如保温板可采用回收的泡沫材料为原材料；

（4）废弃混凝土常被碾碎成填石，或结合木头垃圾进行保温板的制造；应由专门的公司来进行废弃混凝土、玻璃的回收利用；

（5）重复利用黏土砖可以用于围墙、次要房间的砌筑或铺路等；

（6）针对难以分解的材料如琉璃瓦、陶瓷瓦、卫生器皿等可直接重复利用；

（7）集中处理各种室内装修材料如石膏、各种涂料等。[⑤]

3. 生活垃圾

第一，减少垃圾，并将环保观念和节约资源的思想宣传到位；第二，垃圾分类，以便进行回收与处理；第三，设置垃圾收集点于村庄内，[⑥]垃圾转运站应设置在镇（乡）和较大的村庄，对垃圾进行分类处理，并应密闭集中存储，在运送至垃圾处理场的过程中也应密闭，然后在垃圾处理场对其进行无害化处理。[⑦]

①②⑤⑥　刘伟.湖南中北部村镇住宅低技术生态设计研究[D].长沙：湖南大学，2009.

③　吕游.乡村住宅适宜生态技术应用研究[D].长沙：湖南大学，2008.

④　布莱恩·爱德华兹.可持续性建筑[M].周玉鹏，宋晔皓，译.北京：中国建筑工业出版社，2003.

⑦　邵爱云，方明，李霞.村庄整治项目的确定及相关措施——以北京市平谷区甘营村村庄整治规划为例[J].建筑学报，2006（5）：8-11.

4. 雨水回收与中水利用

应对水资源进行合理地利用，节约用水，并减少水资源的污染。[①]

（1）保护乡村已有的湿地和水体，储存雨水；同时，为野生动物提供生境、保持土壤、抑制地面径流与侵蚀、促进水文循环、疏导洪水；

（2）重视地下水的恢复与补充；保护渗透性土壤，同时对硬质地面进行软化处理，增加吸水空隙，这样降水大部分能渗入地下，是对地下水的一种补充，对地下水的开采也应合理控制；

（3）中水的回收与利用；收集并利用雨水、对生活废水进行回收利用；

（4）卫生器具和设备应用节水节能型的，如节水龙头、节水淋浴设备、节水型便器等；

（5）保护和提高水质：除涵养水源并应净化生活废水，对自然生态环节的分解功能也应充分利用，再利用处理后的水或将其归还给水体；减少农业生产过程中农药的使用，或净化农业生产废水，如"人工湿地污水处理"就是利用水生植物高度吸收污染的一种生态处理法。[②]

◆ **思考题**

1. 什么是生态建筑？你认为建筑从哪些方面体现生态？

2. 保温与隔热的区别与联系是什么？

3. 影响室内热环境的因素有哪些？

4. 自然采光与遮阳的联系有哪些？

5. 自然采光有哪几种方式？分别介绍其适用情况。

6. 遮阳有哪几种方式？分别介绍其特点。

7. 自然通风有哪几种方式？分别介绍其原理。

8. 可再生能源利用技术有哪些？

9. 深层地热能与浅层地热能利用技术的区别？

10. 资源循环利用有哪几种形式？

---

①② 陈重东. 湖南村镇住宅生态设计与研究 [D]. 长沙：湖南大学，2006.

第 5 章

——

村镇住宅的
适应性改造

5.1 村镇住宅转型改造特征分析

村镇住宅转型的特征可以分为转型模式特征、整体布局与交通特征、空间组织特征、功能空间特征、整体风貌与细部装饰特征。

5.1.1 转型模式特征

模式，即主体行为的一般方式，是介于理论与实践的中间环节；村镇住宅转型模式，即乡村住宅转型发展的主观理性形式。村镇住宅的转型发展主要经历了以下两重循环过程（图5-1）。

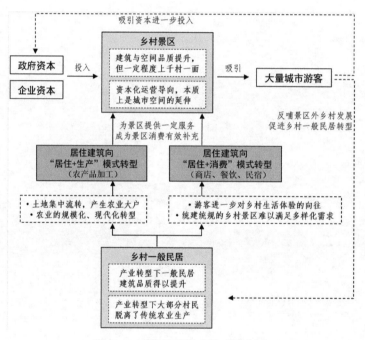

图 5-1 两种转型模式的动因分析

第一重循环为政府主导的"自上而下"规划过程。政府通过村庄总体规划确立了乡村旅游开发的目标，而得益于近郊乡村与城市空间在经济、交通、人口上的紧密联系，人口迁移、城市扩张催生出的城市人群对"乡愁"的向往，在政府资本与企业资本的推动下，乡村文化与乡土空间成为城市消费品，乡村景区等观赏性空间得以被生产。随着大量城市游客的消费，近郊乡村的景区空间也不断完善延展，多景区空间联动、空间情景化等设计手段成为当下的主流，景区逐步形成集合接待、展览、游览、体验多种功能的乡村综合体。与此同时，乡村聚落的居

村镇住宅适应性设计

住空间逐步成为乡村景区的"背景"，在总体规划下基础设施、建筑品质有所提升，却缺乏精细化的空间设计。

第二重循环为游客与村民共同主导的"自下而上"自发行为。一方面，随着乡村景区在资本的推动下不断生产与复制，逐步出现空间体验同质化现象，不少城市游客将目光转向乡村聚落的街巷空间与乡村住宅，以期获得更具特色的乡村空间体验；与此同时，部分村民以此为契机，利用自身住宅进行一定适应性改造，将住宅原本的院落、起居室、卧室等居住功能置换成零售商店、家常餐饮、特色民宿等对外经营功能，以满足城市游客的消费需求。另一方面，随着乡村的产业结构从以农业等第一产业为主体转型为农业、农产品加工、旅游业等三产融合发展，乡村的产业形态从分散化、个体化、手工化转型为现代化、规模化、集中化，乡村发展不再依赖大规模的农民手工作业，大部分村民从传统农业中脱离了出来；在此背景下，种植农业、农产品加工逐步向乡村中几个农业大户集中，农业大户将自身住宅进行一定适应性改造，以满足农业相关产业的生产需要。

综上所述，在乡村发展的两重循环过程中，部分村镇住宅在功能上进行转型，从而适应乡村的旅游化发展，在转型过程中村镇住宅主要形成了以下两种转型模式。

1. 居住建筑向"居住 + 生产"模式转型

该转型模式由居住、农产品加工、田地三个主要功能构成。从空间上，户主通过向原有居住建筑中增设农产品加工厂房，用以摆放谷物除杂、砻谷、碾米、抛光等设备进行农产品的加工，并利用原有居住建筑的部分空间提供与之配套的农产品分拣打包室、储藏室、货运车库等功能。从运营上，户主通过现代化的机械设备集中管理村落中的大部分田地，农作物收回自身厂房进行加工，加工成品一部分提供给旅游消费，另一部分供应城市经销商（图 5-2）。

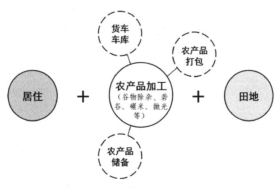

图 5-2　"居住 + 生产"模式图

2. 居住建筑向"居住+消费"模式转型

该转型模式由居住、游客消费两个主要功能构成，部分村民住宅还有自家菜地或池塘。从空间上，户主将自身原有居住建筑进行一定改扩建与功能置换，将部分偏公共的空间作为餐饮、商店或民宿进行使用，同时利用居住建筑的部分厨房、卫生间等作为游客消费功能的服务空间。从运营上，以家庭单位自主经营为主，餐饮等原材料大部分产自自家菜地或池塘；部分店家的菜地或池塘同时提供一定采摘、垂钓服务，但并未做过多宣传或空间设计（图 5-3）。

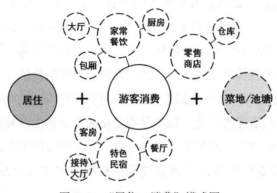

图 5-3　"居住+消费"模式图

5.1.2　整体布局与交通特征

交通与整体布局，也即建筑的外部环境与建筑群体组合，包括宏观层面的区位特征，探讨乡村景区与村镇住宅转型的相互空间关系（图 5-4）；中观层面的外部环境特征，探讨村镇住宅转型周边环境与住宅的空间关系；微观层面的庭院布局特征，探讨村镇住宅转型的建筑群体与庭院的空间关系。

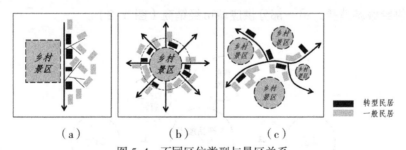

图 5-4　不同区位类型与景区关系
（a）沿交通干道式；（b）向心围合式；（c）多中心网状式

1. 区位特征

1）沿交通干道式，即乡村景区、各转型村镇住宅沿一条交通主干道呈线性鱼骨状分布，常见为在干道一侧为主要乡村景区，另一侧为转型村镇住宅靠近乡村景区分布。该类型村镇住宅往往具有较为开阔的大角度景观视野、便利的交通条件，从而使得转型住宅得以更易被游客识别、消费。如长沙果园镇田汉村、长沙开福区汉回村、株洲攸县新联村均呈现该空间类型，从道路剖面来看，这些乡村聚落形成"山水田园—乡村景区空间—乡村干道—转型住宅—一般住宅"空间序列，转型住宅分布较为集中。

2）向心围合式，即以乡村景区为中心，多条乡村干道向四周放射，乡村住宅沿乡村干道围绕乡村景区分布，其中，距离乡村景区越近区域，转型住宅越多。相较第一种空间类型，该类型住宅分布相对分散。较有代表性的乡村有长沙宁乡市关山社区、长沙果园镇浔龙河村，其乡村景区位于乡村聚落中心，多条乡村干道放射穿过乡村聚落，沿乡村干道靠近乡村景区区域散落多处转型住宅，得以最大限度利用乡村景区边界，在多个景区边界方向为游客提供服务。其中关山社区在乡村景区与转型住宅之间环绕一圈池塘，形成更为丰富的空间层次与景观资源，转型住宅与关山古城隔水相望，有利于促进乡村住宅进行转型。

3）多中心网状式，即乡村聚落中有多个乡村景区进行空间联动，呈现多个乡村景区与乡村聚落混合分布，在乡村景区与乡村聚落之间有多个转型住宅聚集点网状分布。该类型转型住宅由于位于多个乡村景区之间，转型住宅风貌往往直接呼应乡村景区，使游客得以更直观感受景区主题，形成情景化效果。最为典型的乡村为湘潭韶山市韶山村，其乡村聚落内按毛泽东生平分散布置多个乡村景区，在乡村聚落内形成多主题串联的叙事空间，而在这些景区之间又分布着多个乡村转型住宅与一般住宅的聚集点，不同空间形态与空间功能混合交错，形成较为整体的游览体验。

整体来看，往往在乡村景区边界与乡村聚落边缘之间形成了乡村住宅转型的活跃地带，其距离景区较近，有较好的交通条件，又兼具优美的景观资源与丰富的人文资源，更易催生出自发改造从而进行适应乡村景区发展、生产、经营的转型住宅，为游客进行深度服务。而从转型数量来看，转型住宅约占乡村聚落总户数的 10% 以内，多数乡村的转型住宅集中于靠近景区的干道一侧，可见乡村住宅转型对交通条件与景观资源高度敏感。

2. 外部环境特征

相比城市高楼大厦林立的高新区与低密度小路网的商业街区，旅游型近郊乡村住宅的生产经营化转型往往与优质的乡村景观资源相结合，形成拥有低密度小尺度建筑、开阔公共空间的乡村图景。经对比分析，乡村转型住宅的外部环境可以分为三种类型（图5-5）。

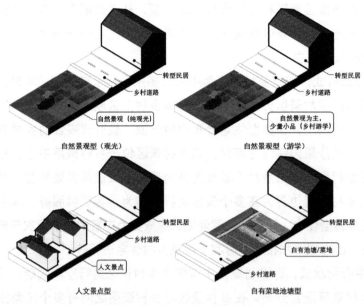

图 5-5 转型住宅不同外部环境类型

1）转型住宅与自然景观相结合，该类型又可细分为观光类与游学类。自然景观由乡村一般农田或乡村景区内经人工修饰过的景观农田、山川湖泊、少量景观小品建筑构成；其中观光类以游客田园观光游览为主，游学型以接待中小学生素质拓展活动为主。转型住宅本身具备开阔景观视野与极佳观赏位置，同时建筑因其地理位置较好且正立面无任何遮挡物。

2）转型住宅与人文景点相结合。人文景点为乡村景区内的人文建筑群，如田汉村田汉文化园等，景区建筑相对一般乡村住宅而言具备高度概括的乡土特征，建筑外立面显著区别于一般住宅。而转型住宅与人文景点等人流较为集中的场所相结合，也使得转型住宅更易被旅游人群识别，发生消费行为。

3）转型住宅与户主自持菜地或池塘相结合。该类型住宅在转型过程中仍然保留了自持的菜地或池塘，其菜地与池塘出产的瓜果、蔬菜、飞禽、鱼虾等往往用以供应经营，形成了具有农家特色的建筑前景。在转型住宅经营过程中，消费人群易与建筑前景发生互动行为，如采摘、垂钓等体验活动，从而使得该类型住宅具备了一定的可识别性。

透过街巷尺度，可以进一步印证转型住宅与周边景观资源的高度耦合关系。景观资源一定程度上促进了乡村住宅的生产经营化转型，同时，不同种类景观资源的不同属性赋予了转型住宅一定的可识别性，得以被消费人群识别并进行消费。

3. 院落布局特征

转型住宅因其由一般乡村住宅进行生产经营化改造而成，其建筑组合与庭院关系仍带有乡村居住建筑特征，常有前院、天井、后院三种庭院类型。前院，位于建筑整体南侧，作为住宅的入口空间与主要室外活动空间，转型前一般作为户主活动、农作物日晒、衣物晾晒等功能场地；天井，不同于传统民居屋顶相连围合而成的天井，现代乡村住宅的天井为两栋居住建筑之间的狭长庭院，一般设有排水沟，部分户主在庭院上方架设彩钢板或阳光板等临时遮雨设施，转型前常用于日常洗漱、饭菜淘洗、衣物清洗等需要用水的生活活动；后院，位于建筑整体北侧的小型开敞空间，转型前常用于物料或木柴堆放。经实地调研，转型住宅主要涉及前院型、前后院型、天井型、综合型四种组合类型（图 5-6）。

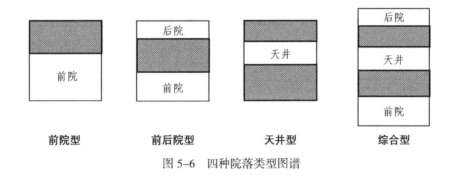

图 5-6　四种院落类型图谱

前院型由转型住宅与前院构成，常见形式可以是单栋建筑与前院构成，亦可以是多栋建筑围合成前院。该类型前院因其门户属性与开放属性，转型方向偏向于生产经营活动中公共开放功能，常用作停车空间、对外经营大厅等。如田汉村黄家老饭铺，其在一般住宅基础上引入餐饮功能，将原有前院空间作为消费人群的停车场所；浔龙河村的吴满爹土菜馆与关山社区的关山庭院家菜馆则将前院上覆盖彩钢板，作为开放的餐饮大厅，从而将生产经营功能对日常居住功能所造成的影响最低，同时兼具低成本与方便灵活的特点，也一定程度上提高了公共空间的观景、采光通风效果（图 5-7）。

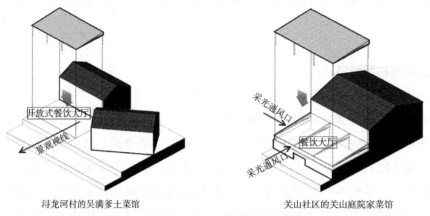

浔龙河村的吴满爹土菜馆　　　　关山社区的关山庭院家菜馆

图 5-7　前院型中户主自发利用院落的方式

前后院型即转型住宅同时拥有前院与后院。前院作为乡村住宅的入口空间，建筑内堂屋作为主要的生产经营空间，而后院因其与生产经营空间相连、具备较好的私密性、拥有宽敞的大空间，户主通过搭设彩钢板将原本的日常生活物料储备转型为兼作生产经营过程中的货物储备。较为典型的如田汉村的某商店，其前院仍然保留部分日常生活功能，如晒谷、衣物晾晒等；住宅的堂屋本身同时连接前院与后院，因此将堂屋引入对外零售功能，后院则上架彩钢板形成封闭空间用作零售的仓储用房（图 5-8）。

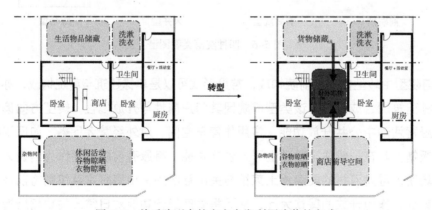

图 5-8　前后院型中的户主自发利用院落的方式

天井型由两栋住宅构成，通过两栋建筑前后排列或左右排列构成天井。其中一栋建筑为堂屋、起居室、卧室等户主的主要使用空间，另一栋为仓库、卫生间、厨房、餐厅等生活服务空间，天井则作为联系二者的灰空间，一方面承担一定的交通联系功能，另一方面也兼具部分需要用水的日常活动；在现代住宅中，部分天井同时承担停车功能。住宅进行生产经营化转型后，一栋建筑同时容纳日常生活主要使用空间与生产经营主要使用空间，另一栋建筑同时容纳生活服务空间与生产经营服务空间，天井呈现生活流线与生产经营流线并行特征。以新联村家庭民宿 1 号为例，该转型住宅由东西两栋建筑横向排列构成天井，在东侧建筑中设置民宿客房等消费人群主要的使用空间，西侧建筑中设置客厅与厨房等服务空间，满足部分消费人群餐饮需求，天井成为联系二者的交通核心，同时兼具停车、洗菜、衣物清洗与晾晒等部分生活功能（图 5-9）。

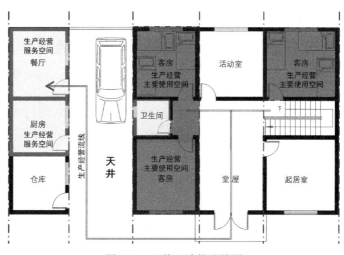

图 5-9 天井型功能流线图

综合型由多栋建筑与多进院落同时构成，同时包含前院、天井、后院三种不同功能的庭院。村镇住宅自发进行生产经营化转型后，在前述类型的基础上，由多栋建筑、多进院落、多种功能流线共同组成复合产居空间，表现为不同功能流线与不同空间层次错位交叠的特征。田汉村丰农富家庭农场作为典型的综合型转型住宅，其在日常居住功能的空间层级上，将前院作为开放空间，成为居住功能的入口，将天井、后院作为私密空间，用于会客交谈、起居洗漱、衣物清洗、饭菜淘洗等功能；而在生产经营功能的空间层级上，将天井作为厂房的入口空间，成为主要的运输通道，将后院作为农产品加工后的分拣、打包、分发等服务性场所；天井作为该乡村住宅的空间核心，私密性的居住功能与开放性的生产经营功能在此交叠，成为乡村住宅转型的突出特征之一（图 5-10）。

透过对全部样本平面的庭院尺寸统计，户主对庭院的自发性生产经营改造一定程度顺应了庭院的空间特点。相比村镇住宅内部严格划分的大小房间，利用庭院能形成较大尺度、形态自由的空间，一定程度上拓展了生产经营功能。然而，将原本适应居住的庭院空间结构引入生产经营功能，仍然带来了对外部环境利用不足、空间开放程度冲突、功能流线交叉的诸多现实问题。

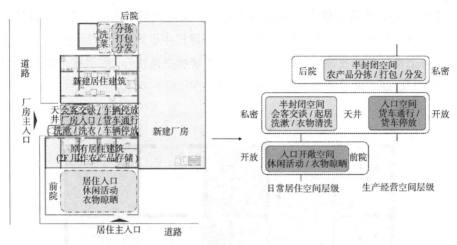

图 5-10　综合型院落转型后空间层级划分

5.1.3　空间组织特征

不同于经过专业方案与施工团队设计的新建生产经营性建筑，既有村镇住宅的自发性生产经营化改造受限于户主的思维观念、场地限制、原有户型结构、户主与游客不同需求等诸多因素，其内部空间组织呈现居住与生产经营互相混合特点，户主既需要考虑原有居住功能的完整性，同时需要考虑生产经营功能的适应性。户主在进行改造的空间组织手法可以归纳为既有建筑功能重组、既有建筑改扩建、既有建筑与新建建筑形成合院等共计三种主要方式（图5-11）。

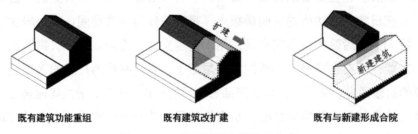

图 5-11　三种不同的空间组织方式

1. 既有建筑功能重组

功能重组，即户主不改变既有建筑的整体空间格局与空间结构，仅将局部空间的功能进行替换，引入生产经营功能，既有建筑在不进行改扩建或新建的情况下就能实现日常居住与生产经营功能混合使用。将生产经营服务性空间按游客与户主共用空间、同时服务对外生产经营与对内日常生活空间进行分类，从而得出典型案例功能解析轴测图解，并对转型特征进行提取，得出既有建筑功能重组型主要特征，并按出现频率与主次高低分为一至三级（图5-12）。

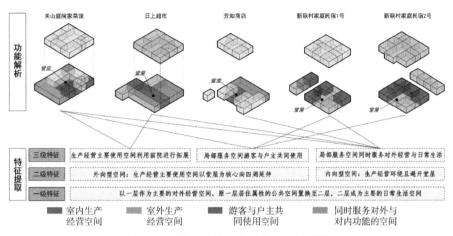

图 5-12　既有建筑功能重组型特征图谱

一级特征，即户主采用频率最高做法，将一层作为主要的对外经营空间，以堂屋为空间组织核心，形成从餐饮大厅、零售卖场等生产经营主要使用空间至厨房、仓库、卫生间等生产经营服务空间的空间序列，将原居住建筑的起居室、儿童活动场地等偏公共属性的功能置换至二层，从而使二层成为主要的日常生活空间，一层仅保留厨房、餐厅、卫生间、储藏室等部分生活服务空间（图5-13）。

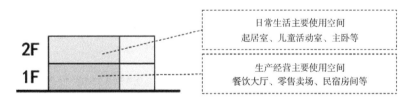

图 5-13　功能属性剖面示意

二级特征，即户主采用频率较高做法，堂屋作为户主对外生产经营功能的空间组织核心，其空间组织方式主要有两种类型：一种为以堂屋为核心形成外向型空间，以堂屋及其周围延伸空间，如一层餐厅、前院等外向型空间作为对外生产经营的主要使用空间，常见于餐饮、零售等转型业态；另一种为以环绕堂屋的小空间形成内向型空间，以环绕堂屋的卧室、活动室等转型为对外生产经营的主要使用空间，而堂屋本身却仍作为原居住功能的一部分不发生功能变化，常见于家庭民宿等转型业态（图 5-14）。

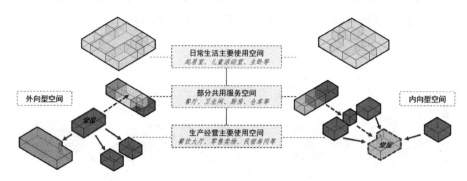

图 5-14　外向型空间与内向型空间对比

三级特征，即部分户主采用做法，利用前院通过架设雨棚形成灰空间的方式拓展主要使用空间，可以形成灵活多变的大空间。在生产经营的服务性空间上，则利用原有户型结构的餐厅、卫生间等，形成户主与游客共同使用的空间；此外，部分乡村住宅的厨房、储藏空间等，虽然主要使用者为户主，却同时兼具服务对外生产经营功能与服务对内日常居住功能。

既有建筑功能重组为户主最常使用的空间组织方式，从户主角度，其对原有户型结构变动较少，通过简单改造即可形成对外生产经营功能，功能重组成为户主自发改造的基本方法。

2. 既有建筑改扩建

既有建筑改扩建，即户主在原有居住建筑基础上对建筑进行一定的拆改与扩建，扩建部分与既有建筑相连。归纳出如下三级特征（图 5-15）。

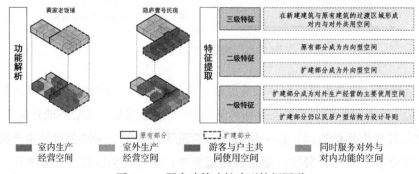

图 5-15　既有建筑改扩建型特征图谱

　　　　　　　　　　　　　　　　　　　　　　村镇住宅适应性设计

一级特征，经实地调研与访谈，户主在因想要引入生产经营功能而对既有建筑进行扩建时，仍然以一般村镇住宅的户型结构作为扩建部分基本设计导则，仅通过功能重组将扩建部分的居住功能替换为对外生产经营功能。此外，户主在扩建完成后倾向于将扩建部分作为对外生产经营功能的主要使用空间，设置独立入口，专门供游客出入，从一定程度上减少游客对户主日常生活的影响。

二级特征，即户主在对自身住宅进行生产经营化转型过程中，将扩建部分按外向型空间的空间组织手法，一层以餐饮大厅、民宿接待大厅等类似堂屋的公共空间作为空间组织核心将对外生产经营功能向四周或垂直方向拓展，整体形成生产经营主要使用空间。将原有建筑部分按内向型空间组织手法，对环绕堂屋的部分小空间进行功能置换，作为对外生产经营主要使用空间的补充，而堂屋本身仍然作为居住属性空间。

三级特征，在建筑扩建部分与原有部分的过渡区域，往往形成游客与户主共同使用、对内服务日常生活与对外服务生产经营的共用空间，即厨房、民宿餐厅、卫生间等。从户主角度，该空间组织手法能最大化利用服务空间，一定程度上减少扩建面积，同时能利用扩建部分的生产经营服务空间服务日常生活，改善户主居住体验（图5-16）。

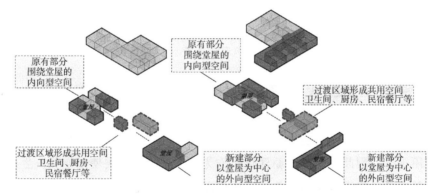

图5-16　既有建筑改扩建型引入生产经营功能方式

3. 既有建筑与新建建筑形成合院

既有建筑与新建建筑形成合院，即户主在将自身住宅进行对外生产经营化转型过程中，通过新建一栋或多栋建筑，并与既有建筑形成合院，从而实现生产经营功能。基于对样本建筑的功能解析与特征提取，归纳出如下两级特征（图5-17）。

一级特征，即户主在新建建筑时仍然按照住宅户型结构为设计导则，在与既有建筑进行组合交接时，同样采取住宅的宅院空间组合形式，按照"前院—天井—后院"的基本庭院层次进行围合；部分户主在新建建筑的过程中，原本是按自身居住的需求进行新建，但因外部环境的变化或亲朋好友的建议，临时起意引入对外生产经营的功能，但总体而言仍然以住宅户型结构为基本设计原型。此外，户主在砌筑建筑的过程中，往往考虑到与原有建筑的交通便利性，多采用钢框架结构与彩钢板屋面形成灰空间或厂房与原有建筑进行连接，从而既能控制成本又能遮风挡雨（图5–18）。

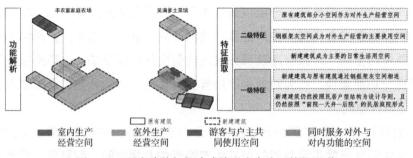

图 5–17　既有建筑与新建建筑形成合院型特征图谱

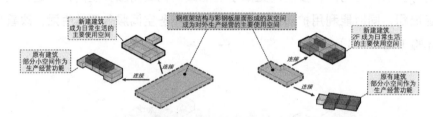

图 5–18　既有建筑与新建建筑形成合院型引入生产经营功能方式

二级特征，通过走访发现，即户主在引入对外生产经营功能时，往往基于自身居住利益与"面子"问题，在涉及多栋建筑时存在价值判断现象。在户主的价值序列中，自身居住环境为价值第一位，新建建筑在建筑质量、立面材质上比原有建筑有所提升，因此倾向于将新建建筑作为日常生活的主要使用空间；生产经营环境为第二位，将钢框架结构与彩钢板屋面形成的灰空间、原有建筑的卧室等部分小空间进行整合，作为生产经营的主要使用空间。

整体而言，户主在对自身住宅进行改造的三种主要空间组织手法各自有不同特征，户主在选用时易受到重视程度与投入成本、乡村风俗与人情考量、对建筑空间的朴素认知、场地条件制约等多重因素的影响。从成本与改造方便程度的角度而言，既有建筑功能重组为成本最低、改造最为便利的方式，因而被户主广泛使用，既有建筑改扩建次之，既有与新建形成合院出现频率相对不高。从不同改造方式的背后逻辑而言，三种方式本质上均为对居住建筑的功能重组，通过对住宅户型平面进行功能替换实现生产经营功能的引入。

5.1.4 功能空间特征

从功能空间的设计手法而言,户主所引入的生产经营功能可以分为农产品加工、家常餐饮、零售商店、家庭民宿四种功能类型,从内部功能空间的平面结构上可以解构为一字形模块、六宫格模块、九宫格模块三种空间操作模块的排列与组合,共计形成九种平面原型。本节分为两个层面解析转型住宅功能空间特征:平面结构层面与具体的对外生产经营空间层面(图5-19)。

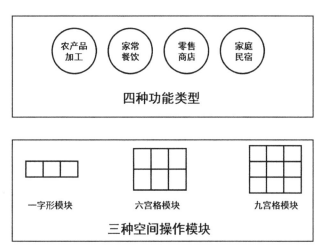

图 5-19 功能空间设计手法解析

1. 平面结构特征

农产品加工类转型住宅平面结构具有如下四个特征:①农产品加工厂房占地规模较大,同时涉及车行流线与人行流线,往往与多进院、多个建筑单体进行组合,形成综合型院落,其引入方式以新建为主。②在建筑空间组合关系上,通常由五开间一字形模块、六宫格模块、新建厂房进行结合,一字形模块与新建厂房围绕于六宫格模块外侧,作为对外生产经营空间,六宫格模块作为户主日常生活空间成为组织核心。③在功能属性上,新建厂房空间作为生产经营主要使用空间,临街面一字形模块则承担仓库等辅助功能,从户主角度,这在一定程度上保障了内部日常生活空间的私密性。④结合走访调研,厂房位置相对灵活,户主在新建时通常置于六宫格模块的左右侧,或一字形模块前侧(表5-1)。

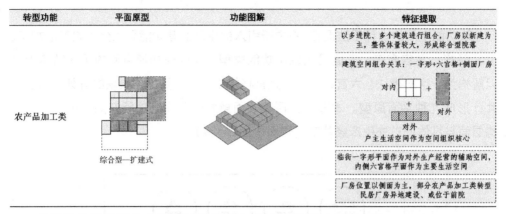

表 5-1 农产品加工类转型住宅特征图谱表

转型功能	平面原型	功能图解	特征提取
农产品加工类	综合型—扩建式		以多进院、多个建筑进行组合，厂房以新建为主，整体体量较大，形成综合型院落
			建筑空间组合关系：一字形+六宫格+侧面厂房 对内 + 对外 + 对外 户主生活空间作为空间组织核心
			临街一字形平面作为对外生产经营的辅助空间，内侧六宫格平面作为主要生活空间
			厂房位置以侧面为主，部分农产品加工类转型民居厂房异地建设、或位于前院

家常餐饮类转型住宅平面结构具有如下两级特征（表5-2）。

表 5-2 家常餐饮类转型住宅特征图谱表

转型功能	平面原型	功能图解	特征提取	
家常餐饮类	前院型—扩建式		一级特征	院落类型以前院型为主，空间组织手法涉及功能重组、改扩建、新建三种类别
				空间呈现典型外向型特征，餐饮大厅均置于南侧临街区域
	前院型—功能重组式			建筑空间组合关系：内向型+外向型组合 或 + 或 内向型 外向型
				外向型为餐饮大厅，内向型为包厢、厨房、卫生间等辅助服务空间
	前院型—新建式		二级特征	功能重组式多采用纵向布置　｜　扩建、新建式多采用横向布置 +　｜　+ 或 +

一级特征，也即普遍特征。第一，家常餐饮类院落类型以前院型为主，作为发展较早、较为普遍的引入生产经营类型，其引入方式涉及既有建筑功能重组、改扩建、新建三种类别。第二，其空间呈现典型外向型特征，餐饮大厅均置于南侧临街界面，且部分户主利用前院对餐饮大厅进行简单扩展。第三，其建筑空间组合关系可以解构为内向型空间与外向型空间组合的方式，内向型空间多为一字形或六宫格模块，以堂屋为中心围绕布置包厢、卫生间、厨房等服务空间；外向型空间多为六宫格或九宫格模块，作为餐饮的大厅空间。

二级特征，也即分类特征。在空间组合关系上，功能重组式与扩建新建式的组合方式略有不同。功能重组式受限于原有户型结构，在空间组合上内向型与外向型模块以纵向布置为主；扩建、新建式则是在水平向沿临街面展开布置，一定程度上反映户主想要利用沿街面增加对外展示界面的商业考量。

零售商店类转型住宅具有如下两级特征（表5-3）。

表5-3　零售商店类转型住宅特征图谱表

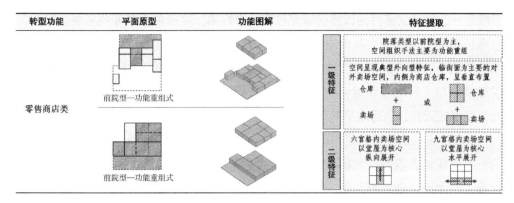

一级特征，第一，零售商店类院落类型以前院型为主，户主常用的空间组织手法为既有建筑功能重组，其建筑空间同样呈现典型外向型特征。第二，户主在引入零售商店功能时，形成"卖场空间—仓库"纵向序列，卖场空间临街布置，仓库则利用后院或内侧房间布置，通常满足就近原则。

二级特征，针对六宫格与九宫格两种模块，户主对于引入卖场空间的空间利用方式有所区别。对于六宫格模块，户主以堂屋为核心纵向展开，因而卖场空间呈现开间较短、进深较长的特点；对于九宫格模块，户主以堂屋为核心水平展开，因而卖场空间呈现开间宽、进深短的特点。

家庭民宿类转型住宅具有如下两级特征（表5-4）。

表5-4　家庭民宿类转型住宅特征图谱表

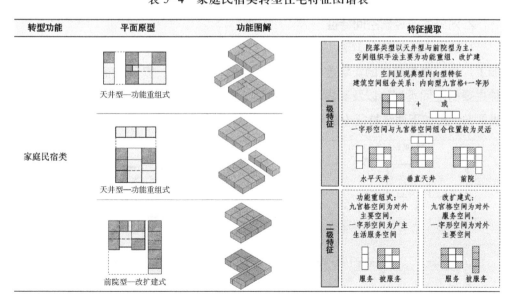

一级特征，主要分为以下三点。第一，该类型转型住宅院落空间分为天井型、前院型两种，空间组织手法主要有既有建筑功能重组、既有建筑改扩建两种，其中天井型—功能重组式多数用以接待中小学素质拓展，部分用以接待观光散客；前院型—改扩建式多数用以接待观光散客，少数用以接待中小学素质拓展。第二，家庭民宿类呈现典型内向型空间特征，其建筑空间可解构为九宫格模块与一字形模块的组合，其中九宫格模块以堂屋为中心，客房围绕堂屋进行布置。第三，一字形模块与九宫格模块组合关系较为灵活，可水平向与九宫格组成天井、纵向与九宫格组成天井，也可水平向与九宫格进行合并，形成前院。

二级特征，功能重组式与改扩建式的空间在关系上同样有所差别。功能重组式的一字形模块为既有住宅的一部分，尺度较小，为户主日常生活的服务空间，如厨房、卫生间、仓库等空间。改扩建式的一字形模块为新建部分，一字形模块本身较为符合民宿、酒店类的空间特点，能够将客房单元高效排列，因而被户主作为单廊式客房用于对外生产经营主要空间，客房单元设计尺度相对较大。

总而言之，从不同功能类型而言，户主针对引入功能作出了一定的适应性探索，如户主在引入农产品加工、家常餐饮、零售商店时采用外向型空间结构，引入家庭民宿时采用内向型空间结构，通过功能重组、改扩建、新建等不同手法改变原有空间结构的纯居住属性。然而户主的适应性探索主要聚焦于引入的对外生产经营功能空间与日常生活功能空间的相互适应与空间匹配上，在当下旅游型近郊乡村为主导产业、外部环境发生改变的背景下，户主对于对外生产经营功能空间的消费者需求适应与外部环境适应上并未有系统性探索。

2. 对外生产经营空间特征

对部分典型案例的典型对外生产经营空间进行单独提取，按家庭农场的农产品加工厂房、零售商店的卖场空间、家常餐饮的餐饮大厅、家庭民宿的客房空间四种主要的空间类型，以及其内部的功能划分进行对比分析。通过功能解析与特征提取归纳出如下两级特征（图5-20）。

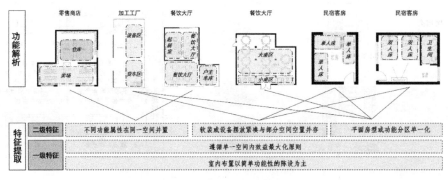

图5-20　主要对外生产经营空间特征图谱

　　　　　　　　　　　　　　　　　　　　　村镇住宅适应性设计

一级特征，户主自发布置对外生产经营空间时，往往受传统小农经济影响，对现代商业空间、消费心理等领域认知较为朴素，易将不同类型的生产经营空间具象为不同大小的房间与相应功能常见陈设的组合。因此，在户主布置不同类型空间时以简单功能性陈设为主，例如将堂屋陈设简单替换为一般餐厅的圆桌或方桌即作为餐饮大厅，将钢框架与彩钢板围合的灰空间作为农产品加工厂房。并且，户主在布置时遵循单一空间内效益最大化原则，即对于既有房间而言，尽可能多地摆放相关陈设，从而达到单一房间加工设备最大化、零售陈列数量最大化、餐厅或客房接待人数最大化；对于通过搭设钢框架限定的灰空间，则尽可能拓展所占空间，实现增加的面积最大化。

二级特征，户主在遵循以上原则对具体空间进行适配时，又呈现出以下不同特征。其一，不同功能属性在同一空间的并置现象，即部分对外生产经营的消费者使用空间与服务空间或日常生活空间处于同一空间内，如部分零售商店将卖场与仓库并置、部分餐饮大厅与起居室并置。其二，软装或设备摆放紧凑与部分空间空置现象，即户主在将原居住空间内的生产经营陈设摆放最大化的过程中，出现空间尺度与陈设不相适应的情况，造成剩余空间未能被户主赋予功能与有效利用，部分空间空置。其三，平面房型或功能分区单一化现象，即户主在对平面进行布置时，往往并未对外生产经营的主要使用空间进行不同消费场景的划分，而是采用单一的功能分区与统一的生产经营陈设来应对多元的消费群体与消费需求，如在家庭餐饮中采用同一种桌型按方阵形式排列，在家庭民宿中均为同一种房型且该房型仅能满足基本的睡眠与洗漱需求。

通过进一步对生产经营空间内部的空间组织手法进行分析，户主在进行改造时仍然贯彻功能重组的基本思路，在建筑内部引入生产经营功能时，将生产经营与日常居住的空间差异等同于室内机械设备、货架、桌椅、床品等功能性陈设的差异，对主要陈设进行功能替换成为主流的空间内部组织手法。

5.1.5 整体风貌与细部装饰特征

在城市空间中，生产经营型建筑与居住建筑在外立面的设计原则与设计手法上通常具有较大差异性。生产经营型建筑由于其公共属性与资本化运营特点，其立面具有一定的辨识度与"昭示性"，在立面材质、立面肌理、立面构成、开窗面积、灯光氛围等方面上与一般居住建筑形成显著差别。在近郊乡村聚落中，户主利用自身既有住宅自发引入生产经营功能，形成生产经营与日常居住一体的转型住宅，其立面特征相比城市建筑又有较大不同。为了探究近郊乡村转型住宅的立面特征，本节选取了典型案例的立面进行对比分析（表5-5）。

表 5-5　不同转型住宅外立面风貌汇总表

案例名称	立面图	转型住宅风貌	屋顶形式	立面材质	装饰性元素
丰农富家庭农场		一般村镇住宅	坡屋顶	涂料	无
黄家老饭铺		一般村镇住宅	平屋顶	瓷砖	罗马柱
吴满爹土菜馆		一般村镇住宅	坡屋顶	涂料	无
关山庭院家菜馆		现代徽式住宅	坡屋顶	涂料	徽式马头墙
芳如商店		一般村镇住宅	平屋顶	涂料	无
日上超市		一般村镇住宅	平屋顶	瓷砖	无
家庭民宿 1 号		一般村镇住宅	坡屋顶	仿石砖	无
家庭民宿 2 号		一般村镇住宅	坡屋顶	瓷砖	马赛克瓷砖天花
隐庐壹号民宿		新中式住宅	坡屋顶	涂料	屋檐用木构与青瓦装饰

　　户主对既有住宅进行生产经营化改造时仍然基本沿用原本居住建筑立面，整体风貌以一般村镇住宅为主，部分转型住宅经过村镇的统一外立面设计，住宅造型带有徽式或新中式特征；立面材质以住宅常见的涂料刷白或铺贴瓷砖为主，未做过多商业化装饰。

　　户主在进行立面设计时易受到两个因素的影响。其一，近郊乡村虽然作为与城市距离较近、经济与人口往来密切的乡村，但户主在对既有住宅进行生产经营化转型过程中仍然受到乡土社会的约束。处于乡村聚落中的转型住宅，立面的"标新立异"在乡土社会中往往受到较大现实阻力。其二,住宅转型为户主的自发行为,受限于户主观念,以及乡村材料、工艺有限,对于立面与造型并未有过多追求。

在生产经营功能的消费辨识性上,户主主要通过在建筑立面上设置招牌来实现。经过对典型案例的整理归纳,转型住宅的招牌设置主要有以下三种形式:粘贴式、支架式、独立式(图5-21)。

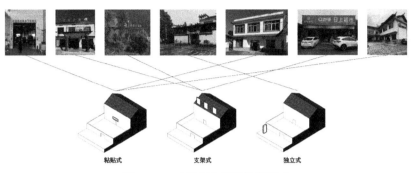

图 5-21　三种商业标识设置形式

粘贴式即户主通过在建筑立面上粘贴纸质招牌或安装金属招牌的形式设置对外生产经营标识,常见设置位置为门楣或门框周围处;支架式即户主通过在建筑立面上通过支架设置发光字体招牌或巨型横幅招牌的形式设置对外生产经营标识,常见设置位置为建筑屋顶或二层立面处;独立式即在户主通过住宅外的地面上独立设置立式灯箱招牌的形式设置对外生产经营标识,常设置在前院外部与道路之间的地面上。

整体而言,旅游型近郊乡村转型住宅内部功能上生产经营与日常居住混合的双重属性并未在建筑立面上有过多体现,大多数户主仍然保留了原居住建筑的立面形式;相比乡村聚落中的一般住宅,其生产经营属性通过在建筑立面或庭院外侧设置招牌实现,户主为提高昭示效果,通常会对招牌的设置位置、大小、颜色、光照强度等方面进行调整,而这一定程度上又会对立面整体观感、室内空间氛围造成影响。

5.2　村镇住宅转型改造需求与存在问题

5.2.1　转型改造需求

按照三个级别梳理不同需求对于游客群体的优先级,其中一级需求表示优先级最高，三级需求表示优先级最低，并在不同需求优先级内按外部环境与内部环境进行细分梳理（图5-22）。

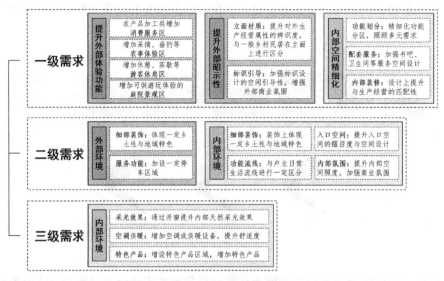

图5-22 游客需求总结

游客群体的一级需求，也即优先级最高的需求，可以归纳为以下三点。其一是提升建筑外部的体验功能，体现在增加可供游客农事体验、休憩茶歇、赏玩庭院景观的外部空间，加强转型住宅与游客群体的互动，从而延长游客停留时间。其二是提升外部环境（建筑庭院与外立面）关于对外生产经营功能的"昭示性"，也即易于被游客感知并且易于识别其功能特征的风貌特性，主要包括从立面材质上与一般住宅进行显著区分、从标识引导上提升其对外生产经营属性的引导性。其三是加强内部空间的精细化设计，从功能划分上对内部游客主要使用空间进行更为精细化、场景化的划分，从配套服务上增加部分增值体验功能，如在民宿内增加书吧、茶室、健身房等，以及对厨卫空间等服务性空间进行优化设计，从内部装修上将室内设计风格与其对外生产经营功能属性更为切合，提升精致程度。

二级需求也即优先级次高的需求按外部环境与内部环境可以归纳为以下两点。其一从外部环境上游客群体希望在细部装饰上体现一定的乡土性与地域特色，在服务功能上增设一定停车区域。其二从内部环境上游客群体希望在细部装修上体现一定的乡土性与地域特色、在功能流线上与户主日常生活流线进行一定区分、在入口空间上提升其醒目程度与空间设计、在内部氛围上提升空间照度与加强商业氛围。

三级需求也即优先级最低的需求，主要体现在内部环境上，包括增加开窗面积提升内部天然采光效果、增加空调供暖设备、增加特色产品区等。

整体而言，游客群体的三级需求尤其是一级需求较好地体现了城市消费人群对于近郊乡村旅游的需求独特性，对村镇住宅转型发展的问题总结与优化策略能够提供较大的指导意义。

5.2.2 转型改造存在问题

近郊乡村受城市反哺作用明显，乡村景区发展态势迅猛，一批旅游型近郊乡村的乡村景区迅速发展为集接待、展览、游览、体验一体的乡村综合体，乡村聚落中的部分住宅也纷纷从传统的农事生产型乡村住宅转型为以服务于乡村旅游业的对外生产经营型乡村住宅。然而，受限于多重因素，乡村景区与转型住宅出现口碑分化现象，转型住宅整体评价不高，未能有效满足城市人群的消费需求。近郊乡村住宅转型发展过程中出现的问题按思维导向、整体效果、功能空间、游客体验四个方面进行归纳。

1. 思维导向方面

思维导向作为行为主体思维方向性与目的性的综合体现，指导了行为主体实践的目标与方法。近郊乡村因其与城市地理距离相对较近、人口往来频繁，村民同时受到城市商业社会的冲击与乡村乡土社会的浸染，一方面在经济利益的驱使下将既有住宅积极转向乡村新兴业态，另一方面受限于传统建筑空间观念，在对既有住宅进行生产经营化转型改造时在思维导向上出现了如下问题。

1）小农思维导向，缺乏商业化引导

户主在对自身既有住宅进行对外生产经营化转型过程中，户主对于生产经营的功能业态往往并未进行深入调研与了解，其转型业态深受乡土社会中亲戚朋友、邻里关系的影响，基于经济诱惑或从众心理而进行改造，并未进行商业策划与市场需求调研。

此外，户主受传统小农思维影响，往往以自身需要或者自身便利作为改造原则，在生产经营功能的设置上考虑自身方便管理维护或者基于闲置再利用原则，缺乏客户意识与商业思维，对游客所需功能、服务与空间体验认知不足。

再者，户主在进行自发改造过程中，对于最终效果与资金投入并未有精确把控，从而改造过程往往具有阶段化特征，不同时期不同想法、不同时期不同资金投入，最终影响其整体效果与内部功能空间的设计整体性。

2）对建筑空间缺乏认知，将建筑功能空间简单具象化

户主由于未经专业训练，在自发进行建筑改造时对于建筑空间的认知较为朴素，在其观念中将建筑空间等同于不同大小的房间进行组合，将房间内的功能差异等同于不同功能性陈设的变化，从而将抽象的建筑空间进行简单的具象化。在引入生产经营功能时仍然按照居住空间特点，仅加入相关对外功能的代表性基础陈设。

当下，大都市圈随着产业结构的发展与变迁，正逐步迈向新的消费时代，传统的消费习惯与消费方式正在瓦解，城市消费人群逐步脱离传统的具体商品消费，而是从"空间中的消费"迈向"空间消费"，空间本身及空间内的服务正成为商品，作为大众消费的一部分（图5-23）。近郊乡村旅游，承担了城市消费人群对"乡愁"的向往，以及与自然环境互动的需求，其乡土空间本身同样正逐渐成为商品的一部分，游客对于转型住宅的需求早已脱离了简单的饮食、购买商品与睡眠的满足，而是对空间与服务提出了更高要求。户主在自发改造过程中将抽象的功能空间进行简单地具象化，带来的是空间与服务的弱化，难以适应当下城市消费人群的需求。

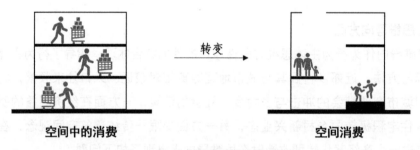

图 5-23　都市圈游客消费模式转变

2. 外部效果方面

建筑的外部效果受到建筑外部环境、建筑宅院关系、建筑立面设计、标识设计等的多重影响。而户主由于缺乏商业化思维以及建筑空间意识，在对自身既有住宅进行生产经营改造时对于外部最终效果缺乏整体把控，易出现如下问题。

1）旅游体验服务未充分挖掘，简单套用传统农业空间布局形式

时下，空间消费与服务消费正成为乡村旅游热点，城市消费群体涌现出更多关于差异化乡村体验的需求，如农事体验与展览、休闲茶歇、庭院赏玩等。这些体验服务能够极大促进环境与游客的互动，延长游客停留时间促进消费，同时也能形成较好的宣传效应。户主自发改造的转型住宅通常处于景观资源、人文资源、交通资源优良地段，然而户主并未对游客需求与周边资源进行充分整合，打造相

关体验服务，增强游客的感官互动，从而带动自身转型住宅的客流量、经济效益的提升（图5-24）。

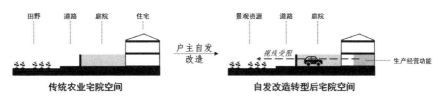

图5-24　传统农业宅院空间与自发改造转型后宅院空间对比

与此同时，在建筑外部空间布局上，转型后户主仍然沿用传统农业空间布局形式，即"田野—乡间道路—前院—住宅"的空间序列，加之室内引入生产经营功能往往基于自身需要或闲置再利用原则，未能考虑观景、采光等需求，易出现景观资源与整体布局、功能组织的错配。

2）整体外部效果辨识性弱，商业"昭示性"不足

昭示，本意为明白地表示或宣布，"昭示性"常在市场环境下用以表示某一建筑在复杂的外部环境中能够清晰被人感知、识别的能力，"昭示性"强的建筑能够显著提升其人流量与潜在商业价值。不同于城市商业街区或密集街巷，乡村聚落是由低密度的建筑院落、田园风光交错混合的聚合体；而户主自发改造的转型住宅由于缺乏商业化思维，往往在商业标识、立面材质上未能与周边一般住宅进行有效区分，或者没有感染消费人群的设计亮点，加之受乡村自然环境或院落围墙的遮挡，在乡村聚落中难以被游客识别其对外生产经营属性、吸引人流。

另外，受限于户主自身审美意识，其庭院设计、建筑立面设计、商业标识设计互相割裂，未能营造出吸引城市消费群体的乡村意境，也在一定程度上削弱了其商业"昭示性"，难以有效延长人流的驻足时间。

3）未对乡村特色风貌作抽象提炼

建筑装饰上添加经过抽象提炼的地域特色装饰能够提升游客的记忆点、强化空间与场景的体验真实性。现有转型住宅多数基于一般村镇住宅进行简单改造而成，缺少风格化特征，难以让游客获得理想的乡村情景体验。并且，部分户主受限于自身审美观念，在建筑的外观风貌上出现风格或元素随意拼贴现象，如罗马柱、拱券等装饰元素，对建筑的整体效果造成破坏。

3. 功能空间方面

在内部的功能空间组织上，同样受户主思维导向的影响，一方面投入有限，功能组织方法基于自身方便维护管理以及对闲置空间的再利用；另一方面在经济利

益的驱使下片面追求空间效益最大化原则，牺牲游客体验，反而难以获得持续的经济效益。其功能空间主要的问题如下。

1）简单套用居住建筑户型结构，空间尺度不适应

传统乡村住宅为了适应多代同居，户主在设计与砌筑时将建筑内部空间划分为多个小空间以增加房间数量作为卧室空间；而对外生产经营功能因其公共属性，需要较大空间以满足生产加工或商业经营需要，二者在空间尺度上存在不同要求（图 5-25）。

卖场空间　　　　　　餐饮大厅空间　　　　　　客房空间

图 5-25　不同类型转型住宅游客主要使用空间对比

然而，户主在内部功能空间中引入对外生产经营功能时，无论是通过既有建筑功能重组、既有建筑改扩建还是新建建筑，其平面原型均是基于乡村住宅户型结构的功能重组，从而带来了生产经营空间与日常生活空间在尺度上不适应的问题。在经营类转型住宅内，为了增加经济效益，户主在原住宅尺度的空间内增加生产经营功能陈设数量，以使小空间能够接待更多游客，而这一举措极大牺牲了游客体验，难以有效吸引城市消费群体。

2）仅作基础功能植入，缺少精细化设计

在建筑功能空间简单具象化的思维导向下，户主将引入生产经营功能直接等同于腾出一定房间摆放相应生产设备、桌椅、货架、床铺，也即仅进行功能重组，对于与之对应的空间未做相应精细化设计，主要体现在如下方面。

其一，仅引入基础功能业态，未对与之配套的功能与服务做进一步细分。目前转型住宅引入的业态较为基础，仅能满足游客基本的饮食、睡眠需求，如仅引入农产品初步加工，未能考虑相关零售、展陈需求；仅引入民宿客房，未能提供相关茶室、书吧、健身等配套服务。

其二，平面功能分区单一化，未对细分场景做出相应区分与相应设计。时下，随着消费时代的发展，城市消费人群兴起的空间消费浪潮逐渐向乡村旅游蔓延；过去消费者来乡村旅游往往关注于空间内的功能，即民宅是否提供乡村家常菜、是否具有借宿功能等，如今消费者更为关注空间体验、空间设计是否具有品位或特色装饰、是否具备与外部环境结合的独特空间设计等。可见，消费人群对乡村聚落内生产经营空间需求不仅仅满足于空间内的单一功能、单一活动，而是更为关注空间本身带给人的感官愉悦，不同场景打造、不同光影效果、不同流线设计、不同材质肌理、不同装饰符号都能成为吸引消费者的潜在亮点。而户主自发改造引入的生产经营空间大多场景单一，未做专门空间设计，且仅用一套基本陈设致力于提高接待数量，显然不符合当下的近郊乡村旅游潮流。

其三，未对不同类型游客群体需求进行细分。大多数户主在转型之初并未对市场做过细致调研，在内部陈设的设置上有一定的随意性；而近郊乡村的游客群体复杂多样，情侣出行、家庭踏青、朋友或同事团建等均有覆盖，游客出行目的、组团数量大有不同，内部空间采用单一的功能划分难以满足多种类型的游客需求。

3）对外服务功能与对内居住功能部分混用，流线互相干扰

在户主既有住宅中，其厨卫空间及仓储空间往往未经系统化设计，在干湿分区、存捡分离等方面并未做针对性处理。在引入生产经营功能后，对于卫生间、仓库或是民宿餐厅等服务性空间，户主在改造时利用既有住宅相关功能对外生产经营与对内日常生活同时兼用；从城市消费人群视角，卫生间等服务性空间干净整洁状况不佳，加之与户主流线存在干扰，影响了整体消费体验。

4. 游客体验方面

户主在思维导向、外部效果、功能空间方面的与游客需求的偏差，最终导致在游客体验上的如下问题。

1）与景点联动性弱，游客体验单一浅显

整体而言，乡村景区在政府资本与企业资本的推动下朝集合接待、展览、游览、体验的多功能乡村综合体方向发展，对人流形成较好的聚集作用。相比乡村景区重点在于文化展览体验，户主自发进行生产经营转型的乡村住宅本身具备较好的田园风光体验基础，与乡村景区形成较好的互补作用，然而户主在思维导向、外部效果把控、功能空间组织方面未能较好利用自身资源，转型住宅仅具备简单农产品加工、家常饮食、简单零售、借宿睡眠等基础业态，从而与乡村景区体验出现割裂，成为乡村景区的"背景"，未能使乡村景区有效反哺乡村聚落发展。

2）游客停留时间短，消费动力不足

转型住宅与景点联动性弱、缺少深度体验的不足同样影响了游客的停留时间，基础业态难以吸引游客长久停留，而这又进一步减少了游客的消费场景与消费意愿，最终影响转型住宅的长期人流量。

5. 问题总结

综上所述，村镇住宅转型发展所存在的不同问题并非孤立存在，而是彼此之间相互关联，具有一定的系统性、整体性（图 5-26）。

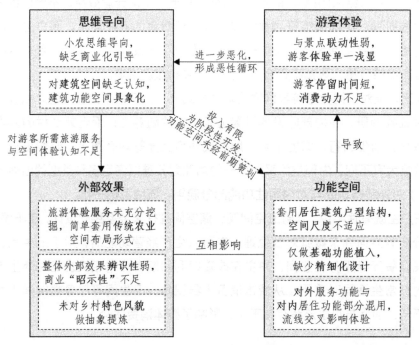

图 5-26　现存问题总结逻辑图

户主正是由于缺乏商业化思维与空间意识，对游客需求与项目定位不明晰，导致了其自发进行生产经营化转型的村镇住宅在外部效果上缺乏配套的旅游体验服务与缺乏商业"昭示性"、在内部功能空间上出现空间尺度不匹配与缺少功能空间精细化的问题，从而进一步导致在游客体验上与景区联动性弱、游客停留时间短的不足，转型住宅难以获得长期人流吸引力与具有特色的宣传亮点，进而形成恶性循环，转型住宅与乡村聚落失去持久发展动力。

5.3　村镇住宅适应性改造策略

5.3.1　适应性改造原则

1. 游客需求原则

近郊乡村旅游，本质上来源于在城市化发展的过程中出现的建筑密度过大、生活节奏加快、自然环境被破坏等城市病现象，城市消费人群将目光转向城市近郊乡村，旨在寻求一种与城市相对的差异化体验。因此，游客的需求是乡村景区规划与乡村住宅生产经营转型的首要考虑问题，在进行建筑设计之前应充分进行市场调研，明确自身定位与面向人群，基于细分人群不同需求做出针对性商业开发策略。

随着大城市圈的产业不断升级、城市空间不断提质，城市新兴消费人群正迈向新的空间消费时代，其旅游需求也在不断发生变化。从乡村旅游目的而言，城市消费人群从以往追寻乡村空间中的某种具体活动转向追求精神与感官层面的愉悦与释放；从乡村旅游建筑空间而言，城市消费人群从以往关注建筑空间内的功能与行为转向关注建筑空间本身的观感、品质与配套的体验服务。随着近郊乡村旅游市场的不断发展与成熟，乡村住宅生产经营化转型必将越来越重视空间品质与体验服务。

2. 空间商品化原则

当下乡村正经历从生产主义转向后生产主义的变革之中，乡村对于城市不再仅仅是农产品与基础工业原料等物质生产的空间场所，城市商品经济的转型发展逐步蔓延到近郊乡村，乡村的生活方式与田园文化、整体空间格局与乡村风貌、乡村住宅的庭院空间与内部空间等文化与空间要素的潜在交换价值得以被挖掘，通过近郊乡村旅游的方式成为商品本身被城市人群消费。

在以上过程中，对于户主自发进行的乡村住宅生产经营化改造转型，其生产经营功能本身被弱化，城市消费人群在转型住宅内不仅仅是对内部物质产品与使用功能的消费，同时也是对其空间本身的消费。因此，在乡村住宅生产经营转型设计过程中，应当注意空间商品化原则，通过植入乡村田园生活的体验、内部空间与外部资源的合理匹配、内部空间的品质打造、内部配套服务的完善等方面提升住宅空间的附加值，从而提升整体观感，促进城市人群的消费。

3. 乡土化原则

近郊乡村旅游本身基于同城市空间与生活体验的差异性，在具体近郊乡村住宅生产经营化设计中同样应当注重其乡土性、在地性，打造基于当地文化与当地特色的差异化特征。乡土化原则主要体现在打造乡土化的乡村文化体验、打造乡土化的建筑外观立面与细部装饰、打造乡土化的内部空间与配套服务等方面。此外，在设计时应当避免乡土元素的过度拼贴，而是通过周边环境、建筑外部空间、建筑内部空间一体化设计，形成具有当地特色与商业"昭示性"的整体效果。

4. 成本可控原则

乡村住宅自发转型的资金通常来自于两种方式，一种是全部资金由户主承担；另一种是大部分资金由户主承担，余下资金由政府或企业进行补贴。因此，在考虑设计方案时应当注意成本可控原则，体现在房屋墙体结构方面应当注意避免无意义的大拆大建，考虑其既有建筑的结构特点进行针对性改造；在房屋立面与装饰上应当注意优先选择当地材料，避免太过复杂地搭配；在细部构造与工艺做法上应当考虑当地实际建造水平，保证落地效果的可控。

5.3.2 适应性改造模式

随着近年来乡村旅游规划的热潮，旅游型近郊乡村中的乡村景区发展迅速，基础设施日益完善，景区功能、景区服务正朝精品化、高端化方向不断前行。与之相反的是，处于乡村景区与乡村聚落过渡地带的转型住宅仍然局限于提供基础功能服务，未能与乡村景区形成较好联动互补作用，也难以在乡村聚落内形成示范引领，带动乡村一般住宅发展。基于需求调研与空间特征分析对乡村聚落内转型住宅不同转型模式提出优化路径，旨在强化转型住宅作为近郊乡村内景区空间与居住空间过渡地带的联系作用，打造与乡村景区迥异的差异化体验（图5-27）。

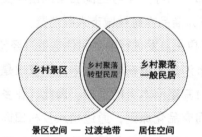

图5-27 旅游型近郊乡村空间格局示意图

旅游型近郊乡村景区以博物馆、展览馆、风情街等文化体验场馆为主，随着其发展模式的成熟化，乡村景区通过资本运营的方式主打乡村精品文化类标准化服务，其中在零售方面主要提供乡村文化类纪念品，以及一般大众消费品，如韶山村毛泽东纪念馆提供纪念章、铜像、文化衫等文化纪念品，在体验方面主要提供乡村精品文化类体验活动，包括舞台表演、VR情景体验、精品文化展览参观等，如田汉村依托田汉故居打造集戏曲表演、戏曲教学、红色文化参观一体的乡村戏曲文化体验活动。整体而言，乡村景区依托于所在乡村内经高度提炼的抽象文化内涵（图5-28）。

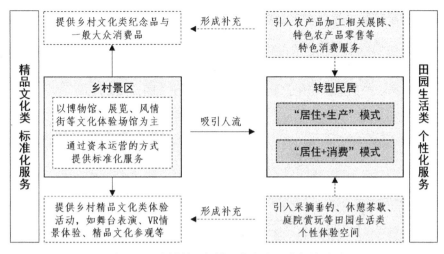

图 5-28　乡村景区与转型住宅发展路径关系图

相比乡村景区相对精品化、高端化的路线，转型住宅因其由户主自发进行生产经营化改造，形式相对灵活，可以利用自身特色资源引入田园生活类个性化服务，通过增设田园生活特色消费服务与体验空间满足城市消费群体对于田园生活的向往，从而形成差异化体验，延长游客停留时间，成为乡村景区的有效补充。

在具体的转型住宅发展模式优化路径上，依托于原有的"居住＋生产"模式与"居住＋消费"模式，引入特色消费服务与个性体验空间。针对"居住＋生产"模式，根据其具备农产品初步加工的特点与市场需求，主要采取引入农产品加工相关展陈、特色农产品零售等特色消费服务的方式，一方面通过展陈空间与零售空间的设计提升其产品溢价，另一方面为城市消费人群提供直接从农产品加工工厂购买特色农产品的配套消费服务。针对"居住＋消费"模式，根据其空间特征与市场需求，主要采取引入采摘垂钓、休憩茶歇、庭院赏玩等田园生活类个性体验空间的方式，结合室内配套服务，一方面充分利用用户主既有资源通过空间设计提升城市消费人群的停留时长与体验深度，另一方面能够更好满足城市消费人群对于内心情感与空间品质的要求。在此基础上，形成两种转型优化路径，即"居住＋生产＋特色消费"转型模式与"居住＋消费＋特色体验"转型模式。

1. "居住＋生产＋特色消费服务"转型模式策略建构

相比传统农产品加工产业，引入服务业能够显著提升产品溢价与产品影响力。该模式即在农产品加工功能的基础上，在建筑外部利用既有住宅原有庭院空间引入特色消费服务功能，结合与相关户主的访谈与对游客需求的问卷调研，主要需求包括农事展陈区、特色农产品零售区、即时餐饮区三个部分，依托户主掌握大量生产资料，提供从农事加工、加工后产品出售、加工产品制成熟食或饮品现场体验系列服务，并结合空间设计形成展陈、零售、休憩等结合的开放空间。在建筑内部则进行农产品加工与生产流线的精细化设计（图5-29）。

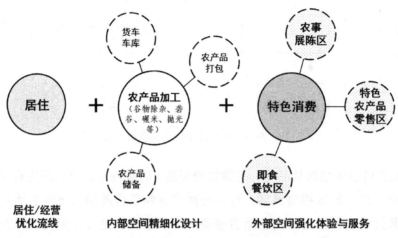

图5-29　"居住＋生产＋特色消费"转型模式示意图

农事展陈区主要功能是用以展示、宣传工厂加工农产品，常用场景为上游企业来访考察、游客参观消费，同时还有部分中小学生田园实践用以参观学习。因此可以结合工厂厂房、游学类教学空间布置为开放空间。

特色农产品零售区用以为城市消费人群直接提供工厂加工的当地特色农产品，从游客角度能买到物美价廉的优质产品，从户主角度能获得更高经济效益；常用场景为散客临时消费行为，仅少数为旅游团体购物，因此多为临街布置。

即食餐饮区以乡村特色即食类餐饮为主，如乡村特色茶类、酒类、小吃等，常见场景为结合游客休憩区与特色农产品零售区布置为集餐饮、零售、休憩一体的开放空间，从而有效提升城市消费人群的停留时间。

随着外部环境的不同，三个不同区域的位置、面积、具体功能可以进行相应环境适应性改变。

2. "居住＋消费＋特色体验服务"转型模式策略建构

随着城市消费场景与消费形式的不断升级，情景化、强互动的复合业态成为消费热点。结合与相关户主的访谈与对游客需求的问卷调研，该模式即在原游客消费服务的基础上，在建筑外部利用既有住宅原有庭院空间或户主自有菜地与池塘引入个性化体验空间，在原家常餐饮中引入采摘垂钓体验区、原零售商店中引入休憩茶歇体验区、原家庭民宿中引入庭院赏玩体验区，结合空间设计形成开放性强、具有商业"昭示性"的外部空间，从而提升不同消费功能的。在建筑内部则优化空间组织逻辑，打造与消费需求匹配的空间设计与消费配套服务（图5-30）。

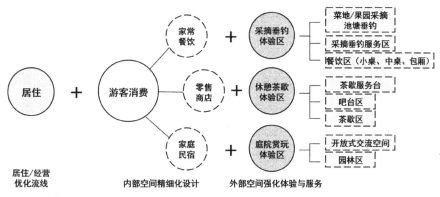

图5-30 "居住+生产+特色体验"转型模式示意图

采摘垂钓体验区利用外部环境中户主自有的菜地池塘作为主要的城市消费人群体验区，包括菜地采摘区、果园采摘区、池塘垂钓区等三个体验区域；同时，充分利用户主自有宅院空间，一方面为体验活动提供工具租赁、打包称重、农事指导等相关服务，另一方面在餐饮区域作空间精细化设计，进一步区分小桌区域、中桌区域、包厢区域，从而满足城市消费人群不同出行方式下的多样化就餐需求。此外，外部体验区通过一定的空间设计为餐饮区域提供较好的田园景观，餐饮区域的部分中桌区设计为卡座形式、部分包厢区设计为开放式包厢形式，从而更好地与外部环境结合。

休憩茶歇体验区包含茶歇服务台等室外服务功能，以及吧台区、茶歇区等消费者深度体验功能。茶歇服务台以岛台形式，放置茶饮制备设备、餐饮杯具、周边零售等服务设施，为吧台区、茶歇区提供茶歇服务；吧台区以公共长桌为主，通过吧台形式面向外部景观，适合单人休憩以及景观欣赏；茶歇区以2～4人小桌或长凳为主，适合多人休憩与相互交流。

庭院赏玩体验区主要包含开放式交流空间与园林区等室外区域。其中，开放式交流空间结合外部景观为家庭民宿提供一定服务功能，如田园观景、交流或会务、民宿餐饮等体验服务，为城市消费人群提供更丰富的民宿配套；园林区则是结合一定园林景观布置凉亭、石凳等小型较私密的交流空间。庭院赏玩体验区能整体作为民宿的外部景观，提升民宿客房内部的观景体验。

随着外部环境的不同，各个体验区内部的不同功能区位置、面积、具体功能可以进行相应环境适应性改变。

5.3.3 外部空间适应性改造策略

1. 外部空间的适应性改造措施分类

旅游型近郊乡村转型住宅的外部空间适应性改造措施主要包含三个方面的优化。

首先是宅院空间的整体布局优化，针对四种院落类型探讨不同转型功能下的优化方向；随后对体验区内部不同功能区域进行模块化设计，探讨在不同外部环境影响下体验区内部的模块组合关系及流线关系，各功能模块针对环境做出适应性变化；最后是针对材质与风貌，从庭院的围合与界定、建筑立面材质、立面开窗形式、建筑的商业标识四个方面提升转型住宅与一般乡村住宅的区分度（图5-31）。

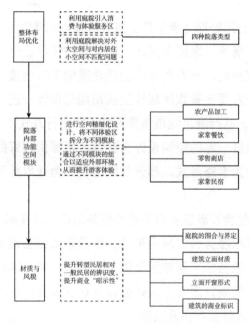

图5-31 转型住宅外部空间适应性优化分类图

2. 不同院落类型整体布局的功能适应性改造

整体布局与交通组织优化主要聚焦于转型住宅周边属于户主所有的宅院外环境，包括户主自有菜地、池塘、广场、停车场等，以及建筑内的院落空间，包括前院、天井、后院等。本节按前述的前院型、天井型、前后院型、综合型四个类别总结优化措施。

1）前院型

前院型宅院本身空间布局具有向外部景观打开的趋势，然而户主往往一方面未对外部环境进行休整，以使变成景观资源与体验空间；另一方面仍然保留院墙，并且部分户主将之作为停车区域或卸货售卖区域，对外部景观环境形成阻挡（图 5-32）。

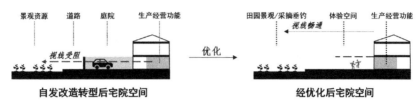

图 5-32 优化前后视线关系对比示意图

优化策略的主要指导思想为：第一，将建筑外部空间有效利用，引入体验服务并形成开放共享空间；第二，将外部景观资源与内部游客主要使用空间进行合理匹配，保证游客在消费过程中能够享受较好景观环境，提升空间附加值（表 5-6）。

表 5-6 前院型庭院功能适应性优化策略表

院落原型	转型功能	现状平面形式	优化形式	转型优化策略
前院型	家常餐饮	停车 较大矩形庭院	大厅/茶歇 采摘垂钓	①利用自家菜地与池塘打造采摘垂钓体验区，通过空间设计匹配不同类型旅游村； ②拆除庭院围墙，打开视线； ③较大矩形庭院进行一定功能划分：室外开放大厅与开放茶歇
	家常餐饮	大厅 较小矩形庭院	大厅 采摘垂钓	①利用自家菜地与池塘打造采摘垂钓体验区，通过空间设计匹配不同旅游村； ②拆除庭院围墙，打开视线； ③较小矩形庭院设置成纯开放大厅的形式
	家常餐饮	大厅 异形庭院	贵宾卡座 采摘垂钓 采摘垂钓	①利用自家菜地与池塘打造采摘垂钓体验区，通过空间设计匹配不同类型旅游村； ②拆除庭院围墙，打开视线； ③异形庭院设置成开放式贵宾卡座与园林景观结合的形式

院落原型	转型功能	现状平面形式	优化形式	转型优化策略
前院型（前院）	零售商店	卸货 货物售卖	卸货区 休憩茶歇↓	①利用原有灰空间引入休憩茶歇体验区；②休憩茶歇进行一定功能划分，形成多元化空间形式，匹配不同类型旅游村；③灰空间材质与形式进行创新
	家庭民宿	广场 停车	停车 庭院赏玩	①将原有广场与停车区进行置换，在客房朝向处设置庭院赏玩体验区，匹配内部功能；②通过空间设计使庭院匹配不同类型旅游村

其中，家常餐饮类前院型户主通常在前院前方区域内设置自有菜地、池塘，主要采取的转型优化策略包括：第一，利用前院前方菜地与池塘作为游客体验区，并通过一定景观设计形成建筑入口的引导空间，同时也为前院与建筑内部游客主要使用空间提供良好景观效果。第二，拆除前院围墙，形成开放空间，作为外部景观与内部游客主要使用空间的过渡区域。第三，前院空间内部，以2∶1、2.5∶1或3∶1的矩形空间较多，可以结合一定的开放功能设置；较大的矩形空间可以将半室外开放大厅与茶歇功能相结合；较小的矩形空间可以作为半室外开放大厅；异形前院可以结合庭院边缘设置开放式贵宾卡座，在前院中心设置为一定的景观或开放大厅，从而多角度利用外部景观空间。

零售商店类前院型户主通常在道路与建筑之间设置灰空间，作为卸货通道、部分临时货架的存放空间。主要采取的转型优化策略为将建筑前的灰空间通过一定空间精细化设计作为游客休憩茶歇体验区，在材质与空间形式上进行一定空间创新，将卸货区设置在建筑背面。

家庭民宿类前院型户主通常在建筑与道路之间设置入口广场，作为落客区，而停车场多位于建筑侧面，也即客房的主要朝向。主要采取的转型优化策略为将落客区与停车区域进行结合，在客房的主要朝向处引入庭院赏玩体验区。

2）天井型

天井型宅院以家庭民宿为主要转型方向。天井型宅院具有一定的空间内向性，其天井多用于户主生活辅助功能，如洗漱、洗衣、洗菜等，且天井进深多在3～6m之间，不适宜用于庭院景观的塑造。

优化策略的主导思想为：第一，利用建筑形体本身特点创造开放大空间引入游客体验功能，规避天井本身不利因素；第二，游客庭院与户主生活天井尽量进行流线分离。

在具体的设计策略上，第一，为保证游客流线与户主生活流线互不干扰，保留一层天井的户主生活功能，利用二层与三层未被有效利用的屋顶创造游客庭院赏玩的体验空间，从而规避天井内向潮湿的不利因素，也能在流线上进行区分。第二，在内部功能上与外部庭院赏玩体验区相对应，将游客主要使用空间设置于二层内（表5-7）。

表5-7　天井型庭院功能适应性优化策略表

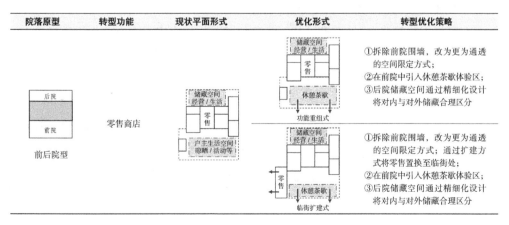

3）前后院型

前后院型以零售商店类为主，户主的原转型改造方式通常通过功能重组将堂屋作为零售卖场空间，而保留前院院墙的方式弱化了其卖场空间的商业"昭示性"；此外，零售服务以基础业态为主，缺乏供城市消费人群停留休憩的空间。

优化策略的主导思想为：延伸与扩大零售空间的临街面，从空间引导上提升卖场空间的商业"昭示性"，同时避免户主日常生活对卖场空间造成干扰。在具体的优化策略上，以前院的优化方式不同可以分为三种方向（表5-8）。

表5-8　前后院型庭院功能适应性优化策略表

院落原型	转型功能	现状平面形式	优化形式	转型优化策略
后院 前院 前后院型	零售商店	储藏空间 经营/生活 零售 户主生活空间 晾晒/活动等	储藏空间 经营/生活 休憩茶歇 零售 临街新建式	①拆除前院围墙,改为更为通透的空间限定方式;通过新建方式将零售置换至临街处; ②在前院中引入休憩茶歇体验区; ③后院储藏空间通过精细化设计将对内与对外储藏合理区分

（1）功能重组式,也即拆除前院围墙,将原本作为户主生活空间的前院替换为游客的休憩茶歇体验区,通过更为通透、开放、展示效果更好的围合方式限定休憩茶歇空间。

（2）临街扩建式,也即利用前院中原本用于农具储藏的临街储藏室进行扩建,作为零售卖场空间,取消原本堂屋的对外生产经营功能,而前院本身通过优化围合方式作为休憩茶歇体验区。该方式可以做到多面临街,扩大其商业"昭示性"。

（3）临街新建式,也即在前院临街处直接新建建筑作为零售卖场空间,取消原本堂屋的对外生产经营功能,利用临街卖场空间与既有建筑之间的空间作为休憩茶歇体验区。

在后院的处理上,后院同时具备对外与对内服务属性,其策略主要通过空间精细化设计,优化其流线与细分功能。

4）综合型

综合型转型方向以农产品加工为主,其往往流线较为复杂,在庭院空间上存在对外生产经营的空间层级与日常生活的空间层级不匹配的问题,造成开放功能与私密功能的流线互相干扰。

优化策略的主导思想为:将对外与对内功能的空间层级进行适配,从而在流线上进行区分;利用其临街的前院空间进行从简单加工到消费服务的转型提升;在工厂内部通过进一步的功能划分优化其交通流线,减少农产品加工所占面积,从而出让更多面积用于消费服务（表5-9）。

在布局优化策略上,从农产品加工工厂与院落的组合方式上共有以下三种方向:①"前院—工厂—天井"组合式,即将工厂位置朝临街方向迁移,将前院、工厂、天井连为一个整体,该方式能够兼顾户主的生产流线,但会对户主日常生活的采光、流线上造成一定干扰;②"前院—垂直式工厂"组合式,即将工厂位置朝临街方向迁移,并对工厂面积与流线进行一定精简,利用建筑山墙面与前院一侧形成农产品加工工厂,该方式能够有效避免对外生产经营流线与日常生活流线之间的干扰;③"前院—水平式工厂"组合式,该方式则完全利用前院在临街面进行水平拓展来布置农产品加工工厂，工厂面积与流线进一步精简，展示、教育功能进行加强（图 5-33）。

表 5-9　综合型庭院功能适应性优化策略表

院落原型	转型功能	现状平面形式	优化形式	转型优化策略
综合型	农产品加工		"前院—工厂—天井"组合式	①将工厂位置由与天井、后院结合改为与前院、天井结合；②将天井、后院仅作为户主生活空间，从而内外流线分离；③前院引入特色消费服务，结合不同类型村落设置农事展陈区、特色农产品零售区、即食餐饮区
			"前院—垂直式工厂"组合式	①将工厂位置由与天井、后院结合改为与前院、建筑山墙结合；②将天井、后院仅作为户主生活空间，从而内外流线分离；③前院引入特色消费服务，结合不同类型村落设置农事展陈区、特色农产品零售区、即食餐饮区
			"前院—水平式工厂"组合式	①将工厂位置由与天井、后院结合改为与前院结合；②将天井、后院仅作为户主生活空间，从而内外流线分离；③前院引入特色消费服务，结合不同类型村落设置农事展陈区、特色农产品零售区、即食餐饮区

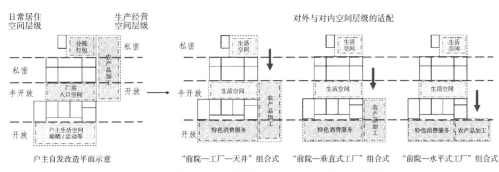

图 5-33　综合型庭院优化前后空间层级对比示意图

在前院的功能设置上，结合村落外部环境特点引入农事展陈区、特色农产品零售区、即食餐饮区等消费服务功能，并利用农产品加工形成特色体验，将工厂同样作为消费展示或情景体验的一部分。

3. 不同院落功能空间的环境适应性改造
院落功能空间，主要包括转型住宅带有生产经营功能或带有生产经营流线的院落空间。院落功能空间适应性主要受外部周边环境的影响，不同外部周边环境对院落内部的整体开放性、功能布局、流线组织都有不同程度的影响。

基于前期分析，外部环境主要分为三种类型，分别是转型住宅与人文景点相结合、转型住宅与自然景观相结合、转型住宅与户主既有菜地或池塘相结合三种。转型住宅与自然景观相结合又主要有两种类别：一种为观光型，外部环境包括村民集体所有大片农田、乡村山川水系等自然景观，游客旅游行为以观光游玩为主；另一种为游学类，外部环境包括较大范围农田、农事体验学习区，少量开放互动空间等，整体由可体验互动式自然景观与少量开放式构筑物组成。

在对空间的具体要求上，人文景点型因临近博物馆、展览馆、文化街区等建筑、人流密集场所，因此院落内部需要考虑对商业氛围的回应，以及增设游客的休憩空间。观光类自然景观型因面向较为开阔的乡村景观，因此在院落内部空间的需求上应该充分利用观景界面，避免对观景视线的干扰，并围绕观景空间引入一定消费服务功能。游学类自然景观外部环境以大范围开阔的农事体验区为主，且使用人群多为校园师生，以团体活动为主，因此既需要考虑对开阔景观的呼应，同时需要引入一定的教学、交互类空间。户主自有菜地或池塘需面向城市消费人群提供一定的采摘、垂钓类体验活动，因此主要考虑游客与外部环境的互动、体验性，同时因菜地与池塘经过一定程度空间设计，本身具有一定景观观赏性，因此院落内部需要兼具一定观景功能（表5-10）。

表5-10 不同外部环境的空间需求汇总表

外部环境类型	涵盖转型类型	空间需求
人文景点型	农产品加工、餐饮、零售、民宿	临近文化街区，需考虑商业氛围与休憩空间
自然景观型（观光类）	农产品加工、餐饮、零售、民宿	面向开阔景观，需考虑观景空间
自然景观型（游学类）	农产品加工、零售、民宿	既需要考虑景观空间，也需要考虑教学与交互空间
自有菜地/池塘型	餐饮	主要考虑与菜地池塘的互动、体验空间，兼顾一定的观景功能

1）农产品加工类院落空间优化

农产品加工类院落空间的常见外部环境为人文景点型、观光类自然景观型、游学类自然景观型三种，对农产品加工类的三种优化类型"前院—工厂—天井"组合式、"前院—垂直式工厂"组合式、"前院—水平式工厂"组合式针对上述三种外部环境做了功能空间适应性精细化设计（表5-11）。

　　　　　　　　　　　　　　　　村镇住宅适应性设计

表 5-11　不同外部环境下农产品加工类院落空间内部精细化设计汇总表

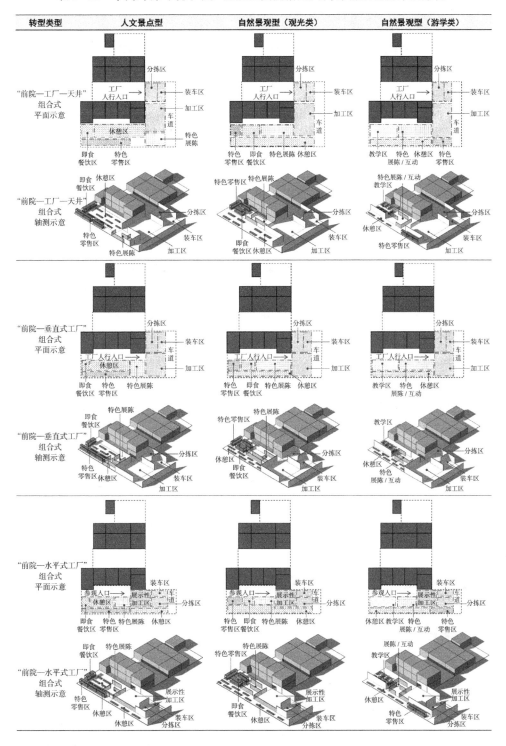

以院落三种优化方向的适应性设计策略而言，主要有以下差异（图 5-34）。

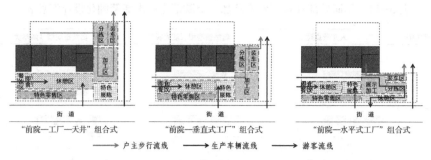

图 5-34　农产品加工类院落空间不同优化方向流线对比图

"前院—工厂—天井"组合式仍然将原有天井纳入到加工厂房的流线当中，作为户主的主要步行入口，从而方便户主的生产管理；相比户主原有改造方式，将货车、农业生产工具车辆等生产车行入口单独划分，通过外部道路直接进入厂房内部及停车区域；游客则通过临街面直接进入前院的特色消费服务空间。

"前院—垂直式工厂"组合式则以前院与垂直向功能划分的厂房进行组合。为方便户主管理，将前院与住宅之间开辟一条户主步行流线，串联前院特色消费服务空间与农产品加工厂房，户主可以根据自行需要对该流线建立围墙进行一定遮挡。货车、农业生产工具车辆亦通过外部道路直接进入厂房内部及停车区域；游客亦通过临街面直接进入前院的特色消费服务空间。

"前院—水平式工厂"组合式是将前院与水平向功能划分的厂房进行组合，相比于与天井结合或垂直式工厂，水平向的厂房因其面向街道水平延展，具有较好的对外展示属性，因此对加工区的面积进行一定精简，主要考虑其展览、教育特性；在流线上，将前院与住宅之间开辟出游客参观流线，串联前院特色消费服务与展示性厂房区域。

以对外部环境的适应性策略而言，主要有如下差异（图 5-35）。

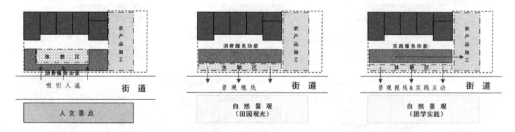

图 5-35　农产品加工类院落空间不同优化方向环境适应性策略对比图

外部环境为乡村博物馆、展览馆、剧院等人文景点，转型住宅通常处于建筑之间的街巷中，人流量相对密集，因此将即食餐饮区、特色零售区等特色消费服务放置于临街位置，利用临街面吸引人群消费；同时，将即食餐饮的休憩区域放置于前院之内，采用内向型空间，即用服务功能包围中心开放空间，隔绝街道人流，为城市消费人群提供相对安静的环境（图5-36）。

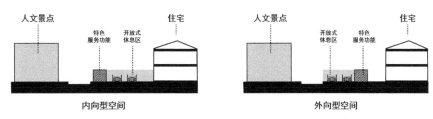

图 5-36　内向型空间与外向型空间示意图

外部环境为田园风光类自然景观，为充分利用观景界面，将整个临街面作为游客停留的休憩区，在休憩区背部提供消费服务功能，整体采用外向型空间，即空间中心作为服务功能，周围环绕开放性空间，朝景观面打开。外部环境为游学类自然景观，整体仍然保留外向型空间格局，将消费服务功能替换为教学区、互动展陈等实践服务功能，同时加强与农产品加工厂房流线上的联系，将加工厂房作为教学实践的一部分。

2）家常餐饮类院落空间优化

据实地调研，家常餐饮类院落空间常见的外部环境类型主要有人文景点型、田园风光类自然景观型、自有菜地池塘型三种。

其中自有菜地池塘型为家常餐饮类最为广泛的外部环境；而游学类因来访学习的师生往往人数较多且需要标准化就餐，通常在景区专用食堂就餐，通过自发转型改造的转型住宅难以满足标准化就餐环境。在院落整体布局上，家常餐饮类均为前院型，前院通常作为外部开放式餐饮大厅。

自有菜地池塘型因其土地使用权归户主所有，且为户主自发进行耕作，作为对外经营餐饮的原材料，户主在对自身住宅进行自发转型时，通常注重其宅院之内的功能与陈设，而忽略其外部环境的优化。因此，可以将户主自有的菜地池塘看成是住宅前院的外沿，当成改造优化策略的一部分，作为采摘垂钓体验区。

自有菜地池塘型外部环境的优化思路如下：①引入菜地、果园的采摘区，引入池塘的亲水平台、垂钓区，作为城市消费人群的互动体验；②对整体布局进行优化，整体作为转型住宅餐饮功能的外部景观；③优化进入流线，将菜地、池塘作为入口引导空间。

在具体的优化策略上，按池塘与菜地果园的位置可以分为左右型、中间型、前后型。左右型即池塘与菜地在前院前方按左右排列，入口步道位于体验区的一侧，在进入时可以形成较好的情景引导，同时避免出入人流对就餐观景造成干扰。中间型即池塘位于体验区中央，在池塘一侧布置菜地，另一侧布置果园；池塘中间通过景观桥或水上栈道的形式作为入口步道，在进入流线上进行一定曲折变化，形成能够多角度观景的入口引导。前后型即池塘与菜地在前院前方按前后排列，易形成较好的"田—池—院—住宅"的空间格局，将入口步道、垂钓平台、景观桥形成整体的情景化入口引导，并设置一定的曲折路线打造不同观景体验（表5-12）。

表5-12　不同庭院类型下外部采摘垂钓体验区精细化设计汇总表

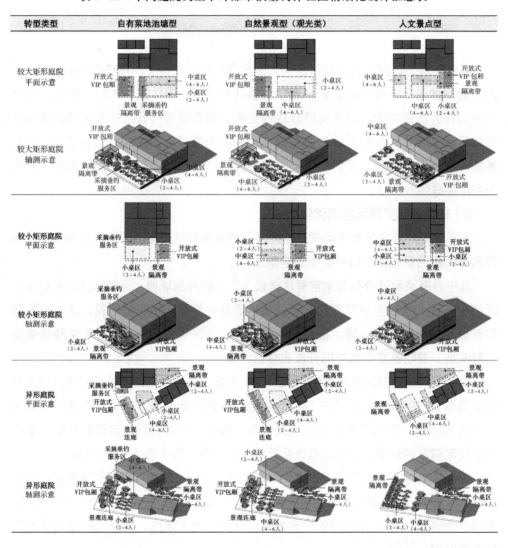

同时，将前院按较大矩形庭院、较小矩形庭院、异形庭院等三种主要的前院类型针对外部环境进行适配。较大矩形庭院具有横向开阔的观景面，因此在外部体

验区布局上左右型、前后型、中间型均有较好观景效果；较小矩形庭院横向观景面较窄，外部体验区以前后布局为主，增加景观层次；异形庭院景观面边界不规则，因此结合庭院边界的形状设置曲折流线，打造多角度观景体验（表 5-13）。

表 5-13 不同外部环境下家常餐饮类院落空间内部精细化设计汇总表

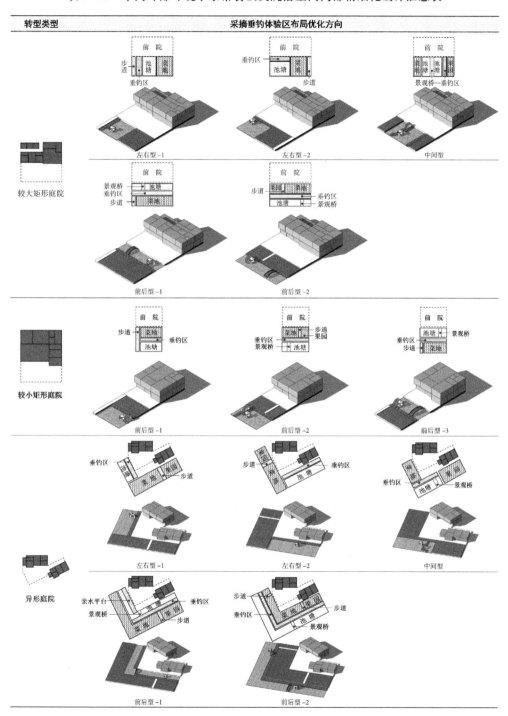

在前院内部，根据外部环境的不同亦有不同的布局方式。根据近郊乡村旅游游客的出行方式，前院可以划分为小桌区、中桌区、VIP 包厢等餐饮区域，其中，小桌区适合 2~4 人的同学、情侣出行聚餐，中桌区适合 4~6 人的同事、家庭出行聚餐，VIP 包厢用于企业接待、大型家庭等出行聚餐。根据外部环境类型增设采摘垂钓服务区、景观隔离带等服务区域，采摘垂钓服务区用以提供垂钓设备、采摘称重、产品包装等服务性功能，景观隔离带用以划分流线、隔离噪声等。

以不同的外部环境而言，自有菜地池塘型因游客与外部环境互动较为频繁，因此将人流较多、翻台率较多的小桌区放置于外侧，将需要一定安静环境的中桌卡座放置于前院内侧。田园风光类自然景观型外部具有较好乡村景观，因此将对环境质量要求较高、空间价值更高的开放式 VIP 包厢、中桌卡座沿前院临景观界面布置，从而使户主获得更高的经济利益。人文景点型外部环境人流往来频繁，将小桌区置于临街面能够吸引人群随时落座就餐，中桌卡座置于内侧能够隔绝临街处的嘈杂（图 5-37）。

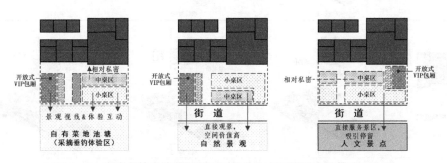

图 5-37　家常餐饮类院落空间不同优化方向环境适应性策略对比图

以不同前院类型而言，矩形庭院空间利用率较高，在座位排布上相对紧凑。异形庭院则是利用不规则边界创造多角度观景界面，作为开放式 VIP 包厢，增强城市消费人群的景观互动体验；此外，部分异形庭院易出现消极空间，可通过一定的景观设计作为就餐背景，化消极空间为积极空间（图 5-38）。

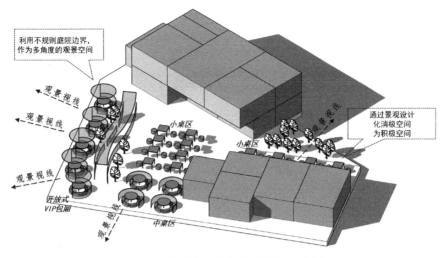

图 5-38 异形庭院多角度观景界面示意图

3）零售商店类院落空间优化

零售商店类院落空间常见的外部环境为人文景点型、观光类自然景观型、游学类自然景观型三种类型。针对零售商店类院落空间的四种优化方向前院型、前后院型—功能重组式、前后院型—临街扩建式、前后院型—临街新建式做空间精细化设计（表 5-14）。

表 5-14　不同外部环境下零售商店类院落空间内部精细化设计汇总表

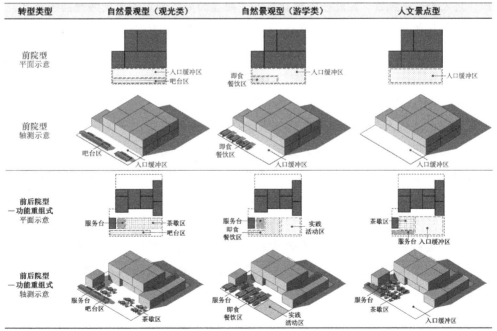

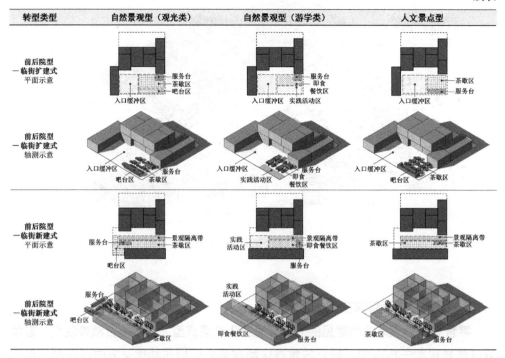

从优化思路上主要有以下几个方面。其一，零售商店因其消费人群的消费行为具有一定的偶发性，因此对商业"昭示性"要求较高，需要能够快速被游客辨识，且人流往来频繁，因此在零售卖场的主要立面需要一定的无视线遮挡缓冲区，使得零售属性能够快速被游客识别，且方便人流集散；其二，作为景区周边的零售商店，需要提供一定的茶歇休憩区域，从而延长游客停留时间，增加旅游消费率。

在具体的优化策略上，从不同外部环境而言，田园风光类自然景观型因其景观视野较好，消费人群对休憩茶歇区的观景视线、空间品质、整体格调要求较高，因此在临街景观面设置吧台区，直接面向田园景观，同时通过长吧台的形式界定前院空间，让前院空间更为通透。游学类自然景观型以中小学生消费群体为主，对零售商店的需求多为饮食类，因此在休憩茶歇区设置即食餐饮区，满足中小学生的消费需求；此外，素质拓展活动大多需要租借附近住宅前院作为实践活动场地，因此在零售商店前院设置实践活动区域，用以师生体验乡村零售类项目。人文景点型大多处于人流密集街区，通过在零售卖场正立面设置较大入口缓冲区，使零售属性更易被游客识别（图5-39）。

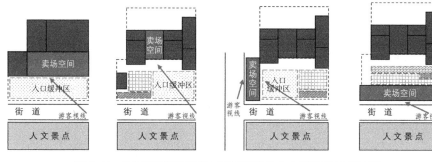

图 5-39　零售商店类院落空间不同优化方向视线关系对比图

从不同院落类型而言，前院型的前院空间进深较窄，不宜放置过多休憩茶歇功能，因此结合外部环境类型保留适当入口缓冲区用以强化零售功能视觉辨识度。前后院型—功能重组式即保留户主的利用住宅堂屋作为零售卖场的方式，在正对堂屋的位置亦保留适当入口缓冲区。前后院型—临街扩建式即利用前院中的储藏室进行扩建作为零售卖场，其正立面面向前院内部，因此在前院中心设置入口缓冲区，方便游客进行识别。前后院型—临街扩建式直接在前院临街处新建卖场空间，本身具备较好商业"昭示性"，而休憩茶歇区设置于卖场与住宅建筑之间，因此设置一定的景观隔离带作为对外与对内的分隔，同时能为内部体验区提供一定观赏景观。

4）家庭民宿类院落空间优化

家庭民宿常见的外部环境为观光类自然景观型、游学类自然景观型、人文景点型三种。家庭民宿院落空间主要有以下三种类型：其一，由户主自发扩建形成的前院型，庭院赏玩体验区主要设于民宿客房的主要朝向面；其二，通过内部功能重组形成的水平天井型，庭院赏玩体验区主要设于二层或屋顶开放空间；其三，通过内部功能重组形成的垂直天井型，庭院赏玩体验区主要设于二层或屋顶开放空间。

针对不同类型的外部环境，主要优化思路为：第一，通过庭院赏玩体验区为客房外部营造一定景观，从而提升城市消费人群的居住观感，从户主角度也能提高民宿内部空间价值；第二，在庭院赏玩体验区设置一定的服务功能，如开放式交流空间为游客提供观景、会谈、餐饮等综合服务；第三，将客房区域与开放空间区域通过景观隔离带的方式进行一定视线分隔，避免视线穿透。

在具体设计策略上，从不同外部环境而言，观光类自然景观型拥有较好的开阔景观，因此开放式交流空间置于面向景观的临街侧，用以在城市消费人群会谈、就餐时提供较好的景观视野；针对外部环境为游学类，增设教学空间，用于中小学师生进行教学实践等活动，开放式交流空间可以用作学生休闲活动、日常餐饮等功能；外部环境为人文景点型，人流较为密集，因此设置一定的景观隔离带避免外部人流对民宿开放式交流空间的干扰，保障内部人员的相对私密性（表5-15）。

表5-15　不同外部环境下家庭民宿类院落空间内部精细化设计汇总表

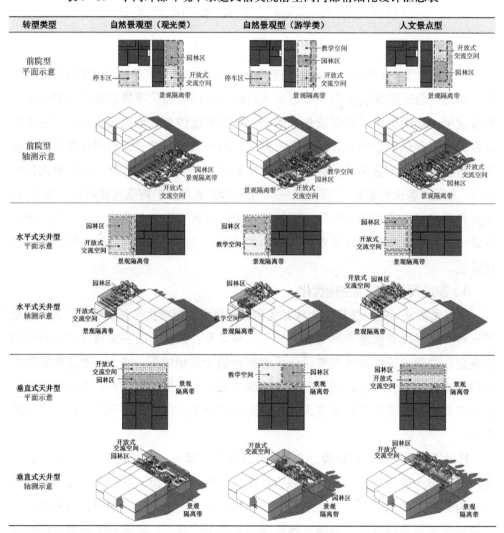

　村镇住宅适应性设计

从不同院落类型而言，前院型以一层景观为主，可以结合开放式门厅等位置形成多层次的入口空间，同时结合门厅接待为游客提供茶室、书吧、会谈、就餐等综合服务；此外，由于客房与庭院赏玩体验区在不同楼层，因此庭院赏玩区景观设计以观赏性为主。水平式天井型与垂直式天井型以二层或顶层景观为主，可以结合走道或客房阳台提高客房对体验区的可达性；此外，由于客房与体验区处于同一楼层，因此庭院赏玩区景观设计以体验互动性为主（图5-40）。

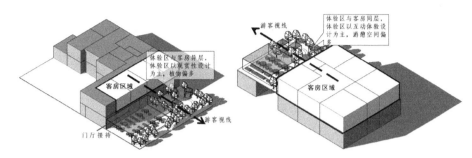

图5-40　前院型院落与天井型院落对比图

4. 整体风貌与外立面的环境与功能适应性优化

城市消费人群的客流量与停留时间是转型住宅发展的源泉，具有较好商业氛围与辨识度的乡村消费场所能够获得城市消费人群的更多青睐。然而，户主将自身住宅从个人居住功能向对外生产经营功能进行转变时，往往只注重功能性，并不注重商业氛围的打造。针对乡村环境的不同功能，将整体风貌与外立面的环境适应性优化分为庭院的围合与界定、建筑立面材质、立面开窗形式、建筑的商业标识四个方面进行针对性的优化策略。

1）庭院的围合与界定

外部空间中庭院通常承担对外生产经营功能中的较开放功能，与周围环境互动性较强；此外，庭院的边界是城市消费人群的首要识别区域，影响游客对转型住宅的生产经营属性、内部空间氛围等商业因素的辨识作用。然而，过往的基于个人居住功能的围墙式庭院边界以防卫、防窥功能为主要的设计诉求，与对外生产经营功能的设计诉求存在矛盾。

转型住宅庭院的围合与界定从设计策略的导向上，主要基于以下原则：①开放性原则，作为与外界互动频繁的生产经营公共功能，整体空间应当呈现开放性特征，拆除的不必要的围墙，以灰空间的形式进行围合与界定；②辨识性原则，为了让城市消费人群得以快速识别乡村聚落中的转型住宅，让内部空间功能与空间氛围得以较好昭示，在空间的效果与材料的选用上应当体现一定的通透性，与周围一般乡村住宅进行区分；③乡土性原则，在围合界定的材料与构造上体现有别于城市的乡土化特征，同时适当考虑选用本地常见的材料，避免成本过于高昂。

在具体的策略上，转型住宅庭院的围合与界定从材料的类型与界定方式上可以分为三种形式，分别为柔性界定、网状界定与刚性界定（图5-41）。

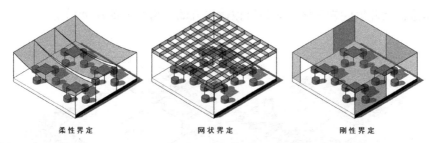

柔性界定　　　　　网状界定　　　　　刚性界定

图 5-41　庭院围合与界定的三种形式

柔性界定指通过室外 PE 塑料膜、室外防水纱布、植物编织物等柔软材料对庭院进行空间界定，形成通透与轻盈的空间效果。其中，PE 塑料膜为现代乡村常见材料，常用于温室大棚等农业生产活动，有无色透明、白色半透明等不同质感；室外防水纱布为景观小品常见材料，多为半透明质感，有不同颜色可供选用；植物编织工艺为乡村常见。在柔性材料的龙骨选用上，可以使用竹子、木材等乡土木质材料，也可以使用钢、铝等现代金属材料（图5-42）。

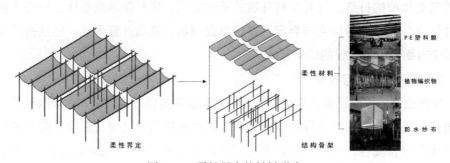

柔性界定　　　　　　　　　　　结构骨架

柔性材料

PE 塑料膜

植物编织物

防水纱布

图 5-42　柔性界定的材料形式

网状界定指通过竹子、木材等乡土木质材料或钢管、铝管等现代金属材料形成结构网架，并将网架作为主要的空间视觉元素，从而限定庭院空间；此外，网状界定能够通过一定的网格设计形成丰富的光影效果。其中网架的排列方式多样，可以横向纵向规整交叉，也可通过参数化设计形成更为多元的排列组合效果。在网架上方，可以加设玻璃、阳光板等透明材料，从而达到挡雨效果；同时也可结合藤蔓植物，增加空间内的乡土氛围（图5-43）。

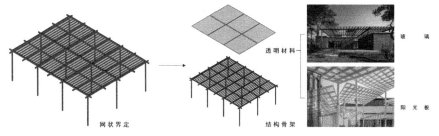

图 5-43　网状界定的材料形式

刚性界定指材料以板片的形式直接限定庭院空间。板片形式可以为编织竹材或木板等木质板材，也可采用不锈钢板、铝板等金属板材，亦可采用清水砖、清水混凝土等材料形成界定墙体，通过板片的穿插进行构成，形成整体、通透的空间效果（图 5-44）。

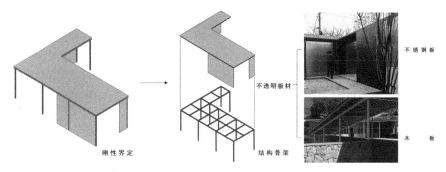

图 5-44　刚性界定的材料形式

柔性界定、网状界定、刚性界定通过一定的拓扑变换，能形成丰富的材料形式与空间效果。从造价与工艺角度，柔性界定成本较低、工艺相对简单，呈现效果具备较多乡土特征，适合预算相对有限的户主；刚性界定对材料、工艺要求较高，呈现效果偏向现代简洁，适合预算较多的户主。

进一步针对不同功能转型住宅进行材料形式适配。整体而言，柔性界定通过结构骨架与塑料膜、各类织物等柔性材料的组合能形成连续重复的母题元素，能够强化转型住宅在空间界面上的辨识度。网状界定通过结构网格形成丰富的光影效果，与周围一般住宅的宅院空间形成空间光影效果上的辨识度。刚性界定通过一定的表面处理，如钢板表面经雾化、镜面、锈蚀等不同方式处理，能够呈现高品质、整体化的空间效果，在空间品质上形成与一般住宅的辨识度（表 5-16）。

表 5-16　不同界定方式在不同功能住宅的表现形式汇总表

转型功能	柔性界定	网状界定	刚性界定
农产品加工类			
家常餐饮类			
零售商店类			
家庭民宿类			

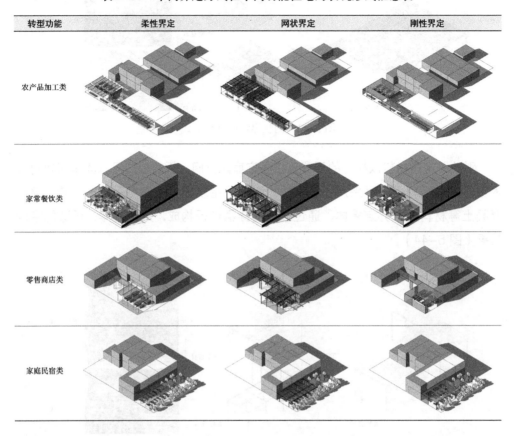

2）建筑立面材质

经过前期分析易得，旅游型近郊乡村转型住宅立面整体以白色涂料、瓷砖为主，少部分户主采用石材铺贴方式；整体风格上以一般现代住宅为主，部分转型住宅采用拼贴的方式引入徽式马头墙、罗马柱、马赛克瓷砖等风格化装饰元素。为使转型住宅立面与其对外生产经营功能相匹配，同时体现与周围一般乡村住宅的辨识性，将从立面材质方面进行针对性优化。

从优化策略的导向上，主要有如下几点思路：①应当注重一定的整体性，避免不同种类或者违背乡土特征的装饰元素拼贴，整体风格与设计手法应当呈现整体、统一、连续的形式逻辑。②应当注重一定的品质感，一般乡村住宅对白色抹灰涂料、瓷砖的简单运用容易使得建筑呈现效果不够精致，难以吸引城市消费人群。③应当注重建筑材料的耐久性，乡村聚落与自然环境结合较为紧密，常伴有泥土、树叶、灰尘等自然杂质，对户主原有墙面造成污染，破坏墙体的品质感；因此在考虑建筑外立面材质与形式时，应当注意建筑材料耐脏、耐久的特性。

从立面材质的选用上，考虑到户主自有住宅的改造对经济性较为敏感，材质主要包括涂料类、砖石类、木格栅类三种（表5-17）。

表 5-17　转型住宅立面材料选用表

材料类型	材料名称	价格	材料特性	材料构造
涂料类	水包水多彩涂料	25~40元/m²	与大理石仿真度较高，能够仿天然花岗岩效果	罩面漆 水包水 弹性中涂（拉毛） 抗碱封闭底漆 腻子 结构层 水包水多彩涂料构造
	水包沙多彩涂料	25~40元/m²	表面质感较为粗糙，具有沙子质感，同时可以仿石灰石质感	
	真石漆	60~80元/m²	可仿大理石、花岗岩等效果，其沙粒较细，可仿平面砂岩类	
砖石类	清水砖饰面	约45元/m²（材料） 约85元/m²（加人工）	砖在乡村较为常见，构筑形式多样，具有较好的耐久性与耐脏性，同时兼具一定的保温、隔热性能	清水砖饰面 砂浆 空气间层 保温材料 结构层 清水砖饰面双层墙体构造（带保温）
木格栅类	防腐木格栅饰面	约150~600元/m²（根据木料有所差异）	木材本身质感较好，但天然木材耐久性差；但经一定防腐处理后耐久性好、防火、防蛀	防腐木格栅 横向龙骨 竖向龙骨 结构层 防腐木格栅饰面构造
	竹木格栅饰面	约200元/m²	竹木需经烤火、防腐处理；相比实木格栅，整体质感更为轻盈	

涂料类为乡村旅游使用相对广泛的材料，价格相对低廉，施工较为简便，具有抗水性、洗涤性、耐磨性、耐酸雨性、抗裂性等众多优良特性，但涂料类材料对墙体平整度要求较高，且耐久性相对不高，平均使用寿命约10年。在具体材料选用上，常见类型主要有三种，分别为水包水多彩涂料、水包沙多彩涂料、真石漆。[①]水包水多彩涂料能够较好还原大理石质感；水包沙多彩涂料表面较水包水多彩涂料粗糙，具有沙子质感，可较好还原石灰石质感。真石漆可同时仿大理石、花岗石质感，其沙粒较为细腻。在颜色的选择上，考虑乡村环境，不宜选用白色，可选用浅灰、浅咖等色系。

砖石类为乡村最为常见的材料，其施工工艺在乡村较为成熟，与乡村环境具有较高匹配度。砖本身具备较好的耐久性与耐脏性，且随时间变化能体现不同质感，为与一般乡村住宅进行区分，且考虑乡村住宅主体结构已完成的实际情况，主要考虑清水砖墙饰面双层墙做法。通过金属连接件将外部清水砖饰面拉结固定在转型住宅结构主体上，中间可做空气间层并加设保温隔热材料，提高转型住宅保温隔热性能。外部清水砖饰面可通过不同的砌筑方式形成多种界面（图5-45）。

---

① 真石漆即合成树脂乳液砂壁状建筑涂料。

一般砌法　　　　　　　镂空砌法　　　　　　　突出墙面砌法

图 5-45　不同清水砖饰面砌法

木材类同样为乡村常见材料，用在室外饰面须经过防腐、防蛀处理，处理后的防腐木材耐久性较好，平均寿命多在 10 ~ 20 年之间，但造价相比涂料与清水砖墙稍高。为与周围一般乡村住宅进行区分，同时节省成本，主要采用防腐木格栅、竹木格栅两种做法，其中竹木格栅需经过烤火处理，去除木料中的水分。木格栅饰面能够在保证室内采光的同时，营造轻盈、亲和的建筑外立面效果。

3）立面开窗形式

经实地调研，转型住宅主要以三开间、五开间、少量四开间为主；在立面开窗形式上，户主仍然沿用原居住建筑开窗，窗墙比在 20% ~ 30% 之间。从商业运营角度，过小的窗墙比会削弱内部对外功能的辨识度，不利于其对外生产经营功能的商业"昭示性"；从游客体验的角度，转型住宅大多位于景区边缘，过小的窗墙比不利于游客与周围环境的互动（表 5-18）。

表 5-18　不同类型转型住宅立面开窗形式

转型类型	立面开窗形式			立面设计原则
农产品加工类	窗墙比：26.5%　三开间	窗墙比：26.2%　五开间		①窗墙比在 20%~30% 之间；②以仓储类功能为主，整体保留原有窗墙比，窗台高度按乡村常见高度 900mm 设置
家常餐饮类	窗墙比：37.1%　三开间	窗墙比：36.4%　五开间 -1	窗墙比：33.9%　五开间 -2	①窗墙比在 30%~40% 之间；②相比原居住建筑，提高了窗墙比，利于商业氛围营造与视线交流。窗台高度以盖过餐桌为宜，在 750~850mm 之间；③半公共区域可采用竖向小窗
零售商店类	窗墙比：43.1%　三开间	窗墙比：60.0%　四开间	窗墙比：60.0%　五开间	①窗墙比在 40%~60% 之间；②相比原居住建筑，采用落地窗形式，利于卖场空间氛围营造与商业"昭示性"
家庭民宿类	窗墙比：43.1%　三开间 -1	窗墙比：35.8%　三开间 -2（游学类）	窗墙比：36.4%　五开间 -1	①窗墙比在 30%~50% 之间；②客房区域主要集中于转型民居二层，因此提高二层窗墙比；客房区域主要采用落地形式若以服务团学实践为主，为考虑孩童安全性，窗台高度为 1000~1100mm 之间；③一层服务功能房间可采用竖向小窗形式
	窗墙比：47.5%　五开间 -2	窗墙比：36.1%　五开间 -3（游学类）		

因此，在开窗形式的优化思路上，主要遵循以下原则：①提高窗墙比，扩大窗户面积，从而提升转型住宅对外生产经营功能的商业"昭示性"与游客体验；②在立面门窗构成上应当尽量规整，体现一定构成感，从而形成简洁、统一的立面风格。

根据不同转型类型，在具体的立面开窗形式优化策略上，农产品加工类转型住宅建筑以仓储相关功能为主，因此整体保留原有窗墙比，仅将开窗位置进行规整，其窗墙比控制在 20% ~ 30% 之内，窗台高度按 900mm 设置。

家常餐饮类住宅多在一层设置餐饮的主要大厅或包厢，因此在开窗上应当考虑与外界景区环境的互动，同时应当兼顾内部环境的对外展示面，其桌面以下通常放置较多餐饮设备与各类餐厨用品，因此窗台高度宜设置于桌面以上，窗墙比控制在 30% ~ 40% 之间，窗台高度按 750 ~ 850mm 设置。

零售商店类一层多为零售卖场空间，考虑到内部商品需要充分对外展示，从而提升城市消费人群的购买欲望与提升卖场空间的对外"昭示性"，其窗户宜采用落地窗形式，形成玻璃展示面，窗墙比可在 40% ~ 60% 之间。

家庭民宿类客房区域多设置在二层空间，考虑到城市消费人群的消费习惯与旅游体验，增进城市消费人群的景区观景互动，考虑设置二层落地窗；此外，部分家庭民宿主要服务于素质拓展、实践教学，以中小学生集中居住为主，因此考虑到儿童活动的安全性，窗台高度宜在 1000 ~ 1100mm 之间；在窗墙比方面，一般家庭民宿类窗墙比可达 40% ~ 50%，游学类家庭民宿窗墙比可达 30% ~ 40%。

4）建筑的商业标识

好的商业标识摆放能够快速被城市消费人群识别，有助于人流量的增加。旅游型近郊乡村转型住宅的商业标识主要有粘贴式、支架式、独立式三种设置方式，往往存在两个极端：一个极端是辨识度过低，部分户主将商业标识设置于前院内部的门楣上或前院外沿路的灯箱上，难以被城市消费人群显著识别；另一个极端是过于明显，另一部分户主将商业标识通过巨型横幅架于屋顶或住宅二层正立面，一方面与整体风格不够协调，另一方面一定程度上影响了户主日常居住的采光。

在针对三种商业标识设置形式的优化思路上，主要基于以下两个原则：其一，游客易于识别，能够在乡村环境中被游客准确识别转型住宅的生产经营属性；其二，融入乡村环境与建筑风貌，与建筑宅院空间相统一而不显突兀。

在具体的优化策略上，针对粘贴式，将设置于前院内部的商业标识优化为置于前院外侧临街，融入前院的界定墙体，从而使城市消费人群在临街即可识别其商业属性。针对支架式，将置于屋顶或建筑二层正立面的商业标识优化为以垂直于正立面方向伸出于建筑临街面，避免过大横幅对建筑采光造成影响。针对独立式，将置于前院外侧的小型灯箱优化为与前院界定材料相统一的杆件，通过悬挂于临街处，从而在远处同样能获得较好的游客辨识度（图5-46）。

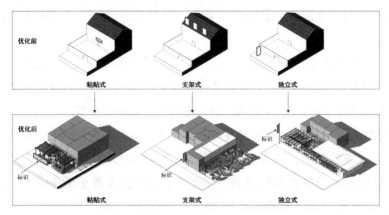

图5-46　不同类型商业标识的优化形式

5.3.4　内部空间适应性改造策略

1. 内部空间的适应性改造措施分类
本文探讨的旅游型近郊乡村转型住宅的内部空间适应性优化措施主要包含两个方面的优化。

一方面是针对建筑平面空间结构的优化，针对四种功能类型九个平面原型探讨了内部功能流线的优化，其一适应不同的外部院落优化类型，其二适应所引入的生产经营功能的空间尺度、功能流线、商业"昭示性"需求；并在建筑平面空间结构中对餐饮大厅、卖场空间、客房空间等对外功能空间的位置予以明确。另一方面针对餐饮大厅、卖场空间、客房空间等不同空间尺度、面对不同外部环境进行内部空间精细化设计，增强与外部环境的互动体验，以及增加内部空间的游客服务功能（图5-47）。

2. 不同功能类型住宅平面结构的功能适应性改造
转型住宅的平面结构主要聚焦于针对住宅建筑平面内部的整体功能组织、对外生产经营流线进行优化，从而让转型住宅能够充分利用外部环境，更好地服务对外生产经营功能。本节按前述的农产品加工类、家常餐饮类、零售商店类、家庭民宿四种转型功能对优化措施分别总结。

1）农产品加工类
农产品加工类宅院空间以综合型为主，通过新建厂房与原有转型住宅形成合院方式引入生产经营功能，其中新建厂房作为农产品主要的加工场所，利用原有转型住宅部分二层闲置卧室作为服务生产的储存仓库。

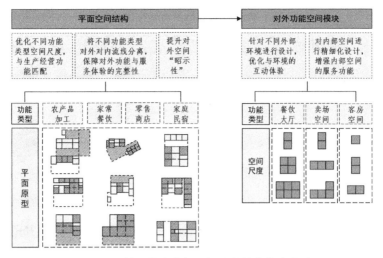

图 5-47　转型住宅外部空间适应性优化分类图

　　户主自身转型方式将服务生产的储存仓库置于原有住宅二层，且由于前文所述的工厂厂房位置的空间层级不匹配，造成了对外生产经营流线与对内日常居住流线互相干扰的问题；此外，仓储功能置于二层，一方面不利于户主进行搬运，另一方面会对建筑结构稳定性造成影响。

　　在具体优化策略上，第一，将对外生产经营流线与对内日常生活流线进行区分，原本置于转型住宅二层的生产仓库改为一层，与厂房、消费服务空间在流线上进行结合，从而使对外生产经营功能形成整体流线。第二，引入消费服务的辅助功能，如原本作为交通通道的堂屋可兼作为咨询、收银、服务人员休息的空间，通过空间划分设置对外供城市消费人群使用的公共卫生间（图 5-48，表 5-19）。

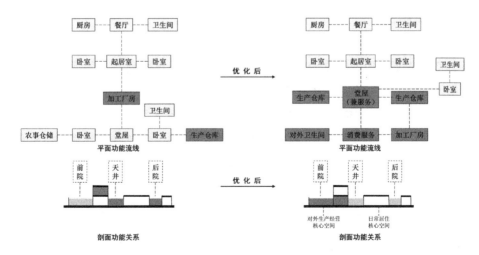

图 5-48　农产品加工类优化前后功能流线对比

表 5-19　农产品加工类平面结构优化策略表

转型功能	原平面形式	原功能图解	优化平面形式	优化功能图解
农产品加工类（综合型宅院）				

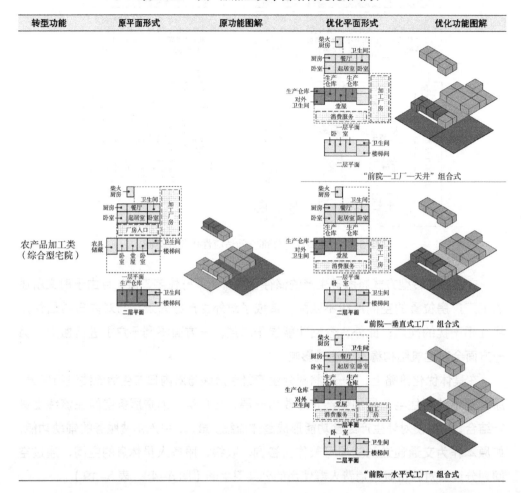

2）家常餐饮类

家常餐饮类转型住宅在庭院类型上以前院型宅院空间为主，户主通常利用前院的部分空间或堂屋形成餐饮大厅，利用一层的部分闲置卧室作为餐饮包厢，利用原有用于日常生活的厨房、卫生间兼作对外生产经营功能使用。

然而，户主的自主转型过程带来了如下问题：①在平面结构上，户主引入对外生产经营功能往往基于闲置再利用原则，即根据空间是否对自身日常生活有无影响，而非空间是否能够充分利用资源，因此在包厢、大厅的设置上并未充分利用周边景区的景观资源；第二，空间属性不明确，如起居室与餐饮大厅混用、卫生间进行混用等情况成为普遍现象，导致城市消费人群在消费过程中产生消费环境杂乱、整体卫生情况较差的心理印象。

在设计策略上，第一，优化功能分区，将对外生产经营功能与对内日常生活功能进行区分，避免流线过多穿插、视线穿透。第二，优化部分包厢位置，将包厢与餐饮大厅在流线上结合，避免距离过远，同时将包厢位置靠近临街界面，与外部景观的互动性更强。第三，针对户主通过自发扩建、新建引入生产经营功能的转型住宅，其中非主要对外建筑的一层卧室通常作为包厢，然而经实地调研，该部分包厢与大厅流线过远且空间品质不高，实际使用率并不高；因此，将该部分包厢改为棋牌室等活动功能，增加该区域的使用频率，增加游客停留时间。第四，增设专门服务对外生产经营功能的卫生间，避免与户主生活流线互相干扰、户主生活用品堆放降低空间品质与消费体验（表 5-20）。

表 5-20　家常餐饮类平面结构优化策略表

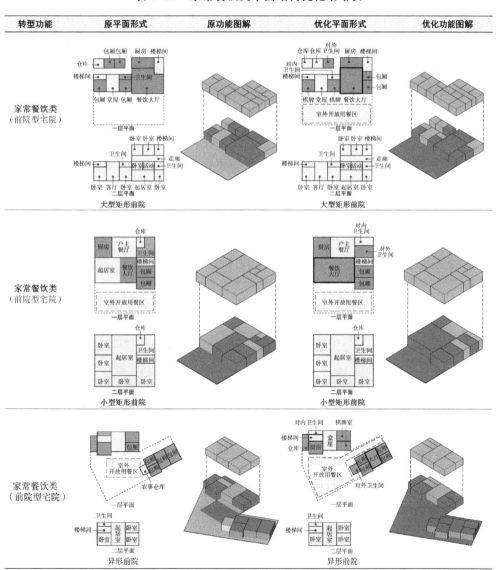

3）零售商店类

零售商店具有较强的外向型，对商业"昭示性"要求较高，需要有较多的临街展示面。零售商店类转型住宅主要有前后院型、前院型两种院落类型，户主引入生产经营功能主要以原有住宅堂屋为组织核心，通过功能重组作为卖场空间。

户主在引入零售功能时，易出现如下问题：①未充分利用临街的展示界面；户主虽然以原居住空间结构中较为外向的堂屋作为卖场空间，然而对外展示面往往被前院中的围墙阻隔，与街道距离过远，商店属性难以被游客识别。②未能充分利用建筑本身的外立面，作为对外展示面，户主以功能重组的方法，仅替换内部陈设，在建筑立面、内部空间上都未能针对商店属性做针对性设计。③户主为了自身方便搬运，在内部空间上将卖场空间与零售仓库空间形成一个整体，共同形成对外的公共空间，导致游客在消费时视线可直接看到杂乱的仓库，降低了空间整体品质，且对游客购物流线造成干扰。

在优化策略上，主要通过如下路径：①优化内部功能分区，增大对外展示面；针对前后院一功能重组式，主要通过拆除围墙、提高窗墙比来实现；针对前后院一临街扩建式、前后院一临街新建式，主要通过在临街位置通过扩建、新建卖场空间的形式，直接面向街道开放，让堂屋回归居住属性，避免户主日常生活对零售功能造成干扰；针对前院型，进一步利用建筑立面，通过L形卖场空间利用建筑两个不同方向立面成为对外展示面，加强商业"昭示性"。②优化零售仓库位置与空间设计，将仓库作为封闭空间，避免游客视线穿透；且与户主生活仓库进行一定区分（图5-49，表5-21）。

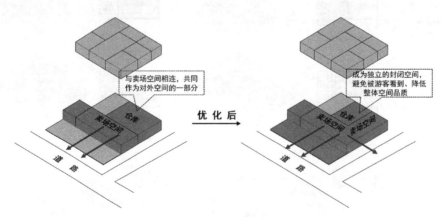

图5-49　对外展示面优化前后对比图

表 5-21 零售商店类平面结构优化策略表

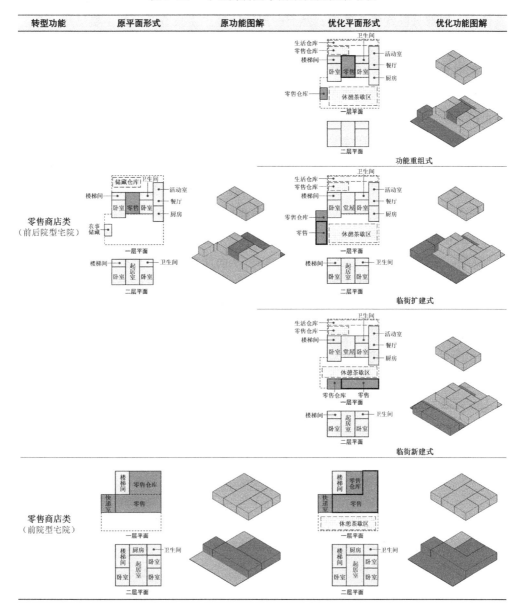

转型功能	原平面形式	原功能图解	优化平面形式	优化功能图解

4) 家庭民宿类

家庭民宿类转型住宅中游客主要使用空间为客房，因此整体以内向型空间为主，客房对私密性要求较高。家庭民宿类转型住宅以天井型、前院型院落类型居多，户主引入对外生产经营功能主要通过既有建筑功能重组或是既有建筑改扩建，依照乡村住宅的空间结构，将部分卧室作为客房。

户主在引入时，由于基于闲置再利用原则，在空间结构上产生了如下问题：

①对外生产经营与对内日常生活互相干扰；户主在进行功能重组时，倾向于将既有住宅一层部分卧室作为客房，然而一层往往是户主家庭活动的主要场所，户主家庭活动对游客使用的客房私密性造成较大干扰。②卫生间设计不够合理；户主在对既有住宅进行改造时，针对卫生间并未在客房单独设置或是扩大卫生间，而是利用原有卫生间作为公共卫生间，且与户主进行共用，给城市消费人群带来使用上的不便，体验感较差。③客房尺度偏小，限制了客房户型的灵活度与卫生间、淋浴房的设置，造成住宿体验不佳。④缺少配套服务功能；小型民宿相比标准化的酒店，其空间更为灵活、服务更具个性化，因而受到当下较多年轻人的追捧，随着小型民宿的飞速发展，园林、茶室、书吧等常见服务成为民宿标配，然而，户主在改造时往往只注重引入住宿、睡眠等基础功能，缺失配套的个性服务。

在设计策略上，主要分为四个方面的优化：①优化空间组织逻辑，将客房置于住宅二层，一层则作为户主日常生活中心，从而使流线互不干扰且能保障客房私密性，同时兼顾城市消费人群的观景与体验互动。②对客房围护墙体重新划分，扩大客房区域面积，对部分小房间通过外拓小阳台形式增大空间面积，从而为进一步户型精细化设计提供可能性。③针对普通型民宿取消共用卫生间，改为在每个客房独立设置卫生间与淋浴房，优化城市消费人群的居住体验；针对面向中小学生游学体验的消费人群，设置专用大型卫生间与淋浴房，提高使用效率。④引入配套服务功能，利用部分公共交通空间与闲置空间设置茶室、研讨空间等配套服务（图 5-50，表 5-22）。

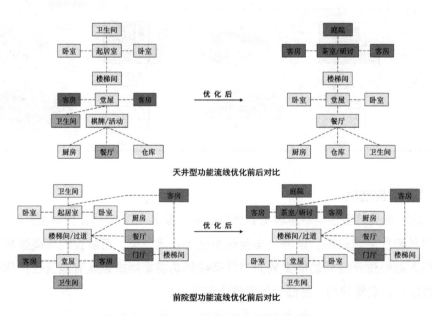

图 5-50　家庭民宿类优化前后功能流线对比

　　　　　　　　　　　　　　村镇住宅适应性设计

表 5-22　家庭民宿类平面结构优化策略表

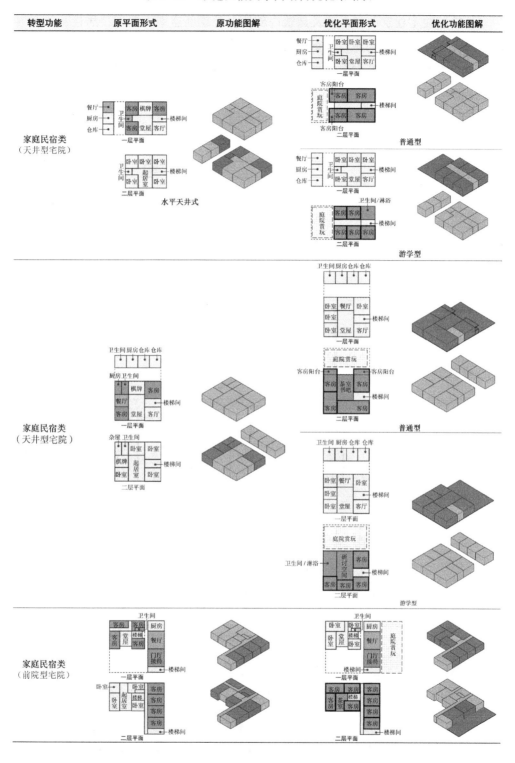

3. 不同功能类型住宅对外功能空间的环境适应性改造

从转型住宅建筑而言，涉及建筑内部的对外功能空间主要以"居住 + 消费 + 特色体验"转型模式为主，也即主要涉及家常餐饮类、零售商店类、家庭民宿类三种功能类型，其主要对外功能空间分别为餐饮大厅、零售卖场、客房。为方便研究，本节对典型案例的主要对外使用空间简化为 3.5m×3.5m 的空间网格组合，对其空间精细化设计策略作出梳理（表5–23）。

表5–23 不同类型对外功能空间优化策略汇总表

转型功能	空间原型	空间平面的环境适应性		
家庭民宿类 （客房）	1×1 网格	人文景点 / 自然景观（观光）	自然景观-1 （游学）	自然景观-2 （游学）
	1×2 网格	人文景点 （双人）	人文景点 （单人）	自然景观 （观光）
	2×1 网格	人文景点	自然景观-1 （观光）	自然景观-2 （观光）

　　家常餐饮类的主要使用空间为室内餐饮大厅，根据梳理，共有1×2网格、2×2网格、3×2网格三种空间尺度。针对不同类型外部环境，在菜地/池塘型中，城市消费人群与外部环境互动较多，因此将小桌区置于临外侧区域；此外，可通过设置阳台，作为开放小桌区，强化与外部环境的互动功能。在观光类自然景观型中，将中桌卡座区置于外侧区域，强化高消费人群的观景体验，从而带来更高的空间溢价，增加户主经济收入。在人文景点型中，因外部环境较为嘈杂，将中桌卡座区置于内侧，保障卡座区域私密性，将小桌区置于外侧，进一步提高小桌区翻台率（图5-51）。

图5-51　不同网格类型的餐饮大厅尺度对比

零售商店类的主要使用空间为零售卖场,根据梳理,共有1×2网格、3×1网格、L型网格三种空间尺度。针对不同类型外部环境,在人文景点型中,零售卖场与人文景点入口通常形成简易商业街的形式,人流、车流交织且较为嘈杂,对零售卖场的商业"昭示性"要求较高,因此将货架进行倾斜布置,让城市消费人群更易于在外部就能大致浏览到商店内部的主要商品,增加购买率。在观光类或游学类自然景观中,因零售商店面对优美的自然风光,且外立面经优化后采用落地窗形式,具备较好的观景面,吸引人流的主要侧重点为观景服务,因此在商店内开辟茶歇、吧台等区域,置于外侧景观面,从而更好地吸引人流(图5-52)。

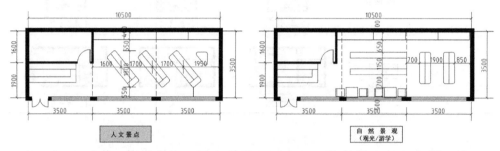

图 5-52 不同类型卖场空间尺度对比

家庭民宿类地主要使用空间为客房,根据梳理,共有1×1网格、1×2网格、2×1网格三种空间尺度。针对不同类型外部环境,在人文景点型中,因外部环境较为嘈杂,景观价值有限,为保障客房活动的相对私密性,采用纯室内不布置阳台的布局形式;其中针对1×1网格尺度较为紧凑的特点,采用外拓阳台、超大推拉门、榻榻米床的形式增强空间的通透感与尺度感。在游学类自然景观型中,其主要空间尺度为1×1网格,较为紧凑,因此设计宽松式、紧凑式两种布局形式,均采用上下铺,并加入收纳空间与书桌,方便中小学生日常学习与读书写字。在观光类自然景观型中,通过增设阳台的形式增强游客的观景互动体验,同时针对部分房间朝向与景观朝向不一致的客房,通过倾斜阳台的方式可解决朝向与景观的矛盾(图5-53)。

图 5-53　不同客房户型的尺度对比

　　本章在村镇住宅特征、需求和问题分析的基础上，提出近郊乡村住宅转型优化应遵循游客需求、空间商品化、乡土化、成本可控等四个主要原则。并基于现状分析与游客需求对旅游型近郊乡村的转型住宅发展定位、发展方向、发展模式、细化功能进行探讨，得出在乡村景区主打精品文化类标准化服务背景下，乡村转型住宅应当发展基于田园生活的个性化服务，并由此从建筑学视角提出改造设计方法论。在空间策略方面，基于建筑师改造设计流程，按"宅院整体布局——院落内部空间划分与模块选用——院落空间界定形式与建筑立面设计——内部空间平面优化设计——具体功能空间模块选用"的设计步骤分别提出不同院落类型、不同功能类型适应外部环境与所引入服务功能的各种组合形式，形成一整套基于设计流程的方法论。

第
6
章

——

村镇住宅的
适应性建造

6.1 村镇住宅建造概述

6.1.1 主要建筑材料

村镇住宅建筑常用建筑材料按材料性质可以分为生土、石材、木材、钢材、混凝土；按部位可以分为墙体材料、骨架材料、屋面材料、门窗材料、装饰材料等。

1. 生土

生土包括土坯砖和夯土，其蓄热性能突出，且能使室内空气质量和湿度因其"呼吸"作用而被调节，使室内冬暖夏凉。生土材料在房屋拆除后可被反复利用，即具有可再生性，甚至能作为农田肥料，其加工过程无污染、低能耗。根据测算其碳排放量和加工能耗分别为混凝土和黏土砖的 3% 和 9%，生土技术造价低廉，施工简易，但制约传统生土材料现代化应用的核心因素是其在耐久性和力学性能方面的固有缺陷。[①]

2. 石材

天然石材分布广泛、便于就地取材，其抗压强度高、耐久、耐磨、耐水，是较传统的建筑材料，村镇住宅常用的天然石材有石灰石、花岗石、砂岩、大理石、青石板，块状的有毛石、片石。条石一般用来砌筑墙体、勒脚、台阶、栏杆、护坡，片状的石板材一般用作内外墙贴面、地面，建筑雕刻花饰也采用各类石材。

1）花岗石：密度大、抗压强度高、孔隙率小、吸水率低、材质坚硬、耐磨性好、不易风化变质、耐久性高。花岗石粗面板多用于室外地面、台阶、基座、踏步、檐口等处，亚光板常用于墙面、柱面、台阶、基座等处，镜面板多用于室内外面板装修。

2）砂岩：砂岩根据胶结物的不同分为硅质砂岩、钙质砂岩、铁质砂岩、黏土质砂岩，其性能波动很大，其中较常见的是钙质砂岩，质地较软、不耐酸，建筑上根据砂岩技术性能的高低，可用于基础、勒脚、墙体、衬面、踏步等处。

3）石灰石：石灰石分布广泛、开采加工较易，但强度不高且抗冻性、耐水性不强，广泛用于基础、墙体等砌筑工程，也可作为路面和混凝土骨料。

4）大理石：大理石抗压强度高、质地致密而硬度不大，比花岗石更易于雕琢磨

---

① 穆钧.生土营建传统的发掘、更新与传承[J].建筑学报，2016（4）：1-7.

光。纯大理石为白色,俗称为汉白玉;普通大理石有各种斑驳纹理,具有良好装饰性,是高级的室内装饰材料,主要以面板材料形式用于建筑室内装饰。

5)人造石材:以高分子聚合物或水泥或两者混合物为黏合材料,以天然石材碎(粉)料或天然石英石(砂、粉)或氢氧化铝粉等为主要原材料,加入颜料及其他辅助剂,经搅拌混合、凝结固化等工序复合而成的材料,统称人造石,主要包括人造石实体面材、人造石英石和人造岗石等产品。其中实体面材类为以氢氧化铝 $[Al(OH)_3]$ 为主要填料制成的人造石,石英石类为以天然石英石或粉、石英砂、尾矿渣等无机材料 [其主要成分为二氧化硅(SiO_2)] 为主要原材料制成的人造石,岗石类为以大理石、石灰石等的碎料、粉料为主要原材料制成的人造石。[①] 目前广泛用作住宅厨卫整体台面、窗台板等。

3. 木材

木材由于受到资源的限制,在非木材产区的村镇中很少采用,在老房屋中还经常可见木材的梁柱结构,以及木屋架。部分老建筑拆除后的木材仍可在新建筑中继续使用。速生林深加工的建筑构件(复合木结构)具有施工方便、生态环保、价格比钢结构便宜等优点,已在村镇地区推广使用。复合木板材包括结构胶合板、单板层积材、集成材、定向刨花板、平行单板条层积板、大片刨花层积板,以及农作物秸秆复合墙体材料等。

1)结构胶合板:增大了板材的幅面,继承了天然木材的特点,弥补了缺点,提高了木材利用率。主要应用于地板衬板、墙板和屋顶板。

2)单板层积板:单板层积材可利用小径木、弯曲木、短原木等低质木材生产,原木利用率达 60% ~ 70%;从原木旋成单板再层结,可去掉材质较差的部分,而节头及接头等缺陷又可充分分散、错开,降低其对强度的影响;并进行防腐、防虫、防火等处理,其主要用于窗框、门框、楼梯的踏步板等。

3)集成材:易于用商业木材制成大的结构用构件,开辟了用小径木制作大板材,能获得较佳的建筑艺术效果和独特的装饰风格;可使木材生产缺陷降到最小,而得到的集成材变异系数较小;依强度要求可设计成变截面的建筑构件。主要用于梁、托梁、搁梁及一些装饰件。

4)定向刨花板:又称为定向结构刨花板,由于采用特殊的工艺和专用设备,基本保留了木材的天然属性,具有抗弯强度高、尺寸稳定性好、材质均匀、握钉力强等优点。主要应用于墙板、地板、屋面板等。

---

① 中华人民共和国工业和信息化部,发布 . 人造石: JC/T 908—2013[S]. 北京: 中国建材工业出版社,2013.

5）平行单板条层结材：密度与强度均匀，外观一致，在构造上优于实木锯材。适合用作横梁、柱、挑梁，以及轻质框架中的过梁。[①]

6）大片刨花层结材：是一种结构类似于定向刨花板的工程木质复合材料，平直、尺寸稳定、不易变形、不开裂、强度和刚度均匀，外观一致。主要用于梁、柱、框架、地板及其他各种预制结构产品。

4. 钢材

1）属性特点

钢材种类丰富，性能差异较大，而用于结构工程的钢材物理性能基本相同，主要具备以下几个特点：[②]

（1）自重轻而承载力大，属于轻质高强材料。如钢屋架的重量只有混凝土屋架重量的 $\frac{1}{4}$ ~ $\frac{1}{3}$，因此钢结构能承受更大的荷载，跨越更大的跨度。[③]

（2）钢材更接近于匀质等向体，设计时就是利用其弹性工作阶段变形小，与力学计算中采用的假定相符这一特性，所以与其他结构材料相比，钢结构中的实际内力与力学计算结果最为符合。[④]

（3）钢材的塑性与韧性好，充分保证了结构的安全可靠性。钢材伸长率在被拉断时可达 20% ~ 30%，且在变形过程中出现明显的屈服点和塑性变形阶段，这说明钢材的塑性性能较好。因此一般情况下，钢结构不会因局部荷载或偶然荷载而突然断裂破坏。而混凝土材料和砌体材料为脆性材料，钢结构与它们相比具备更大的结构可靠度。[⑤]

（4）钢材的耐火性差，从常温到 150℃之间，其性能变化不大，但当温度高于 150℃，其强度和塑性会急剧下降，当温度高达 600℃时，其强度几乎降为零。砌体结构和钢筋混凝土结构与之相比有更高的耐火能力。[⑥]

（5）钢材的耐腐蚀性较之砖、混凝土等材料差了很多，这说明钢材表面处理的重要性。[⑦]

（6）钢材导热、导电性强，这决定了钢构建筑结构与围护构件的构成关系，以防止冷（热）桥效应的产生。[⑧]钢材具备可焊性，除此之外还可以采用黏接、铆接、螺栓连接等多种方式，使不同构件之间、钢材与其他材料之间的连接更加方便，这是非金属材料所难以比拟的。[⑨]

① 龚瑜. 现代木结构建筑之屋顶构造系统的研究 [D]. 南京：南京林业大学，2007.

②~⑦ 翟克勇. 钢构建筑的建造表现研究 [D]. 南京：东南大学，2004.

⑧ 孙淦. 钢结构建筑的艺术表现特征研究 [D]. 济南：山东大学，2008.

⑨ 李晖. 钢在建筑中的技术表现力研究 [D]. 哈尔滨：哈尔滨工业大学，2008.

2）建筑属性

（1）另外的围护构件需要被设置在钢结构构件之外。钢结构建筑丰富的表现力来源于钢结构支撑与多种围护材料的组合。而很多情况下，混凝土建筑或砌体建筑结构与围护构件可以合二为一。[①]

（2）结构性能优越的钢材，使建筑具有更大的造型自由度，保证了钢结构建筑形象的丰富多样。[②]

（3）富有力度感、简洁、明快等工业文化印迹与鲜明的时代特点能在钢材等金属材料中找到。钢材表面因精密处理而变得坚硬与密实，不会表现出均匀、细腻、光洁质感，此种类型的表面给人的感觉就是重理性的冷峻感。[③]

（4）钢结构建筑魅力往往在于其他材料与钢材或钢材与钢材之间连接方便、节点构造细致精密且节点类型丰富多样。钢材独特的表现力更多由构件之间的组合与连接来体现，而不仅仅由构件质感来体现，除此之外，要挖掘钢材的表现潜力还可以通过组合其他材料以整体效果来达到。[④]

（5）结构的精心设计能使材料的实际受力状态得到明确地表达。其他材料所不能比拟的是钢结构受力构件的格构化可以使材料的应力状态得到比较明确地表达。[⑤]

（6）钢构建筑的施工预制化程度高，现场作业少，因而施工质量与工期容易得到保证，为技术的精美表现与快速建造创造了条件。[⑥]

5. 混凝土

1）混凝土空心砌块

混凝土空心砌块是以水泥、砂、石加水搅拌后，在模具内振动加压成型，或以水泥和陶粒、煤渣、浮岩等轻骨料，加水及一定的掺和料，外加剂、普通砂等、经过搅拌、轮碾、振动、成型、养护而成的砌块。混凝土空心砌块分为普通混凝土空心砌块和轻骨料混凝土空心砌块。根据主规格的高度，砌块分为小型空心砌块、中型空心砌块、大型空心砌块。

普通混凝土小型空心砌块具有保护耕地、节约能源、利用充分、应用场景丰富和效益好等优点，具备可持续发展的许多有利条件，发展前景广阔。普通砌块可用于各种墙体（承重墙、隔断墙、填充墙、装饰墙、花园围墙；以及挡土墙等）、独立柱、壁柱、保温隔热墙、各种建筑构造等。

轻骨料混凝土小型空心砌块具有质轻、高强、热工性能好、利废等特点，被广

---

①～⑥ 翟克勇. 钢构建筑的建造表现研究 [D]. 南京：东南大学，2004.

泛应用于建筑结构的内外墙体，尤其是在热工性能要求较高的围护结构上。

2）蒸压加气混凝土空心砌块

蒸压加气混凝土制品是以硅、钙为原材料，以铝粉（膏）为发气剂，经蒸压养护而制成的砌块、板材等制品。蒸压加气混凝土制成的砌块，可用于承重墙和非承重墙或保温隔热材料等。在村镇住宅围护结构中的加气混凝土墙板、砌块、屋面板和保温材料，具有体轻、耐火、保温效果好、吸声性好、耐久性好、易加工的特点。

蒸压加气混凝土砌块砌筑或安装时的含水率不宜小于30%，并采用专用砌筑砂浆。使用蒸压加气混凝土砌块做外墙，其外表应做保护面层。在外墙突出部位，应做好排水、滴水，避免墙面干湿交替或局部冻融破坏。在下列情况中不得采用加气混凝土制品：住宅防潮层以下的外墙；长期处于浸水和化学侵蚀环境；承重制品表面温度经常处于80℃以上的部位。

3）钢筋混凝土

现浇钢筋混凝土用作墙体、梁板柱等结构材料是最近村镇住宅建设的新趋势，尤其是在沿海东部发达地区的农村，大量采用现浇混凝土结构，其房屋的抗震性好，牢固耐用，但是单栋房屋的建设周期较长。

6. 砖

我国传统的砌体材料为实心黏土砖，实心黏土砖浪费了大量土地资源，并造成环境污染。因此新型墙体材料成为村镇推荐使用的必然选择。村镇住宅可以选择的砖有烧结多孔砖、页岩砖、煤矸石砖、烧结装饰砖、粉煤灰砖、蒸压粉煤灰砖、渣土多孔砖、蒸压泡沫混凝土砖等。为保持砖的长期耐久性及墙体工程质量，经过烧结的砖尺寸稳定性较好，不易造成墙体开裂。

1）烧结多孔砖：烧结多孔砖是以黏土、页岩、煤矸石、粉煤灰等为主要原料，经焙烧而成，孔多小而密、孔洞率不小于23%。可用于承重墙体，具有节约土地资源和能源的功效。它主要有KP1（P型）多孔砖和模数（DM型、M型）多孔砖两大类。P型多孔砖在使用上接近普通砖，模数多孔砖在推进建筑产品规范化、提高效益、节约材料等方面有一定优势。多孔砖保温隔热、隔声性能好，能减轻墙体自重，有利于抗震，施工中不用砍砖调缝，有利于提高劳动效率，减少砌筑砂浆6%～8%。

2）硅酸盐砖：硅酸盐砖是以砂子或工业废料（如粉煤灰、煤渣、砂渣）等含硅原料，配以石灰、石膏等胶凝材料与适量的骨料及水拌和，经过成型和蒸汽养护而成的蒸压产品，不含水泥或含少量水泥。一般以所采用的硅质材料的种类命名，如蒸压灰砂砖、蒸压粉煤灰砖、煤渣砖等。

3）新型节能稻草砖：东北农业大学推荐的新型节能稻草砖，其以稻草为主要制作原料，主要包含纤维素、半纤维素、木质素、粗蛋白质和无机盐等。用稻草砖制造的房屋保温节能效果好，同时还解决了现有黄土砖存在的破坏资源、污染环境、浪费能源、质量大和运输费用高等问题，特别适用于东北寒冷地区。

7. 涂料

根据涂料的组成成分及功能要求，涂料分为建筑涂料（外墙涂料、内墙涂料、地面涂料、防水涂料）和油漆涂料（天然漆、调和漆、清漆、磁漆）。目前使用较多的涂料包括合成树脂乳液涂料、水溶性涂料、溶剂型涂料、抗菌涂料等。目前占据市场的仍然是溶剂型内墙涂料和合成树脂乳液内墙涂料，随着人们环保意识逐渐增强，水溶性内墙涂料和抗菌涂料受众越来越多。油漆涂料主要用于木质或金属家具、建筑零件等部品的装饰和保护。

8. 屋面材料

目前村镇住宅所采用的屋面材料主要有烧结瓦、水泥瓦、混凝土板等；另外辅以防水卷材、防水涂料、保温材料（聚苯板、保温砂浆）等材料。一般情况下平顶屋面多用混凝土板，外加防水卷材（SBS、APP）及混凝土保护层等；坡面屋顶多采用檩条或椽架体系支撑烧结瓦、水泥瓦等。

目前村镇住宅的屋面防水材料主要是防水卷材，主要原因是施工简单、价格适中，其占到了村镇屋面防水材料市场份额的 90% 以上。防水涂料是村镇住宅防水市场的主力军之一，应用在屋面、墙壁及卫生间等，其用量仅次于防水卷材。瓦是村镇住宅中坡屋面的主体材料，传统建筑多采用烧结瓦，80% 以上的坡屋面均采用烧结瓦。

9. 门窗材料

门窗的种类、形式很多，其分类方法也比较多，可以按不同的材质，功能和结构形式进行分类：

1）按不同材质可分为：木门窗、铝合金门窗、钢门窗、PVC 门窗、全玻璃门窗、复合门窗、特殊门窗等。

2）按不同功能可分为：普通门窗、保温门窗、隔声门窗、防火门窗、防盗门窗、防爆门窗、装饰门窗、安全门窗、自动门窗等。

3）按不同结构可分为：推拉门窗、平开门窗、弹簧门窗、旋转门窗、折叠门窗、卷帘门窗、自动门窗等。

以往村镇住宅中使用的门窗大多不具有保温隔热功能，采用单层玻璃，热工性能和密封性较差，空气渗漏严重，防火和隔声性能也不高。

6.1.2　主要建筑结构体系

1. 砌体建筑体系

砌体结构是砖砌体、石砌体和砌块砌体建造结构的统称，主要受力构件是砂浆和块体砌筑而成的墙、柱。据调查，砖砌体是村镇住宅主要墙体材料，除此之外，混凝土砌块、多孔砖、石材等用得也较多。实心黏土砖在其中占 86.84%，包括红砖和青砖，黏土砖的规格为 240mm×115mm×53mm。墙体依据不同的砌筑方式有实心墙和空斗墙。[①]

实心砖墙采用一顺一丁为主要砌筑方式，部分住宅采用梅花丁和三顺一丁等。墙体厚度为 240mm、370mm，隔墙采用 120mm，部分南方地区的承重墙体有180mm 厚的。《镇（乡）村建筑抗震技术规程》JGJ 161—2008 要求：纵横墙之间沿墙体高度每 500 mm 有拉结筋连接，每边深入墙体的长度不小于 800 mm。设置拉结筋的砌体房屋在经济条件较好的地区比较常见，而在贫困地区，拉结措施较少被采用。村镇砌体墙的质量因各地工匠的技术水平的差异而存在较大差异。如纵横墙不能同时砌筑时，应留斜槎而未留。横平竖直、立皮数杆等应是砖墙砌筑时特别需要注意的。砌体墙的承载力受灰缝饱满度影响较大，通过调研，我们可以发现部分地区砖墙具有较差的灰缝饱满度。[②]

空斗墙在我国北方地区应用较少，且一般不用于承重墙体，只用于隔墙和填充墙。而在我国南方地区（尤其是华东和中南地区），由于节省材料，且保温隔热、隔声性能较好，空斗墙普遍存在且用于承重墙。空斗墙根据有无眠砖分为有眠空斗墙和无眠空斗墙，有眠空斗墙又分一眠一斗、一眠二斗、两眠一斗、一眠三斗和一眠五斗等，无眠空斗墙只有斗砖而无眠砖，又称为全斗墙。空斗墙是一种非匀质砌体，没有实心墙抗震，坚固性也比不上实心墙，因而对于墙体的重要部位应采用实体墙的形式，例如门窗洞口的两侧、纵横墙交接处、勒脚墙室内地坪以

---

① 曾银枝，李保华，徐福泉，等 . 村镇砌体结构住宅抗震性能现状分析 [J]. 工程抗震与加固改造，2011，33（3）：121-126.

② 李保华 . 村镇砌体结构房屋抗震加固技术研究 [D]. 北京：北京工业大学，2011.

　　　　　　　　　　　　　　　　　　　　　　　　　　　村镇住宅适应性设计

下部分、屋架或梁下等承受集中荷载的部位、楼板下 3～4 皮砖。[①]

1）横墙承重体系

横墙承重体系类型的房屋的楼板、屋面板或檩条沿房屋纵向搁置在横墙上，由横墙承重。主要楼面荷载的传递途径是：板—横墙—基础—地基，故称为横墙承重体系。其特点是房屋的空间刚度大，整体性好，有利于抵抗风力和水平地震作用，也有利于调整地基的不均匀沉降；横墙承受了大部分竖向荷载，纵墙则起到主要围护、隔断和将横墙连成整体的作用，受力比较小，对设置门窗大小和位置的限制比较少，建筑设计上容易满足采光和通风的要求；结构布置简单和规则，可不用梁，楼板采用预制构件，施工比较简单方便，造价比较低，但横墙占面积多，房间布置灵活性差，墙体用材较多。

2）纵墙承重体系

对于进深较大的房屋，楼板、屋面板或檩条铺设在梁（或屋架）上，梁（或屋架）支撑在纵墙上，主要由纵墙承受竖向荷载，荷载的传递路径为板—梁—纵墙—基础—地基；对于进深不大的房屋，楼板、屋面板直接搁置在外纵墙上，竖向荷载的传递路线是板—楼板—纵墙—基础—地基。由于纵墙是主要的承重墙，设置横墙的目的主要为了满足房屋空间刚度和结构整体性的要求，间距可以相当大，因而容易满足使用上大空间和灵活布置平面的要求；纵墙承受较大荷载，因此不能任意开设门窗洞口，采光和通风的要求往往也受限制；相对于横墙承重体系，纵墙承重体系的横向刚度较差，楼（屋）盖用料较多。

3）纵横墙承重体系

纵横墙承重体系的开间比横墙承重体系大，但空间布置不如纵墙承重体系灵活，整体刚度也介于两者之间，墙体用材、房屋自重也介于两者之间。其特点是室内空间较大，梁的跨度并不相应增大；由于横墙少，房屋的空间刚度和整体性介于横墙承重体系和纵墙承重体系之间。

2. 传统木结构建筑体系

1）抬梁式

在柱网上的水平铺作层或柱顶上，沿房屋进深方向架数层叠加梁，逐层缩短梁，层间垫木块或短柱，最上层梁中间立三角撑或小柱，形成三角形屋架是抬梁式构架的特点（图6-1）。相邻屋架间，在各层梁的两端和最上层梁中间小柱（脊瓜柱）

---

① 曾银枝，李保华，徐福泉，等 . 村镇砌体结构住宅抗震性能现状分析 [J]. 工程抗震与加固改造，2011，33（3）：121-126.

上架檩，檩间架椽，构成双坡顶房屋的空间骨架。房屋的屋面重量通过椽、檩、梁、柱传到基础（有铺作时，通过它传到柱上）。

2）穿斗式

穿斗式木构架的特点是用穿枋把柱子串联起来，形成一榀榀房架，檩条直接搁置在柱头上，在沿檩条方向，再用斗枋把柱子串联起来，又形成了一个整体框架（图6-2）。柱上搁置梁头，梁头上搁置檩条，当柱上采用斗栱时，则梁头搁置于斗栱上。相比之下，穿斗式木构架整体性强，用料小，但因其柱子排列密，只能用于尺度不大的空间（如杂屋、居室）；与之相反，抬梁式木构架因梁跨度较大而具有较大的室内空间。

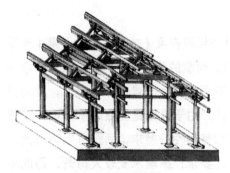 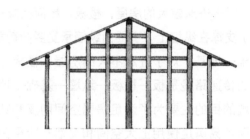

图6-1　抬梁式构架图　　　　　　　图6-2　穿斗式构架图

3）井干式

井干式木结构是我国传统民居木结构建筑的主要类型之一。其因木材消耗量较大而被应用于环境寒冷地区（如我国东北地区）或森林资源覆盖率较高地区。在开设门窗和绝对尺度上受到较大限制且需用大量木材是井干式结构的特点，正因为这些特点，其通用性不如穿斗式构架和抬梁式构架。这种结构只在我国西南山区和东北林区的个别房屋中使用。云南南华井干式结构民居是井干式木结构民居实例，它有平房和2层楼两种形式，长方形平面，两间面阔，二椽进深，上覆悬山屋顶。屋顶采用左右侧壁顶部正中立短柱承脊檩，椽子搭在脊檩和前后檐墙顶的井干木上的做法（图6-3）。

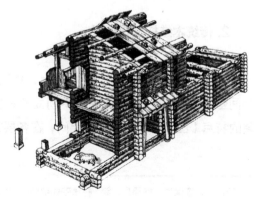

图6-3　井干式构架图

木结构住宅的主要优势如下：首先，木材具有密度小、强度高、弹性好、色调丰富、纹理美观和加工较容易等优点，是一种丰富的可循环再生资源。树木在生长过程中具有制氧固碳的功能，使木材成为低碳环保的绿色建筑材料，符合当今人类社会发展的基本需求。[①] 同时，木结构住宅在拆除后，可以马上被再次利用，不会产生建筑垃圾。其次，在力学性能方面，木材能有效地抗压、抗弯和抗拉，特别是抗压和抗弯具有很好的塑性。且木结构对于承受瞬间冲击荷载和周期性荷载具有良好的韧性，受地震作用时，木结构仍可保持结构的稳定和完整，不易倒塌。最后，由于木材细胞组织可容留空气，因此木结构建筑具有良好的保温隔热性能。[②]

木结构住宅在节能保温方面也有优势，木材和钢、铝、塑料相比，其生产能耗最小，而且此类住宅保温隔热性能良好。研究表明，达到同样保温效果所需的厚度，木材是混凝土的 $\frac{1}{15}$，是钢材的 $\frac{1}{400}$，在使用同样的保温材料时，对比钢结构住宅，木结构住宅的保温性能好 15% ~ 70%，这能大大降低住宅的使用能耗。此外，方便维修、施工周期短也是木结构住宅优点。对比同类砖混结构，其施工时长能减少一半或 $\frac{2}{3}$，且设计时能灵活布局，翻新改造时仅需简单的材料和设备，比较方便。[③]

3. 夯土建筑体系

根据其受力特点可分为夯土墙承重房屋和夯土墙体—木构架混合承重房屋两种类型，夯土墙承重房屋，通常是把檩条直接放置在夯土墙上面，檩上沿垂直方向布椽，椽子上面铺木板或木条编织物，并在此上面铺草泥座瓦形成屋盖，整个屋盖结构重量由夯土墙承担，整个结构荷载传递路径为：瓦屋面及其附属荷载—椽子—檩条—墙体—墙体基础（图6-4）。[④]

夯土建筑属于混合承重结构体系，

图6-4　夯土建筑

①② 《木结构设计手册》编写委员会. 木结构设计手册 [M].4 版. 北京：中国建筑工业出版社，2021.
③ 白化奎. 发展轻型木结构住宅的几点建议 [J]. 林业科技，2009，34（1）：55-57.
④ 张琰鑫，童丽萍. 农村夯土类住宅抗震性能分析及加固方法研究 [J]. 工程抗震与加固改造，2012，34（1）：126-133.

与墙体承重类住宅相类似，不同之处是前者仅在山墙处设檩于墙上，屋面荷载由夯土山墙来承受，屋顶中间部分荷载由檩条传递给木构架，此类房屋最外一排木柱通常内置或半嵌于墙中，俗称"顶梁柱"，瓦屋面及其附属荷载—椽子—檩条—墙体或木构架—墙体基础或柱础即为其荷载传递路径。[①]

4. 装配式混凝土结构建筑体系

1）特点分析

（1）设计多样化

社会的进步使得居民对住宅的需求个性化，家庭成员数量与结构上的变化使得居住空间的多样性变得日益重要。住宅全生命周期可变性能满足居民的多种生活要求。装配式混凝土建筑因其框架结构的大开间布局方式，对于室内空间的灵活布置更具优势。灵活安装、拆卸的轻质隔墙板能实现住宅空间灵活分隔，这种轻质隔墙板的常用做法是轻钢龙骨外罩石膏板或其他质轻吸声的板材。[②]

（2）建筑科技化

增设保温层的装配建筑构件，在工厂加工能保证生产质量，性能效果比传统施工工艺更好，高精度的预制构件能提高墙体与门窗间隙的密封效果。保温材料可使用具有吸声、隔声功能的材料，以减低噪声，进而提高居住品质。使用不燃或难燃的保温材料，在发生火灾时可有效避免或减缓火势在保温层蔓延。采用柔性连接工艺对预制装配构件进行连接，使结构抗震性得以提高。[③]

普遍使用质轻材料能使建筑自重减少，进而使地基基础费用减少。在长期使用的情况下，简洁的外立面可以减少外墙褪色、变形、开裂的发生。对于布置卫生间、厨房及各种配套设施设备或后期通信设备和电气设备的改造和升级都是非常有利的。[④]

（3）生产工厂化

预制装配式构件在工厂生产制作，工厂化生产预制装配式构件有以下优点：

①模具、烘烤工艺及机械化喷涂等现代工艺可被应用于预制外墙板；

②保温板主要使用板毡材料，传统的散装及颗粒状保温材料可被替代；

③金属构件、屋架、屋面板、设备设施、预制混凝土构件等制作精度和质量较传统、现场浇筑有所提高；

① 张琰鑫，童丽萍.农村夯土类住宅抗震性能分析及加固方法研究[J].工程抗震与加固改造，2012，34（1）：126-133.

②③④ 聂小鹏.装配式混凝土建筑综合效益分析与研究[D].郑州：郑州大学，2019.

④工艺复杂的材料如石膏板、地砖、吊灯、涂料及壁纸等要保证生产效率及产品品质就必须要通过工厂的专业设备。在材料及构件生产过程中，对材料的防潮性、抗冻性、保温隔声性、耐火性、防火性等性能的随时控制是工厂化生产的另一优点。[①]

（4）施工装配化

装配式建筑预制构件现场采用装配化施工方式。装配化施工的优势如下：可以减少工作量，节省劳动力；缩短施工工期，对于工期紧张的工程特别适用；较现浇混凝土建筑而言，更能保证其质量，因其只需对预制构件安装施工质量进行控制，而构件质量在出厂时已验收合格；现场湿作业少使得建筑垃圾和污水少，进而具有更好的环境效益；仅有少量的连接及填缝材料被需要在施工安装过程中使用且施工噪声小；能节省场地硬化费用。装配式建筑因以下原因对于施工场地受限的工程项目尤其适用：预制构件的加工在工厂完成，对于施工现场，具备用于堆放构件的场地及运输道路即可。工厂生产预制构件尺寸控制精度高，对于装修施工及后期设备安装，项目整体质量水平的提高都具有重要意义。[②]

2）优势分析

（1）节省资源和能源

装配式混凝土建筑比传统现浇混凝土建筑资源优化更好，其资源和能源的消耗量能被控制主要体现在构件工厂化生产和其免抹灰的特性。[③]

（2）环境效益较好

建筑行业污染有固体废弃物、噪声、废水、扬尘等几大类。装配式混凝土建筑与传统现浇混凝土建筑不同，其预制构件大部分或全部在工厂进行生产，更齐全的生产和防护设备设置于预制构配件厂，其管理也更加规范，因而对于材料使用效率的提高、资源浪费的减少和建筑废料的减少具有重要意义。水资源的浪费和废水的排放因构件现场施工仅有少量湿作业而得以减少，进而改善工地环境，带来良好的环境效益。[④]

（3）生产效率提高

装配式混凝土建筑具有更高程度的标准化生产，更完整的产业链，更高效率地整合和利用社会资源。工厂化、批量化生产预制装配构件可以使工人更加熟练地操作，进而提高生产效率、解放一部分劳动力资源、降低产业工人劳动强度。[⑤]

---

①～⑤ 聂小鹏．装配式混凝土建筑综合效益分析与研究 [D]．郑州：郑州大学，2019．

5. 装配式轻钢结构建筑体系

轻钢结构通常指由以下结构：冷弯薄壁型钢结构、热轧轻型钢结构、焊接或高频焊接轻型钢结构、轻型钢管结构、板壁较薄的焊接组合梁及焊接组合柱组合而成的结构。对轻钢结构住宅一般是用轻钢龙骨作为承重体系在低层住宅中的应用。屋盖系统或楼面系统用压型彩钢板作为模板兼持力层，上面可浇捣混凝土。

钢结构住宅具有很多优点，强度高、自重轻、抗震性好。钢材的强度比混凝土、砌体和木材要高出很多倍。荷载相同时，所需构件截面积小。钢结构住宅以工厂生产的钢梁、钢柱为骨架，并采用轻质墙板，所以自重较轻，一般是普通住宅的70%。钢结构具有良好的延性，抗震性能好且震后受损轻，灾后也容易修复。

相同的房屋设计，选择不同的结构设计，会影响主要结构材料的用量，因此要尽可能优化结构设计，减少钢材消耗。如同一栋框剪结构的住宅，当采用一般的框架梁结构形式时，用料最省，但梁高较高，影响以后的使用；当采用宽扁梁结构时，可以获取比较大的净空，但需要更多的钢筋。对于混凝土设计强度，基于建筑安全，最大限度地降低混凝土设计强度，根据相关混凝土结构设计规范，混凝土设计强度影响构件的最小配筋率，住宅小开间的特性使得人们普遍用最小配筋率来控制楼板的配筋，从混凝土强度上来说，相对于C40，C30可节省19.5%的HRB335钢筋。采用低强度的混凝土，对于降低墙及楼板的裂缝也是非常有效的。

6.2 村镇住宅适应性建造策略

6.2.1 建筑材料的适应性

1. 建筑材料本土化

影响地区村镇住宅特色的重要条件之一为就地取材、大量使用地方性材料。一般情况下，非本土建材的材料费和运输费用较高。过于复杂的节能构造技术，村民也难以掌握，认知成本较高，较高的建材、人工费用造成的高成本降低了农宅的比较效益，阻碍其推广。因此，降低村镇住宅的建设成本的重要途径之一是积极推行建材和建造技术的本土化。[①]

---

① 王舒扬.中国农村可持续住宅建设与设计 [M].南京：东南大学出版社，2014.

2. 建筑材料可循环利用

村镇住宅一般层数不多、跨度不大，可以尽量选用当地的土、木、石等天然材料，减少使用水泥、混凝土等建筑材料。土坯砖、夯土墙、木材不但能循环利用也易于在自然界消解，减小环境负荷，天然石材在开发成墙体材料和面板材料方面都具有较好的建筑性能和耐久性，也便于循环再利用。旧的砖、瓦、石、混凝土，在村镇住宅这类小型乡土建筑的建造方面有广阔的再利用天地，无论是做墙体、护坡、地面还是景观工程方面都能得到充分的利用。利用建筑垃圾再生材料代替砂砾、石渣，或者利用当地村镇企业尾矿生产机制砂石是一种比较好的固废资源利用和再生砂石供给途径。当地的植物秸秆也可开发成各种室内装饰板材或基层板，或者制作生物基质生态混凝土。

6.2.2 建筑结构构件的适应性

1. 柱

1）方木、原木

传统木结构建筑中常选用方木、原木用作承重构件，原木指将木材加工到一定长度的木段，方木是由原木锯制成直角且宽厚比小于 3、截面为矩形（包括方形）的锯材。现场制作的方木、原木构件含水率不应大于 25%，以避免开裂和干缩对构件和结构的不利影响。

当用作柱结构时，宜采用针叶树种木材，矩形木柱截面尺寸不宜小于 100mm×100mm，且不应小于柱支承的构件截面宽度。[①]

2）规格材

规格材指按规定标准尺寸加工成的锯材，安装时含水率不应大于 20%。由整根规格材组成的组合柱，矩形截面不应小于 140mm×140mm，每一层板厚不小于40mm，采用钉子或螺栓固定。

轻木结构中的墙骨柱通常由 40mm×90mm 或 40mm×140mm 的规格材组成，墙骨柱间距不应超过 600mm。转角处墙骨柱不得少于 2 根，墙体相交处的墙骨柱需设置横撑，为墙面板提供支撑，间距为 400mm 或 600mm，此外在墙体开孔两侧应采用双根墙骨柱，大开孔至少需要 3 根（图 6-5、图 6-6）。[②]

---

① 中华人民共和国住房和城乡建设部，中华人民共和国国家质量监督检验检疫总局，联合发布 . 木结构设计标准：GB 50005—2017 [S]. 北京：中国建筑工业出版社，2018.

② 高承勇 . 轻型木结构建筑设计（结构设计分册）[M]. 北京：中国建筑工业出版社，2011.

图 6-5　轻木结构

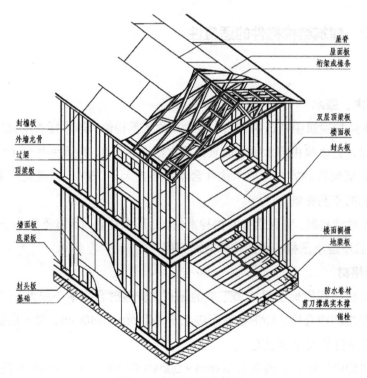

图 6-6　轻型木结构体系

3）胶合木

胶合木是由 2 层或 2 层以上木板顺纹叠层胶合在一起的构件，制作胶合木的层板宜采用 30 ~ 45mm 厚的锯材。胶合木柱截面可加工成矩形和工字形，为保持侧向稳定性，实心柱的长细比不得超过 50。[①]

---

① 　《木结构设计手册》编辑委员会.木结构设计手册 [M].3 版.北京：中国建筑工业出版社，2005.

4）竹材

原竹建筑的尺寸选择，原竹至少为 5 ~ 10 年密实光滑笔直的成竹，直径不小于 100mm。现代原竹结构构件常用螺栓、套筒、槽口等方式连接（图 6-7、图 6-8）。

图 6-7　原竹建筑　　　　　　　　　　　图 6-8　竹节点

5）钢柱

钢结构低层住宅一般采用通高柱，总长不超 12m，框架柱常用热轧 H 形钢、方（矩）形钢管及组合异形柱等。热轧 H 形柱常用截面尺寸在 200 ~ 350mm 之间，低层住宅中方（矩）形钢管多用 150mm×150mm 或 200mm×200mm 截面。

普通钢结构住宅框架体系钢构件截面都较小，热轧 H 形柱断面宽度跨度之比约为 $\frac{1}{20}$ ~ $\frac{1}{15}$，长细比约 100。钢框架结构体系按照柱网排布可分为大跨度和小开间密柱式，大跨度钢结构柱网宜在 6 ~ 7.2m 之间，小开间密柱式结构柱网间距一般为 3 ~ 5m，结构钢梁高跨比为 $\frac{1}{20}$ ~ $\frac{1}{15}$。

冷弯薄壁型钢一般采用 U 形和 C 形截面，墙体龙骨厚度 100 ~ 150mm。立柱多采用工字形和箱形截面，长细比限值为 150。承重墙 C 形截面立柱最小厚度 1mm，翼缘最小尺寸 40mm，腹板高度最低 89mm，卷边最小尺寸 9.5mm。墙体立柱间距一般为 400mm 或 600mm，且不应超过 600mm。非承重墙构件壁厚不宜小于 0.6mm（图 6-9、图 6-10）。[①]

---

① 住房和城乡建设部科技与产业化发展中心（住房和城乡建设部住宅产业化促进中心）. 钢结构住宅主要构件尺寸指南 [M]. 北京：中国建筑工业出版社，2021.

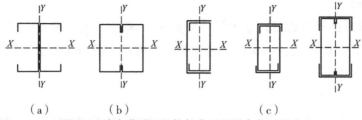

（a） （b） （c）

图6-9 冷弯薄壁型钢构件常用的拼合截面形式

（a）工字形截面；（b）箱形截面；（c）抱合箱形截面

图6-10 轻型钢结构建筑

6）混凝土柱

钢筋混凝土柱截面尺寸在非抗震区最小边 $b \geqslant 250mm$，对于圆柱 $\phi \geqslant$ $300mm$，在抗震区 $b \geqslant 300mm$，$\phi \geqslant 350mm$。混凝土柱长细比应不大于 $\frac{1}{15}$，如村镇住宅的廊柱要做得尺寸更小，可以采用钢管混凝土柱。

2. 墙体

1）木板材

木骨架组合墙体中墙面板常用的木基结构板材包括定向刨花板和胶合板（图6-11）。定向刨花板由长度约100mm，厚度约为0.8mm，宽度35mm

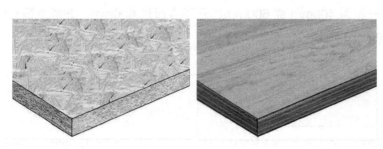

图6-11 木基层板材

村镇住宅适应性设计

以下的木片胶合而成；胶合板由数层旋切或刨切的单板胶合而成，单板厚度在
1.5 ~ 5.5mm 之间。木基结构板材尺寸不应小于 1.2m×2.4m，当墙骨柱间距
为 400mm 时板面最小厚度为 9mm，墙骨柱间距为 600mm 时板面最小厚度为
11mm。

正交胶合木（CLT）是一种新型的工程木产品，由 3 层及以上实木锯材或结
构复合板材垂直正交组坯，采用
结构胶粘剂压制而成，主要用于
木结构房屋的墙板、屋板、楼板。
CLT 的尺寸大小由制造商决定，宽
度 一 般 为 0.6m、1.2m、2.4m 或
3m；长度最大可达 18m；厚度可达
508mm。① 正交胶合木板材具有良
好的刚度和强度，可直接在工厂预
制生产，现场进行吊装（图 6-12）。

图 6-12　CLT 预制板材

2）石膏板

纸面石膏板，具有一定的保温隔热性且防火性好。石膏板的标准尺寸为
1.2m×2.4m，当墙骨柱间距为 400mm 时石膏板最小厚度为 9mm，墙骨柱间距为
600mm 时石膏板最小厚度为 12mm。外墙面选用耐水型纸面石膏板，其厚度大于
9.5mm。

3）条板

轻质条板有玻纤增强水泥条板、钢丝增强水泥条板、增强石膏空心条板、轻骨
料混凝土等。条板的长度宜为 2200 ~ 3500mm，板厚 60 ~ 120mm，常用宽度
为 600mm。

蒸压加气混凝土墙板又称为 ALC 板，自重轻，绝热性好，防火性能优良，可
用作内外墙板，标准宽度 600mm，长度可达 6500mm。

4）砌块

在传统村镇建筑中最常采用的砖砌体是砌筑后不粉灰的清水砖墙，利用砖砌体
的组砌搭接肌理和勾缝处理即可形成朴实的外观效果或砌出各种多变的镂空花样，
如图 6-13、图 6-14 所示。采用清水墙对砖或砌块的规整度和砌筑工艺要求较高，
随着传统手工艺人员的缺失和建造时间的缩短，目前采用表面粉灰的混水墙较少，
更多采用新型轻质砌块。

---

① 龚迎春，任海青 . 正交胶合木的特性及发展前景 [J]. 世界林业研究，2016，29（3）：71-74.

图 6-13 清水砖墙

图 6-14 砖墙肌理

　　轻质砌块墙体可采用空心砖、蒸压加气混凝土砌块、轻骨料混凝土小型空心砌块等材料（图 6-15、图 6-16）。砌块排列应上下错缝，搭接长度不小于 1/3 砌块长度且不小于 100mm。砌块墙体与柱连接时，每 600mm 高度应设置拉结钢筋或拉结件，拉接长度不小于 1m。砌筑外墙时应在墙顶每 1500mm 采用拉结钢筋与梁底拉结。[①]

图 6-15 轻质砌块

图 6-16 砌块墙体

　　在一些石材易就地取材的地方，其建筑常采用石材砌块作为墙体形式，可以是毛石或加工好的条石、块石，天然石材的纹理具有很好的地域表现性，还有较好的耐久性、防水性和保温隔热性能，能实现冬暖夏凉（图 6-17、图 6-18）。

---

① 中华人民共和国住房和城乡建设部，发布．轻型钢结构住宅技术规程：JGJ 209—2010 [S]．北京：中国建筑工业出版社，2010．

图 6-17 毛石墙体

图 6-18 片岩石材

5）夯土墙

夯土是传统建筑的一种材料，其材料易获取、亲近自然，且造价低廉，建成的房屋冬暖夏凉，是很好的环保材料（图 6-19）。村镇住宅有得天独厚的地理条件，可以就地取材，早在殷商时代就有夯土造屋，目前在村镇住宅中还有大量的夯土墙建筑，传统夯土建筑最有名的是福建客家土楼。为解决传统夯土怕雨淋和易风化的问题，通过加入石灰、水泥或乳化沥青等固化剂和现代夯筑技术做出的现代夯土墙不怕水浸泡，大大提高了其耐久性，其抗压强度、抗震性能明显提高，通过材料选配和掺入染色的氧化物可以让夯土墙有丰富的颜色和质感，具有很强的表现力。

图 6-19 夯土墙体

3. 楼盖
1）木楼板
（1）梁

木结构楼盖梁可由方木、原木、规格材、胶合木、组合梁或工程木材制成（图 6-20）。当梁采用方木制作时，其截面高宽比不宜大于 4，[①] 大于 4 时应采取保证木梁侧向稳定的必要措施。规格材、胶合木等制作的梁在支座上的最小支承长度不应小于 90mm，梁与支座应紧密接触。规格材或胶合木楼盖梁最大允许挠度为梁跨度的 $\frac{1}{250}$ 或 15mm 中的最小值。

层板胶合梁呈直线时宜用工字形截面，跨度一般为 6 ~ 12m，梁高可取跨度

---

① 中华人民共和国住房和城乡建设部，中华人民共和国国家质量监督检验总局，联合发布. 木结构设计标准：GB 50005—2017 [S]. 北京：中国建筑工业出版社，2018.

的 $\frac{1}{15} \sim \frac{1}{10}$。双坡梁截面用矩形，中部高度约为跨度的 $\frac{1}{11} \sim \frac{1}{8}$，两端高度至少为中部高度的 $\frac{1}{2}$。矩形、工字形截面梁高宽比不宜大于 6，直线形受压或弯压构件一般不宜大于 5，弧形构件一般不宜大于 4（图 6-21）。[①]

图 6-20　木楼盖

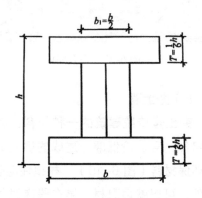

图 6-21　侧立腹板工字梁截面

（2）搁栅

木搁栅通常为宽度不小于 40mm，最大间距为 600mm 的规格材，也可采用工字形搁栅或平行木桁架。工字形木搁栅长度可达 20m，典型工字形木搁栅预制构件高度在 200 ～ 510mm 不等（图 6-22）。

图 6-22　木搁栅

① 北京土木建筑学会. 木结构工程施工操作手册 [M]. 北京：经济科学出版社，2005.

（3）面板

楼面板采用木基结构板材时，尺寸不得小于 1.2m×2.4m，边界或开孔处，允许用宽度不小于 300mm 的窄板不得多于 2 块。常用搁栅间距为 400mm 时楼面板最小厚度为 15mm 可满足。

2）钢楼盖

（1）钢楼盖

楼盖系统由楼面梁、结构板、连接件等构成，其中楼面梁为主要受力构件（图 6-23、图 6-24）。

冷弯薄壁型钢梁构件常用 U 形或 C 形构件，可采用合抱型组合截面，楼面龙骨一般高 300mm，承重构件的镀锌钢板厚度为 1~1.2mm。结构面板宜采用定向刨花板，厚度不小于 15mm。

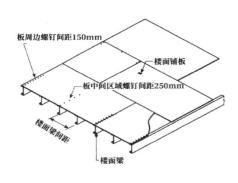

图 6-23 轻钢楼盖

图 6-24 钢木组合楼盖

（2）压型钢板组合楼盖

截面为凹凸形的压型钢板与其上的现浇混凝土共同组成压型钢板组合楼板，其中压型钢板厚度不应小于 0.75 mm，板顶以上混凝土厚度不小于 50 mm，总厚度不小于 90 mm（图 6-25）。

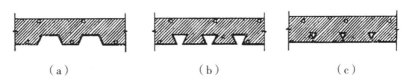

图 6-25 钢与混凝土组合楼板中压型钢板的形式

（a）开口型压型钢板；（b）缩口型压型钢板；（c）闭口型压型钢板

3）钢筋混凝土楼盖

（1）预制钢筋混凝土楼板

常用的预制钢筋混凝土板按截面形式可分为平板、槽形板和空心板。

平板为上下板面平整的实心板，自重较大，跨度 1.2 ~ 2.4m，板厚 60 ~ 80mm，板宽 500 ~ 700mm，常用于走道、厨卫等部位，隔声较差。

槽形板为梁板结合构件，板底两侧有纵肋。槽形板跨度可达 3 ~ 6m，板宽 600 ~ 1500mm，板厚 30 ~ 35mm，肋高 150 ~ 300mm。

空心板自重轻，板面平整，经济跨度一般为 2.4 ~ 4.2m，板厚 110 ~ 240mm，板宽 500 ~ 1200mm。

（2）叠合板

叠合板指预制薄板与现浇钢筋混凝土层叠合而成的装配整体式楼板。桁架预制板的混凝土强度等级不宜低于 C30，[①] 板厚不小于 60mm。预应力混凝土叠合板厚度为 50 ~ 100mm，宽度常用 900mm、1200mm，长度可达 6m。桁架钢筋混凝土叠合板厚 60mm 时，板宽 1200 ~ 2400mm，跨度为 2700 ~ 4200mm。现浇叠合层混凝土强度等级为 C30，厚度 100 ~ 120mm，总厚度 150 ~ 250mm，楼板厚度大于等于 2 倍薄板厚度。

（3）现浇钢筋混凝土楼板

现浇混凝土具有可塑性强、防水性好、便于预埋预留的特点，适合做异型楼板、用水房间楼板，还适合做板柱体系的无梁楼板（图 6-26、图 6-27）。现浇肋梁楼盖其单向板经济跨度为 1.7 ~ 3.6m，不宜大于 4m；双向板短边跨度宜小于 4m，方形双向板宜小于 5m×5m；次梁经济跨度为 4 ~ 6m，主梁经济跨度为 5 ~ 8m。井字楼板宜用于正方形平面，长短边之比不大于 1.5 的矩形平面也可采用；梁与支承边可正交也可斜交，井字梁不分主次相互支撑为较大的建筑空间创造条件，其跨度可达 20 ~ 30m，梁间距一般为 3m 左右。无梁楼盖是楼板直接支承在柱上，为双向受力的板柱体系，柱网宜为正方形或接近正方形，柱网尺寸 6 ~ 8m，板厚约 160 ~ 300mm；无梁楼盖顶棚平整，能减少结构空间，当荷载小时不经济，抗侧刚度小，抗震区应采取加强措施。

---

① 中国工程建设标准化协会，批准 . 钢结构住宅设计规范：CECS 261—2009 [S]. 北京：中国建筑工业出版社，2009.

图 6-26　现浇楼板　　　　　　　　图 6-27　现浇无梁楼盖

4.屋盖

1）木屋盖

（1）搁栅—椽条体系

由顶棚托梁构成的搁栅体系和椽条体系。[①]顶棚托梁的间距通常为 400mm 或 600mm，一端架在外墙上。顶棚托梁尺寸为 50mm×100mm 时，最大允许跨度在 1500 ～ 3000mm 之间；托梁尺寸为 50mm×150mm 时，最大允许跨度为 5400mm；托梁尺寸为 50mm×200mm 时，跨度可达 7200mm（图 6-28）。

图 6-28　轻型木结构屋盖

椽条是一系列平行的倾斜结构构件，间隔一般为 400mm 或 600mm。[②]设计椽条时一般按照椽条的水平投影长度计算，常用屋面坡度与实际长度之间的比例系数见表 6-1。屋脊和屋谷椽条相较于普通椽条厚 50mm。

---

①② 龚瑜.现代木结构建筑之屋顶构造系统的研究 [D]. 南京：南京林业大学，2007.

表 6-1　屋面坡度与实际长度比例系数

屋面坡度	$\frac{1}{4}$	$\frac{1}{3}$	$\frac{5}{12}$	$\frac{1}{2}$	$\frac{7}{12}$	$\frac{2}{3}$	$\frac{3}{4}$	$\frac{5}{6}$	$\frac{11}{12}$	1
比例系数	1.031	1.054	1.083	1.118	1.158	1.202	1.250	1.302	1.357	1.414

（2）桁架结构

方木、原木材料用作桁架下弦时，原木跨度不宜大于 15m，方木不应大于 12m，且应采取有效防止裂缝措施。住宅常采用的三角形桁架宜采用不等节间距形式，跨度不宜大于 18m。采用木檩条时，桁架间距不宜大于 4m，钢木檩条或胶合木檩条桁架间距不宜大于 6m。

胶合木桁架不受尺寸限制，如同时采用胶合木工字形檩条，可按 6m 模数布置屋架，可采用较大的节间长度 4 ~ 6m。如采用三角形层板胶合屋架，跨度在 12 ~ 18m，高度为跨度的 $\frac{1}{6}$ ~ $\frac{1}{5}$。

由规格材和金属齿板组成的轻木桁架，规格材横截面不小于 40mm×65mm（表 6-2）。

金属齿板连接件常用镀锌钢板，厚度一般 1.6mm、1.3mm、1.0mm。轻木桁架形式多样，其中三角形桁架适用于坡度较大、跨度较小的屋面体系，在村镇住宅中较为经济。常用三角形桁架有中柱式、豪威式、芬克式（图 6-29）。中柱式桁架一般用于跨度小于 6m 的车棚或临时建筑；芬克式桁架一般用于跨度在 4.8 ~ 9m 之间的轻型木结构住宅；豪威式桁架一般用于跨度在

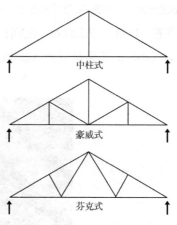

图 6-29　三角形屋架形式

4.8 ~ 12m 之间的轻型木结构住宅，在住宅建筑中应用最为广泛。

表 6-2　常用规格材尺寸

项次	名义尺寸	北美规范尺寸 宽（mm）× 高（mm）	中国规范尺寸 宽（mm）× 高（mm）
1	2×2	38×38	40×40
2	2×3	38×64	40×65
3	2×4	38×89	40×90
4	2×6	38×140	40×140
5	2×8	38×184	40×185

环境湿度和跨度较大时可采用钢木桁架，三角形木桁架的高跨比为 $\frac{1}{5}$，而三角形钢木桁架高跨比为 $\frac{1}{6}$，梯形钢木桁架高跨比为 $\frac{1}{7}$。

（3）面板

非上人屋面采用木基结构板材，支撑板间距为 400mm 时，最小厚度为 11mm；支撑板间距为 600mm 时，最小厚度为 12mm。上人屋面面板最小厚度同楼面板。安装时木基结构板材木纹方向应与木构架垂直（图 6-30、图 6-31）。

图 6-30　传统屋盖　　　　　　　　　　图 6-31　传统屋盖
（长沙某库房）　　　　　　　　　　（湖南新田古民居）

（4）其他构件

挂瓦条一般为 30mm×25mm，间距根据瓦材大小确定；屋面望板厚度为 15～25mm 厚，一般取 20mm 厚；瓦椽、椽条是没有望板的冷摊瓦屋面采取的形式，椽条尺寸为 40mm×60mm、50mm×50mm，中距为瓦材宽度的 $\frac{2}{3}$；檩条为支承屋面荷载的结构构件，间距为 700～1200mm，跨度一般不大于 4m，檩条梢径不小于 100mm。

2）钢屋架

（1）冷弯薄壁型钢屋盖

屋盖主要由屋架、檩条、支撑和屋面板组成，主要承重屋架分为桁架式和斜梁式。住宅常用三角形屋架，屋架的水平支撑宜采用厚度不小于 0.84mm 的 U 形或 C 形截面构件或 40mm×0.84mm 的扁钢带。檩条宜采用实腹式构件，如卷边槽形和斜卷边 Z 形钢。跨度大于 4m 时，宜在跨中设拉条或撑杆，大于 6m 时，应在 $\frac{1}{3}$ 处各设置一条拉条或撑杆（图 6-32）。

图 6-32　钢屋架

（2）型钢屋架

由角钢、钢管做成的桁架结构，高跨比为 $\frac{1}{10} \sim \frac{1}{5}$，跨度可达40m，如采用轻钢屋面，间距可达9～12m。其稳定性同样需要设置水平和竖向侧向支撑体系。

（3）钢木组合屋架

钢木组合屋架主要是将受拉的腹杆换成轻巧的钢拉杆，其形式、跨度及适应情况同木屋架，是采用现代技术的组合型构件（图6-33）。

图6-33　钢木组合屋架

5.楼梯

室内楼梯追求美观舒适，常用木楼梯、钢木楼梯、钢与玻璃楼梯、钢筋混凝土楼梯等，室外通常采用钢筋混凝土楼梯和石材楼梯。楼梯设计时应符合设计规范，按照结构形式分为板式楼梯、梁式楼梯和螺旋楼梯（图6-34～图6-37）。

图6-34　钢楼梯

图6-35　钢筋混凝土楼梯

图 6-36　木楼梯　　　　　　　　　　图 6-37　钢木组合楼梯

6.3　村镇住宅适应性建造手段

6.3.1　部品标准化、系列化

1. 村镇住宅部品化设计的必要性

展望未来，在新型城镇化、工业化和建设低碳节能环保型社会的大背景下，要实现村镇建设的可持续发展，我国村镇住宅建设发展集约式产业化建筑模式——即住宅产业化，使节能减排落实到住宅建设的各个环节，并满足村民对住房的需求，这是当前村镇住宅建设的有效路径。

2. 村镇住宅部品化设计的手段

村镇住宅部品化设计的手段主要通过使用通用构件、严密的生产工艺、标准化接口和模式制尺寸来实现。

我国可以从以下两个方面来建立标准化体系：一方面是标准化的模数指标，由于住宅建设的投资、设计、施工等相关单位，都是比较独立的个体，要想实现产业，就必须对产业链上相关的企业进行协调，需要利用标准化的模数，来约束和协调部品尺寸，使部品能实现通用的目的，因此建立标准化的模数体系是住宅产业化的基础技术。使产业化住宅从设计、部品生产、到现场施工安装等全过程都在尺寸标准化的范围。另一方面是多样化部品的推荐，构建部品生产的标准化、通用化生产，无疑会影响个性化的需求。既要实现产业化的发展，又要满足个性化的需求，应对部品实行多样化的设计，并吸取日本的经验，建立《通用体系产品总目录》，将各厂家生产的多样化部品或构配件纳入其中并推荐，当建设住宅时，设计师只需要从目录中选择产品进行设计组合即可。

在住宅标准化体系、优良部品认定制度、住宅性能认定制度的基础上，从村镇规划布局，户型结构设计，建筑材料选用，以及保温节水、厨卫、门窗的配套技术等方面，组建一套切实可行、针对性强的技术，来改变我国村镇住宅产业化建设的现状（表6-3）。

表6-3　住房和城乡建设部住宅产业化促进中心制定住宅部品体系分类表

四大体系	具体内容
1. 外围护部品（件）体系	外围护墙、屋面、门、窗等
2. 内饰部品（件）体系	隔墙、内门、装饰部件、户内楼梯、壁柜、卫生间、厨房等
3. 设备部品（件）体系	暖通与空调系统、给水排水设备系统、燃气设备系统、电气与照明系统、消防系统、电梯系统、新能源系统、智能化系统等
4. 小区配套部品（件）体系	室外设施、停车设备、园林绿化、垃圾储置等

1）建筑部品化

部品是经工业化生产和现场组装的具有独立功能的住宅产品，具有以下特征：①非结构体，可从建筑中独立出来；②工厂制造的产品；③标准化、系列化，实现商业流通，有品牌型号；④具有适合于工业生产与商品流通的附加价值。

2）各个功能房间的尺寸

村镇住宅的开间和进深一般主张采用300mm的模数，农村住宅的高度一般比城市住宅的层高要高，一般可取3300mm、3600mm、3900mm、4200mm等建筑层高。由此结合实际的使用需求，可确定各个功能房间的墙板尺寸。考虑到实用性的层面，客厅、餐厅、卧室的开间尺寸可以取3300mm、3600mm、3900mm、4200mm、4500mm，进深可以取3300mm、3600mm、3900mm、4200mm、4500mm、4800mm等尺寸。

3）整体厨房

最小的厨房面积为5.61 m^2，长 × 宽 × 高 =3400mm×1650mm×2300mm，最合理的厨房面积为6.75m^2，长 × 宽 × 高 =3000mm×2250mm×2400mm。但是作为部品化设计，建议统一采用300的模数，合理的厨房尺寸可以是：长 × 宽 × 高 =3000mm×2400mm×2700mm；其中大部分橱柜与灶台采用600mm宽的尺寸，吊柜底高度不低于 1600mm。在功能布置方面考虑了家电预留空间。[①]

4）整体式卫生间

卫生间面积一般在 5m² 左右，淋浴与盆浴的集成卫浴部品主要采用 1500×1800mm 的标准模数，个别户型无浴缸，卫浴部品采用 1300×1100mm 的标准模数；盥洗台与马桶的便溺部品采用 1300×900mm 的标准模数，若盥洗台为侧面布置式，便溺部品采用 1400mm×1000mm 的标准模数，内嵌洗手盆组件普遍为 900mm 宽。[②]

5）窗户

窗户作为村镇住宅部品化设计的关键"部件"，尤其要注意模数协调。窗户的宽和高均应满足 300mm 的模数，可取 1500mm×1800mm 为标准，按 300mm 的模数在宽度和高度上递增、递减。

6）门洞

村镇住宅的门和窗户一样，可以批量化定制和生产。按照平时生活使用需求，门的宽度可以取 900mm 为基础宽度，在此基础上按照 100mm 的模数递增递减，比如卫生间、浴室等功能房间可以采用 800mm 的宽度，入户门的宽度可以取 300mm 的模数，按照 1200mm、1500mm、1800mm、2100mm、2400mm 的系列进行选取。高度要求方面，一般按照人体工程学，高度可以取 2100mm 为基础高度，按照 100mm 的模数递增。

6.3.2 支撑体与内装体分离

1. 支撑体与填充体分离的 SI 住宅技术体系

SI（Skeleton and Infill）住宅体系继承自哈布瑞肯教授的 SAR 理论，受开放建筑理论影响，经日本加以研究创新形成支撑体与填充体完全分离的住宅体系。"S" 即支撑体，指住宅的梁、板、柱、屋盖等主体结构，"I" 即填充体，指内部非承重的建筑部品，包括隔墙、门窗、设备管线等。在村镇住宅设计中运用 SI 住宅体系，将支撑体和填充体分离，可提高填充体设计灵活度，便于维修更换，与高耐久的支撑体形成动态的平衡，提高住宅的整体使用寿命，是实现村镇住宅可持续发展的有效途径。[③]

---

①② 陈卓辰. 基于建筑部品体系的关中新农村住宅设计策略研究——以咸阳市旬邑县吕村新农村住宅设计为例 [D]. 西安：西安建筑科技大学，2019.

③ 刘东卫，刘若凡，顾芳. 国际开放建筑的工业化建造理论与装配式住宅建设发展模式研究 [J]. 建筑技艺，2016，253（10）：60-67.

2. 支撑体的设计

村镇住宅支撑体包括梁、板、柱、屋盖等主体结构，具有耐久性的支撑体是SI住宅体系的基础和前提。[①]支撑体是建筑体系中贯穿整个建筑全寿命期的部分，其寿命周期最长，是住宅可持续发展的关键。通过提高主体寿命，可为实现村镇住宅在全寿命周期内长期动态发展提供保障。

支撑体寿命的提升一方面由自身耐久性决定，依赖主体结构的坚固性和安全系数；另一方面取决于对功能置换和设备更换的适应性，支撑体的设计应具有一定的开放性，满足填充体灵活布置的需要。

1）支撑体耐久性

村镇住宅支撑体常用结构体系有砖混（砌体）结构、混凝土框架结构、轻木结构、轻钢结构等，结构选型需要综合考虑当地建设条件、建设规模等因素，并采取相应措施提高结构的安全性和耐久性。[②]

砖混（砌体）结构便于施工、成本较低、性能较强，是当前村镇住宅建设中运用最广的结构体系（图6-38）。受温度等因素影响，砖混结构容易在顶层和墙体产生裂缝，对其耐久性危害较大，在设计建造中应注意防止地基的不均匀沉降、合理处理温度应力、有效控制砌体的干缩裂缝。

混凝土框架结构安全性、稳定性很高，且内部空间分隔灵活，利于填充体布置（图6-39）。混凝土框架结构提升耐久性的要点主要包括三个方面：①控制钢筋尺寸偏差和绑扎到位，保证钢筋质量；②有序支模拆模、合理控制拆模时间；③控制混凝土合理配比，合理浇捣、避免出现裂缝。此外，混凝土框架结构须重点控制节点的施工质量。

图6-38 砖混结构

图6-39 框架结构

---

① 刘东卫，刘若凡，顾芳.国际开放建筑的工业化建造理论与装配式住宅建设发展模式研究[J].建筑技艺，2016，253（10）：60-67.

② 邢南.村镇住宅建设技术服务体系与能力建设研究[D].沈阳：沈阳建筑大学，2011.

轻木结构在日本、美国、欧洲许多国家被广泛运用于独立住宅，当前，轻木结构相关技术已发展成熟，并具有绿色环保、施工周期短等优势，是村镇住宅结构选型的发展趋势之一（图6-40）。提升轻木结构耐久性的关键在于合理地选材，以及对于木材防火、防潮、保温隔热性能、整体抗震性能等方面的处理。

轻钢结构具有自重较轻、建筑空间利用率高、施工方便等优势，提升其耐久性的关键点在于对钢构件表面的防火、防腐蚀处理，提高钢材耐久性（图6-41）。

图 6-40　轻木结构　　　　　　　　　　　图 6-41　轻钢结构

2）支撑体开放性

村镇住宅的物质、功能、设备老化期的不同步是限制其可持续发展的又一因素。物质老化期即支撑体耐久性，一般为 50 ~ 100 年，功能老化期常由家庭结构变化周期决定，根据我国社会模式，一般为 20 ~ 30 年，设备老化期的寿命相对更短，为 8 ~ 12 年。提高支撑体开放性，与功能置换和设备更换需求相适应，是提高支撑体寿命的又一要素。

村镇住宅采用框架结构可形成大空间，可灵活划分功能，从而更好地发挥支撑体和填充体分离的优势，但 SI 住宅体系不局限于特定的结构体系，对于特定体系，都应当注重提高支撑体的开放程度，降低对填充体的限制程度，为功能自由划分与后期功能调整提供有利条件。

传统村镇住宅中，为了保证住宅内部空间的美观，常将设备管线与支撑体结合设置，如将水电管线预埋于主体结构，但设备管线的寿命远低于主体结构，维修与更换极为不便，甚至影响主体结构的耐久性。SI 住宅体系将设备管线独立设置，与支撑体脱离，易于维修与更换，适应周期性的管线更换和设备改造活动，减少对于支撑体的损伤与破坏。

3. 填充体的设计

村镇住宅填充体包括内装部品、设备管线、外墙（非承重墙）和外窗等外围护部分，具有灵活性与适应性的填充体是 SI 住宅体系的核心要素。[①] 与支撑体部分不同，填充体需满足居住者的需求变化和个性化要求，在住宅全生命周期中需要进行多次更换，以灵活可变的策略应对可持续发展要求。因此，可持续村镇住宅设计中应尽量将填充体从支撑体中分离，提高更换的便捷性，降低填充体更换对于支撑体结构的不利影响。

1）空间灵活性与适应性

村镇住宅居住主体的家庭结构往往随时间推移而改变，以居住者一对年轻夫妻为例，随着子女的出生、求学、婚嫁，家庭的常住人口和功能需求都将发生相应的变动，这对村镇住宅功能空间的置换与调整提出了要求，需要提高空间的灵活性与适应性。

空间的灵活性与适应性体现在三个方面：①住宅内主要空间应具有适应性，满足不同使用主体的要求，可进行功能置换。如儿童房可置换为书房或客卧，生产用房可置换为卧室或娱乐室，可通过合理设计套型来实现（图 6-42）。

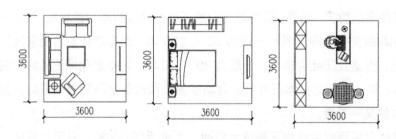

图 6-42　住宅空间的功能置换示意

②住宅内部空间可实现多种布置方式。对住宅空间进行集约化设计，将关联性强的空间集中布置，如厨房、卫生间等辅助用房集中布置，作为不变空间，客厅、餐厅、卧室等集中布置，作为可变空间。对于可变空间，采用易于更换的隔墙或轻质隔断分隔空间，居住者可根据自己的个性化需求，选择不同的空间划分形式（图 6-43）。

---

① 刘东卫，刘若凡，顾芳. 国际开放建筑的工业化建造理论与装配式住宅建设发展模式研究 [J]. 建筑技艺，2016，253（10）：60-67.

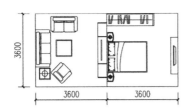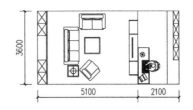

图 6-43　住宅空间的多种布置方式示意

③为加建扩建提供有利条件。在套内空间格局自由划分无法完全满足居住需要的情况下，村镇住宅有着加建或改建的可能，包括顶层加建与同层加建，扩大使用空间。支撑体与填充体的设计，应考虑扩建的可能，满足改扩建的基本要求（图6-44）。

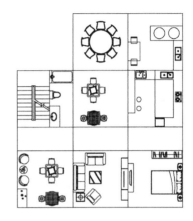

图 6-44　住宅的加扩建示意

2）填充体技术手段

为了保证村镇住宅内部空间的灵活性，可选用轻钢龙骨隔墙、ALC条板隔墙等轻质隔墙划分空间。与传统隔墙相比，轻质隔墙具有相仿的物理性能，防火、防潮、隔声性能较好，且具有施工工艺简单，施工效率高，现场无湿作业，易拆解更换等优势。村镇住宅居住者在具有工具和技术基础的前提下，可自行拆装轻质隔墙，实现室内空间的灵活分隔（图6-45）。

图 6-45　轻质隔墙

水电管线与支撑体分离后，可采用"六面架空"技术，即架空楼地面、架空墙面、集成吊顶技术，将水电管线隐藏在架空层中，便于维修更换，且居住者可根据自身风格喜好和实际需求，快速便捷地更换内装部品（图6-46）。此外，村镇住宅对于室内面积和层高的限制较小，可在一定程度降低"六面架空"技术占用室内空间带来的影响。

图6-46 "六面架空"做法

传统村镇住宅中，厨房与卫生间往往是设计的重难点。整体厨房是将厨房家具与设备管线进行整体布置，与住宅设计协调，实现更加科学合理的布局；整体卫浴是将整体框架（一体化防水底盘、壁板、顶盖）和卫生洁具在工厂统一预制成型的卫浴形式，具有较高的耐用度与防渗漏性能，且施工快速、工艺简单。整体厨房与整体卫浴能有效解决传统村镇住宅中厨房与卫生间的弊病，提供更加舒适的室内环境。

◆ 思考题

1. 适合村镇住宅的建筑材料如何选取？

2. 生土材料如何在现代村镇建筑建设中利用？

3. 从工业化的角度看适合村镇住宅的结构体系有哪些？

4. 高效利用木材的方式有哪些？

5. 木椽架和木屋架的区别是什么？

6. 村镇住宅实现部品化的手段有哪些？

7. 村镇住宅如何实现支撑体的开放性与经济性间的平衡？

8. 村镇住宅空间的适应性从设计角度如何实现？

附录一 村镇住宅类型示例

附表 1-1 第一产业住宅

附表 1-2　第二产业住宅

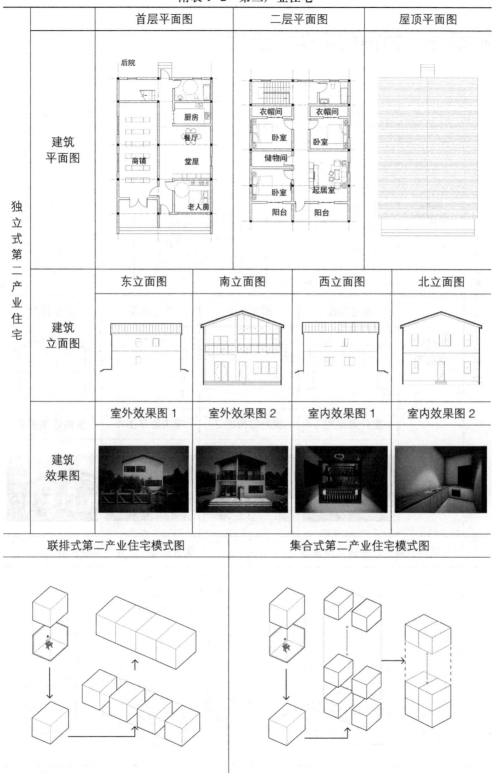

	首层平面图	二层平面图	屋顶平面图

独立式第二产业住宅

建筑平面图

后院　厨房　餐厅　商铺　堂屋　老人房　衣帽间　卧室　储物间　卧室　起居室　阳台　阳台

东立面图	南立面图	西立面图	北立面图

建筑立面图

室外效果图 1	室外效果图 2	室内效果图 1	室内效果图 2

建筑效果图

联排式第二产业住宅模式图	集合式第二产业住宅模式图

附表 1-3　第三产业住宅

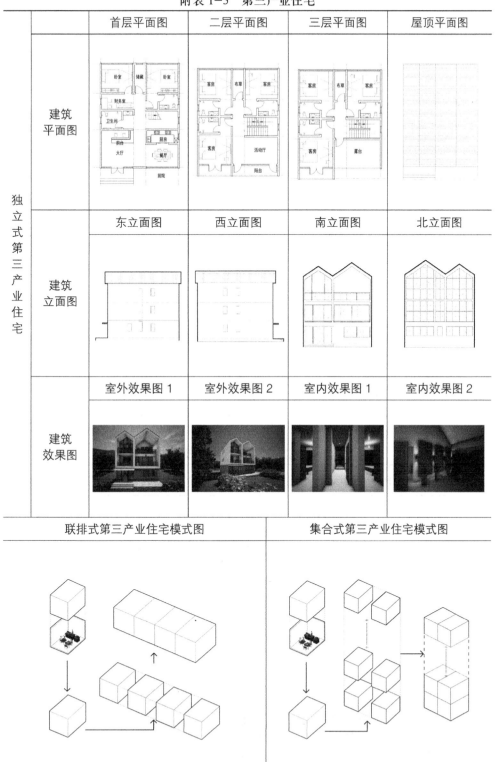

附录二 独立式村镇住宅改造更新模式

附表 2-1 第一产业住宅更新改造模式

		空间／建筑原型	模式一	模式二	模式三
第一产业住宅更新模式	空间组织形式	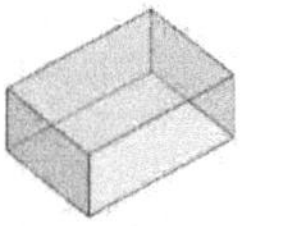		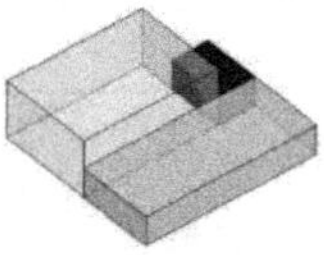	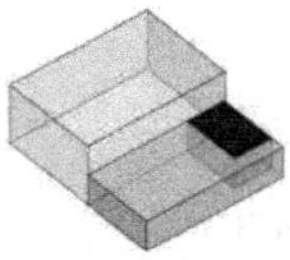
	建筑平面图	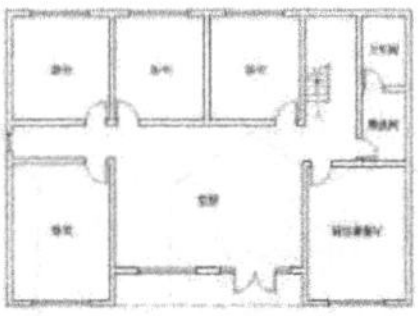	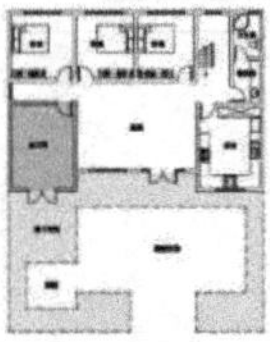		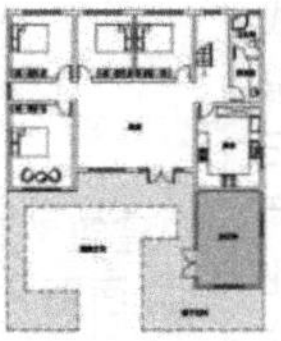
	建筑效果图				

附表 2-2 第二产业住宅更新改造模式

		空间／建筑原型	庭院分流型	独立入口型	内部嵌入型
第二产业更新模式	空间组织形式	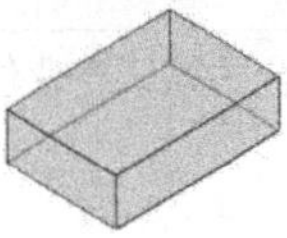	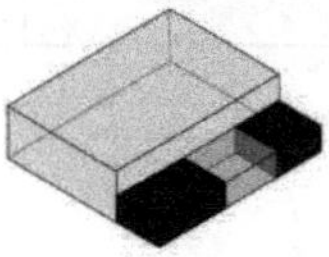		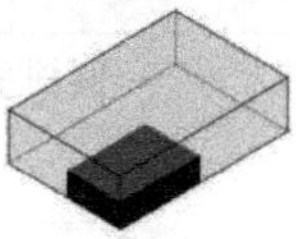
	建筑平面图		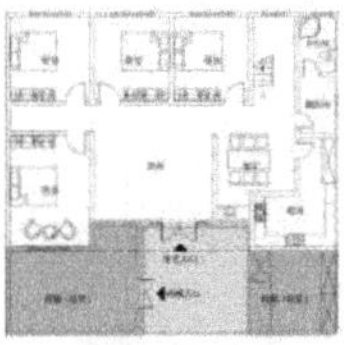	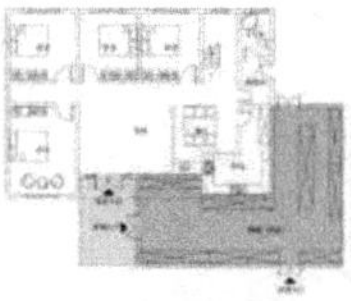	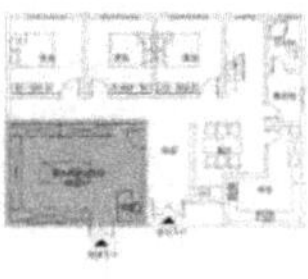
	建筑效果图				

附表 2-3　第三产业住宅更新改造模式

		空间／建筑原型	庭院分流型	独立入口型	内部嵌入型
第三产业住宅更新模式	空间组织形式	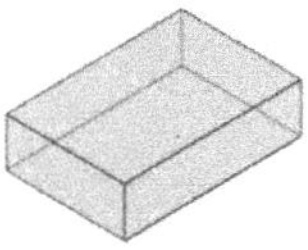	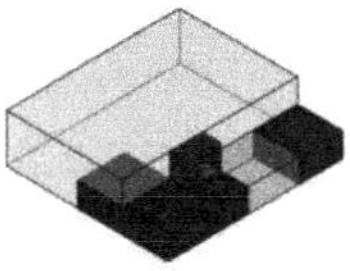	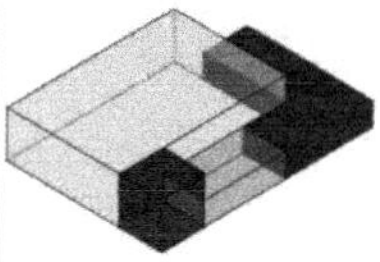	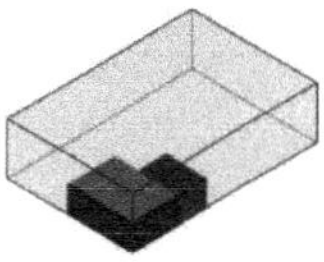
	建筑平面图		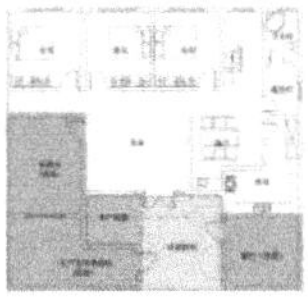		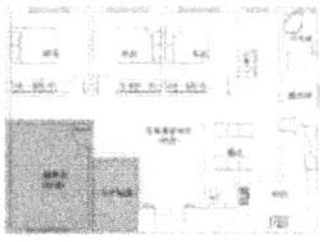
	建筑效果图				

附表 2-4　综合产业住宅更新改造模式

		空间／建筑原型	模式一	模式二	模式三
综合产业住宅更新模式	空间组织形式	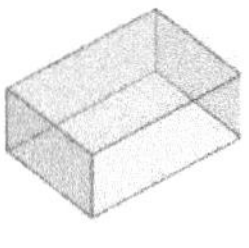	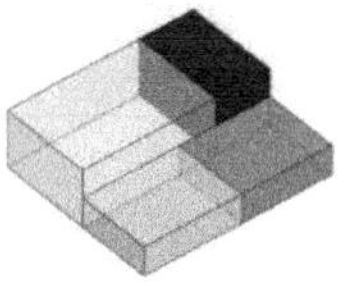		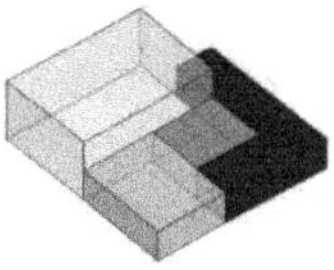
	建筑平面图	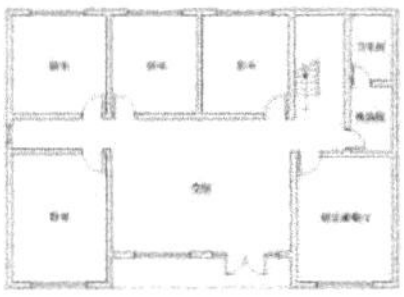	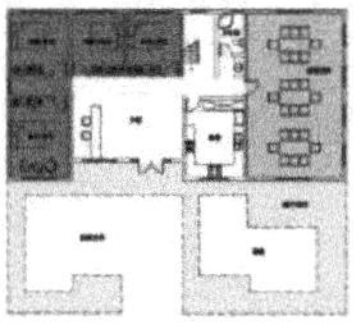		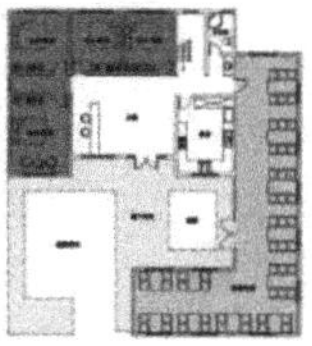
	建筑效果图				

图表来源

第1章

图1-1 中国城市科学研究会, 住房和城乡建设部村镇建设司. 中国小城镇和村庄建设发展报告 2008[M]. 北京: 中国城市出版社, 2009.

图1-2 鲁达非, 江曼琦. 城市 "三生空间" 特征、逻辑关系与优化策略 [J]. 河北学刊, 2019, 39(2): 149-159.

图1-3 由编写组, 绘制.

图1-4 中华人民共和国建设部, 国家市场监督管理总局, 联合发布. 民用建筑设计统一标准: GB 50352—2019[S]. 北京: 中国建筑工业出版社, 2019.

图1-5 ~ 图1-7 宋文娟, 陈向荣. 浅谈建筑坡地及坡地建筑接地模式 [J]. 科技资讯, 2011(12): 78-79.

图1-8 中华人民共和国住房和城乡建设部, 发布. 外墙外保温工程技术标准: JGJ 144—2019[S]. 北京: 中国建筑工业出版社, 2019.

表1-1 由编写组, 绘制。

第2章

图2-1 由编写组, 绘制。

图2-2、图2-4 中国建筑标准设计研究院. 不同地域特色传统村镇住宅图集（中）: 11SJ937-1（2）[M]. 北京: 中国计划出版社, 2023.

图2-3 由编写组, 改绘。

图2-5 张伶伶, 孟浩. 场地设计 [M]. 2版. 北京: 中国建筑工业出版社, 2011.

图2-6 中国建筑标准设计研究院. 不同地域特色传统村镇住宅图集（中）: 11SJ937-1（2）[M]. 北京: 中国计划出版社, 2023.

图2-7、图2-8 聂洪达, 等. 房屋建筑学 [M]. 北京: 北京大学出版社, 2012.

图2-9、图2-10 闫寒. 建筑学场地设计 [M]. 北京: 中国建筑工业出版社, 2006.

图2-11 ~ 图2-19 张伶伶, 孟浩. 场地设计 [M]. 2版. 北京: 中国建筑工业出版社, 2011.

图2-20 闫寒. 建筑学场地设计 [M]. 北京: 中国建筑工业出版社, 2006.

图2-21 张超, 周浩明. 中国传统风水的建筑生态观 [J]. 江南大学, 2004（3）: 287-290.

表2-1 由编写组, 绘制。

第3章

图3-1、图3-2 陈阳. 城乡统筹背景下成都市农村住宅的功能研究 [D]. 成都: 西南交通大学, 2014.

图3-3 李逢琛. 基于生产生活方式的新农村住宅户型设计研究——以成都市近郊地区为例 [D]. 成都: 西南交通大学, 2015.

图3-4 由编写组, 绘制.

图3-5 李逢琛. 基于生产生活方式的新农村住宅户型设计研究——以成都市近郊地区为例 [D]. 成都: 西南交通大学, 2015.

图3-6 由编写组, 绘制.

图3-7、图3-8 陈阳. 城乡统筹背景下成都市农村住宅的功能研究 [D]. 成都: 西南交通大学, 2014.

图 3-9 ~ 图 3-13 李兵, 罗曦, 鲁永飞. 社会转型背景下的农村住宅设计研究 [J]. 建设科技, 2017(19): 80-82.

图 3-14 ~ 图 3-18 常成, 史津, 宫同伟. 村镇住宅设计问题的思考 [J]. 城市, 2011(5): 50-53.

图 3-19 李逢琛. 基于生产生活方式的新农村住宅户型设计研究——以成都市近郊地区为例 [D]. 成都: 西南交通大学, 2015.

图 3-20 李睿. 基于健康住宅理念的居住空间适应性设计研究 [D]. 长春: 吉林建筑大学, 2013.

图 3-21 ~ 图 3-28 由编写组, 改绘.

图 3-29 颜文正. 美丽乡村建设背景下长株潭地区乡村住宅空间形态研究 [D]. 长沙: 湖南大学, 2018.

图 3-30 阳鸿钧, 等. 家装常用数据尺寸速查 [M]. 北京: 化学工业出版社, 2018.

图 3-31、图 3-32 中国建筑工业出版社, 中国建筑学会. 建筑设计资料集: 第一分册 建筑总论 [M]. 3 版. 北京: 中国建筑工业出版社, 2017.

图 3-33 图 3-33 (a) 鞠一民. 农村住宅在地性设计实践研究——以眉山新桥村安置社区为例 [D]. 成都: 西南交通大学, 2020; 图 3-33 (b) 左图: 周知. 西南传统建筑屋顶空间形态研究 [D]. 重庆: 重庆大学, 2008; 图 3-33 (b) 右图: 邹冰玉. 贵州干栏建筑形制初探 [D]. 北京: 中央美术学院, 2004.

图 3-34、图 3-35 张绮曼, 郑曙旸. 室内设计资料集 [M]. 北京: 中国建筑工业出版社, 2000.

图 3-36 邓过皇. 现代住宅厨房空间环境与整体设计 [D]. 咸阳: 西北农林科技大学, 2006.

图 3-37 ~ 图 3-43 杨姗. 我国农村住宅厨房整合设计研究 [D]. 哈尔滨: 哈尔滨工业大学, 2010.

图 3-44 罗曦, 姜中天, 鲁永飞. 村镇住宅厨房卫生间参数优化设计研究 [J]. 城市住宅, 2016, 23(10): 124-128.

图 3-45 中国建筑标准设计研究院. 住宅卫生间: 14J914-2[M]. 北京: 中国计划出版社, 2014.

图 3-46、图 3-47 王乃可. 基于传统经验下的寒冷地区适应性农宅设计研究 [D]. 大连: 大连理工大学, 2019.

图 3-48、图 3-49 陈易, 高乃云, 张永明, 等. 村镇住宅可持续设计技术 [M]. 北京: 中国建筑工业出版社, 2013.

图 3-50 陈光, 盛珏, 孙亚军. 集合住宅的工业化可变设计研究 [J]. 华中建筑, 2020, 38 (3): 49-55.

图 3-51 侯博. 浅谈中小户型住宅的空间可变性设计 [J]. 后勤工程学院学报, 2009, 25 (2): 14-17.

图 3-52 张莹. 山西地域特色村镇住宅的功能及空间布局研究 [D]. 太原: 太原理工大学, 2007.

图 3-53 林梓锋. 广州地区新农村住宅的空间优化设计研究 [D]. 广州: 广州大学, 2017.

图 3-54 贾倍思, 王微琼. 居住空间适应性设计 [M]. 南京: 东南大学出版社, 1998.

图 3-55 张群, 刘文金. 空间高效利用的住宅设计模式探析 [J]. 工业建筑, 2022, 52 (3): 98-104.

图 3-56 ~ 图 3-59 齐彦波, 徐飞鹏. 住宅空间适应性设计研究及实践 [J]. 山西建筑, 2007 (28): 27-28.

表 3-1 ~ 表 3-3 由编写组, 绘制.

表 3-4、表 3-5 李兵, 罗曦, 鲁永飞. 社会转型背景下的农村住宅设计研究 [J]. 建设科技, 2017(19): 80-82.

表 3-6 林梓锋. 广州地区新农村住宅的空间优化设计研究 [D]. 广州: 广州大学, 2017.

表 3-7 李兵, 罗曦, 鲁永飞. 社会转型背景下的农村住宅设计研究 [J]. 建设科技, 2017(19): 80-82.

表 3-8 ~ 表 3-16 由编写组, 绘制.

表 3-17 张莹. 山西地域特色村镇住宅的功能及空间布局研究 [D]. 太原: 太原理工大学, 2007.

第 4 章

图 4-1 颜京松, 王如松. 生态住宅和生态住区 (Ⅰ) 背景、概念和要求 [J]. 农村生态环境, 2003(4): 1-4+22.

图 4-2 王其亨. 风水理论研究 [M]. 天津: 天津大学出版社, 1992.

图 4-3、图 4-4 王崇杰, 薛一冰. 太阳能建筑设计 [M]. 北京: 中国建筑工业出版社, 2007.

图 4-5 吕游. 乡村住宅适宜生态技术应用研究 [D]. 长沙: 湖南大学, 2008.

图 4-6 张国强, 徐峰, 等. 可持续建筑技术 [M]. 北京: 中国建筑工业出版社, 2009.

图 4-7 改绘自: 赵欣悦. 寒冷地区住宅生态化表皮设计研究 [D]. 大连: 大连理工大学, 2016.

图 4-8 刘加平. 建筑物理 [M]. 4 版. 北京: 中国建筑工业出版社, 2009.

图 4-9、图 4-10 由编写组, 改绘自: 柳孝图. 建筑物理 [M]. 3 版. 北京: 中国建筑工业出版社, 2010.

图 4-11 付祥钊, 等. 可再生能源在建筑中的应用 [M]. 北京: 中国建筑工业出版社, 2009.

图 4-12 李博佳. 新型太阳能空气集热器性能及其在村镇建筑中的应用研究 [D]. 天津: 天津大学, 2014.

图 4-13 由编写组, 改绘.

图 4-14 王垚. 太阳能技术在建筑上的应用研究 [D]. 西安: 西安科技大学, 2010.

图 4-15、图 4-16 王崇杰, 蔡洪彬, 薛一冰. 可再生能源利用技术 [M]. 北京: 中国建材工业出版社, 2014.

图 4-17 ~ 图 4-19 由编写组，绘制。

表 4-1 由编写组，绘制。

第 5 章

图 5-1 ~ 图 5-42 左图、中图 由编写组，绘制。

图 5-42 右图 引自案例官网。

图 5-43 左图、中图 由编写组，绘制；图 5-43 右图（上） 图片选取自"Les Cols 餐厅 帐亭（西班牙）"，引自 RCR arquitectes 官方网站；图 5-43 右图（中）引自案例官方网站；图 5-43 右图（下）图片选取自"竹星院 & 落雨听风（中国浙江）"，引自奥雅股份官方网站。

图 5-44 左图、中图 由编写组，绘制；图 5-44 右图（上） 图片选取自"微建筑的大院记忆——武汉乡村一百平（方）米旅游公厕设计（中国湖北）"，引自瑞拓设计官方网站；图 5-44 右图（上）图片选取自"苏州国际设计周——'风之亭'（中国江苏）"，引自北京超级建筑设计咨询有限公司官方网站。

图 5-45 ~ 图 5-53 由编写组，绘制。

表 5-1 ~ 表 5-23 由编写组，绘制。

第 6 章

图 6-1 ~ 图 6-3 王其钧. 中国建筑图解词典 [M]. 北京：机械工业出版社，2007.

图 6-4、图 6-5 由编写组，自摄。

图 6-6 中国建筑标准设计研究院. 木结构住宅：14J924[M]. 北京：中国计划出版社，2014.

图 6-7、图 6-8 由编写组，自摄。

图 6-9 住房和城乡建设部科技与产业化发展中心（住房和城乡建设部住宅产业化促进中心）. 钢结构住宅主要构件尺寸指南 [M]. 北京：中国建筑工业出版社，2021.

图 6-10 由编写组，自摄。

图 6-11 Eduardo Souza. 常用木材及其区别：MDF（中密度纤维板）、MDP（中密度刨花板）、胶合板与 OSB（定向刨花板）[Z]. July Shao，译. ArchDaily 官方网站，2021-11-28.

图 6-12 José Tomás Franco. CLT 交叉层压木板会在未来取代混凝土吗？ [Z]. Milly Mo，译. ArchDaily 官方网站，2019-08-28.

图 6-13 由编写组，自摄。

图 6-14 图片选取自"花海山房（中国湖北）"，引自瑞拓设计官方网站。

图 6-15 José Tomás Franco. Arquitectura con bloques de cemento: ¿cómo construir con este material modular y de bajo costo? [OL]. ArchDaily 官方网站，2018-02-27.

图 6-16 图片选取自"Dalva 长屋（巴西）"，引自 Terra e Tuma Arquitetos Associados 官方网站。

图 6-17 图片选取自"花海山房（中国湖北）"，引自瑞拓设计官方网站。

图 6-18 图片选取自"融创·莫干溪谷一亩田（中国浙江）"，引自 gad·line+studio 官方网站。

图 6-19 图片选取自"尼科米普沙漠文化中心（加拿大）"，引自 DIALOG（建筑设计）官方网站，由 Nic Lehoux，拍摄。

图 6-20 由编写组，自摄。

图 6-21 北京土木建筑学会. 木结构工程施工操作手册 [M]. 北京：经济科学出版社，2005.

图 6-22 图片选取自"MEGUMIKAI DAI1BUKKOU 幼儿园（日本）"，引自 +NEW OFFICE 官方网站。

图 6-23 叶继红，冯若强，陈伟. 村镇轻钢结构建筑抗震技术手册 [M]. 南京：东南大学出版社，2013.

图 6-24 图片选取自"Santani 度假水疗中心（斯里兰卡）"，引自 Thisara Thanapathy Associates 官方网站。

图 6-25 中华人民共和国住房和城乡建设部，发布. 组合结构设计规范：JGJ 138—2016 [S]. 北京：中国建筑工业出版社，2016.

图 6-26 图片选取自"西班牙小镇住宅"，引自 Fresneda & Zamora Arquitectura 官方网站。

图 6-27 图片选取自"3DF 住宅"，引自 R2b1 建筑事务所官方网站。

图 6-28 由编写组，自摄。

图 6-29 龚瑜. 现代木结构建筑之屋顶构造系统的研究 [D]. 南京：南京林业大学，2007.

图 6-30、图 6-31 由编写组，自摄。

图 6-32 图片选取自"MERKATO（西班牙）"，引自 Francesc Rifé Studio 网站。

图 6-33　由编写组，自摄。

图 6-34　图片选取自"前洋农夫集市（中国福建）"，由中国建筑设计研究乡土创作中心，提供。

图 6-35　由编写组，自摄。

图 6-36　图片选取自"Krkonoe 住宅（捷克）"，引自 Fránek Architects 官方网站。

图 6-37　图片选取自"全景度假屋（巴西）"，引自 Candida Tabet Arquitera 官方网站。

图 6-37 ～图 6-41　由编写组，自摄。

图 6-42 ～图 6-44　由编写组，绘制。

图 6-45　由编写组，自摄。

图 6-46　王宏刚，等. 装配式装修干式工法 [M]. 北京：中国建筑工业出版社，2020.

表 6-1　高承勇，倪春，张家华，等. 轻型木结构建筑设计（结构设计分册）[M]. 北京：中国建筑工业出版社，2011.

表 6-2　龚瑜. 现代木结构建筑之屋顶构造系统的研究 [D]. 南京：南京林业大学，2007.

图书在版编目（CIP）数据

村镇住宅适应性设计 = Adaptive Design of Rural Residential Buildings / 徐峰，何成，袁正编著 . —北京：中国建筑工业出版社，2023.10
"宜居乡村"村镇建设管理与技术培训教材
ISBN 978-7-112-28982-0

Ⅰ.①村… Ⅱ.①徐… ②何… ③袁… Ⅲ.①农村住宅—建筑设计—教材 Ⅳ.① TU241.4

中国国家版本馆 CIP 数据核字（2023）第 142446 号

责任编辑：柏铭泽　王　惠　陈　桦
责任校对：张　颖
校对整理：赵　菲

"宜居乡村"村镇建设管理与技术培训教材

村镇住宅适应性设计

Adaptive Design of Rural Residential Buildings

徐　峰　何　成　袁　正　编著
＊
中国建筑工业出版社出版、发行（北京海淀三里河路 9 号）
各地新华书店、建筑书店经销
北京海视强森文化传媒有限公司制版
建工社（河北）印刷有限公司印刷
＊
开本：787 毫米 × 1092 毫米　1/16　印张：$19\frac{1}{2}$　字数：368 千字
2024 年 1 月第一版　2024 年 1 月第一次印刷
定价：**59.00** 元
ISBN 978-7-112-28982-0
　　（41653）